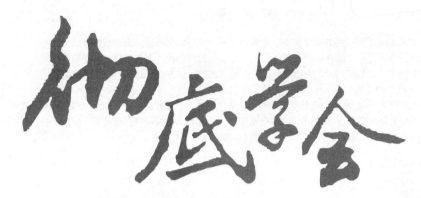

彻底学会

施耐德PLC 变频器
触摸屏综合应用

主 编 王兆宇

参 编（按姓氏拼音排序）

陈伊明	陈玉辉	陈占英	储云峰	崔志达	樊占锁
富青丽	侯柏霞	火辉忠	李占伟	刘 晨	刘允松
马 威	任华建	孙家慧	王江先	王香钧	王延杰
王悦飞	邢德忠	郁陈华	原鹏斌	赵 鹏	张建芳
张俊杰	张 越	郑庆海	朱志军		

中国电力出版社
CHINA ELECTRIC POWER PRESS

内 容 提 要

　　本书从实际工程应用的角度出发，详细介绍了电气自动化项目解决方案的设计与项目调试的方法之后，结合施耐德公司的PLC、变频器和触摸屏的基本原理、参数设置、基本操作、典型应用，采用由浅入深、由简入繁的叙述方式，通过一个个典型案例阐述了PLC的编程技巧、变频器的调速方法和触摸屏的信息显示与信息交互技术。

　　本书特别适合于PLC编程和变频器调速及触摸屏组态的工程技术人员使用，书中详细介绍的案例包括PLC编程指令、电动机原理、变频器和触摸屏的参数设置、网络通信等方法，读者只要将这些典型案例经过简单修改就可以应用到工程中去。

图书在版编目（CIP）数据

彻底学会施耐德PLC、变频器、触摸屏综合应用/王兆宇主编.
—北京：中国电力出版社，2012.6（2018.2 重印）
ISBN 978-7-5123-2670-5

Ⅰ.①彻… Ⅱ.①王… Ⅲ.①plc技术 ②变频器 ③触摸屏 Ⅳ.
①TM571.6②TN773③TP334.1

中国版本图书馆CIP数据核字（2012）第017186号

中国电力出版社出版、发行
（北京市东城区北京站西街 19 号　100005　http://www.cepp.sgcc.com.cn）
北京雁林吉兆印刷有限公司印刷
各地新华书店经售

*

2012 年 6 月第一版　2018 年 2 月北京第三次印刷
787 毫米×1092 毫米　16 开本　21.5 印张　522 千字
印数5001—6000 册　　定价**48.00**元

自动控制系统是实现自动化的主要手段，现如今自动控制系统已经被广泛应用于人类社会的各个领域。那么，对于一个实践经验还不丰富的技术人员来说，怎样构建一个完整、高效、创新的解决方案就尤为重要了。

本书在第一篇详细描述了自动控制系统的原理和组织架构，使读者对前期的项目设计、中期的程序编制以及后期的项目调试都有个比较清晰的思路，在深入了解了被控对象和控制手段的前提下，能够独立完成电气系统的设计和元器件的选配。

第二篇从工程实际应用的角度出发，对施耐德 Quantum PLC 的基本组成、基本功能、安装、调试方法、组态配置、I/O 说明、通信以及选型等进行了全面、通俗易懂的讲解，更重要的是让读者掌握 PLC 编程的架构、构建编址的方法及变量的使用习惯，使读者编制的程序具有最大程度的可移植性。在以后的工程实践当中，选择已经编制好的典型应用程序，只做相应的简单修改后便可直接应用于工程，这样可以减少项目设计和开发的工作量。

第三篇介绍的触摸屏的操作员站的建立和变量连接的方法，给读者提供了丰富的画面想象空间，包括如何在画面中创建按钮、指示灯、计数器、转速表、时间继电器和报警等函数域的方法。

第四篇围绕电动机和变频器这两个核心内容展开，省略了大段的原理和结构的叙述，以项目中需要用到的知识点为重点，介绍了变频器的各种基本功能、功能参数的设置、端口电路的配接和不同功能在生产实践中的应用等，包含频率设定功能、运行控制功能、电动机方式控制功能、PID 功能、通信功能和保护及显示等。让读者能够尽快熟练的掌握变频器的使用方法和技巧，从而避免大部分故障的出现，让变频器应用系统运行得更加稳定。

第五篇首先介绍了网络通信的相关知识，并在讲解了电气控制的特定元件的基础上，通过几个典型的通用案例的分析，帮助读者将 PLC、触摸屏、电动机、变频器和测量元件这些设备在项目中串联起来，包括不同设备的硬件处理、接线到 PLC 的编程、触摸屏的操作员站的建立、电动机的调速和变频器的参数设置等，使读者建立一个完整的项目的电气控制思路，成为一个具备过程控制与管理双重功能的全新人才。

读者在附录中将逐步了解和掌握自动控制系统在生产过程中所遇到的温度、流量、压力、厚度、张力、速度、位置、频率、相位、浓度等各种物理量的处理方法，包括产生这些物理量的特定元件的接线、信号转换和编程的实用方法和手段。只有掌握了这些特定的功能元件的基础知识，才能取得突破性的进展。

本书在编写过程中得到了施耐德电气有限公司的大力支持，王峰峰、龙爱梅、戚业兰、陈友、王伟、张振英、于桂芝、葛晓海、袁静、董玲玲、何俊龙提供了许多资料，张振英和于桂芝参加了本书文稿的整理和校对工作，在此表示感谢。

限于作者水平和时间，书中难免有疏漏之处，希望广大读者多提宝贵意见。

作 者

第五篇　网络通信与工程应用案例

电气自动控制系统

电气自动控制系统是电气运行和电气控制的一门综合性学科，这门学科主要研究自动控制系统的基本概念和基本理论，从而掌握常用电气自动控制系统的组成和工作原理，提高技术人员的工程设计及应用的实践能力。

电气自动控制系统中的调速系统分为直流调速系统和交流调速系统。其中，直流调速系统具有调速范围宽、静差率小、稳定性好、动态特性好、调速装置简单的特点，但由于直流电动机本身的结构复杂、造价高、不适合在恶劣的环境下工作的缺点使其应用受到了很多限制。交流调速系统具有电压高、容量大、转速快和效率高的特点。所以不变速的拖动系统普遍采用交流电动机拖动系统，要求调速性能好的拖动系统既可以采用直流电动机拖动系统，也可以采用变频器或交流伺服控制器拖动的交流电动机拖动系统。

本篇通过对自动控制系统的原理和基本组成的分析，参照PID的控制功能，对自动控制技术、自动化项目的设计方法和自动控制系统调试等方面进行整合，使读者掌握项目的前期设计、中期的程序编制以及后期的项目调试的知识，在深入了解了被控对象和控制手段的前提下，能够独立设计并完成符合工艺要求的系统。

电气自动控制的基本概念和相关知识

自动控制在工业、农业、国防等方面的现代化中起着相当重要的作用，并在国民经济和国防建设的各个领域中得到了广泛应用。目前，随着生活生产和科学技术的不断发展，特别是数字计算机的迅速发展和普及应用，自动控制技术已经显示出越来越重要的作用和广阔的应用前景。

自动控制就是在没有人直接参与的情况下，利用控制装置使被控制的对象自动地按照预设的规律运行。所以，自动化技术就是探索和研究实现自动化过程的方法和技术。它是涉及机械、微电子、计算机等技术领域的一门综合性技术。例如，RTO废气燃烧炉控制系统中的压力和温度及热量回收的再利用；化工生产中胶水原料供应系统的温度和压力能够自动维持恒定不变；数控机床能够按预先排定的工艺程序自动地进行车、铣、钻、切、削、磨和刨等，加工出预期的几何形状，并自动装料和卸料；机场跟踪雷达和指挥仪所组成的飞机导航系统；运载人造地球卫星的火箭发射自动控制系统，将火箭发射到预定轨道并能准确回收等，这些都是自动控制技术的典型应用。

自动控制系统（Automatic Control Systems）是指在无人直接参与下可使生产过程或其他过程按照期望规律或预定程序进行的控制系统。自动控制的对象是系统，而系统是由相互制约的各个部分组成的具有一定功能的整体。例如，我们人类吃进去的食物在各种酶的作业下转化成的能量等就是一个生物系统；自动化生产线自动生产出的产品就是一个工程系统；在电脑屏幕上显示的股票实时行情就是一个股票交易系统等，这些都是一个系统。通常情况下，我们把能够对被控制对象的工作状态进行自动控制的系统，称为自动控制系统。

本章将详细介绍自动控制系统的原理和分类，以便读者在实际的工程实践中具有扎实的理论基础，更好地掌握自动控制的方法。

第一节　自动控制系统的原理和分类

一个自动控制系统包括控制器、传感器、变送器、执行机构、输入输出接口等几部分。控制器的输出经过输出接口、执行机构，加到被控系统上；控制系统的被控量，经过传感器、变送器通过输入接口送到控制器，这就是一个典型的自动控制系统的控制过程。

不同的控制系统，其传感器、变送器、执行机构是不一样的。比如压力控制系统要采用压力传感器，电加热控制系统采用温度传感器等，这些控制系统的电气控制元件和设备将在附录中予以介绍。

一、自动控制系统的原理

自动控制系统按控制原理的不同，分为开环控制系统和闭环控制系统。

1．开环控制系统

在开环控制系统中，系统输出只受输入的控制，控制精度和抑制干扰的特性都比较差。开环控制系统中，基于按时序进行逻辑控制的称为顺序控制系统；由顺序控制装置、检测元件、执行机构和被控工业对象组成。在开环控制系统中，被控量不需要反送回来以形成任何闭环回路。

开环控制系统主要应用于机械、化工、物料装卸运输等过程的控制以及机械手和生产自动线。

2．闭环控制系统

闭环控制系统是建立在反馈原理基础之上的，利用输出量同期望值的偏差对系统进行控制，可获得比较好的控制性能。闭环控制系统又称反馈控制系统。

闭环控制系统的特点是系统被控对象的输出（被控制量）会反送回来影响控制器的输出，形成一个或多个闭环。闭环控制系统有正反馈和负反馈，若反馈信号与系统给定值信号极性相反，则称为负反馈；若极性相同，则称为正反馈，一般闭环控制系统均采用负反馈，又称负反馈控制系统。闭环控制系统的例子很多。例如，在水产养殖的应用中养殖槽的水位自动控制系统，通过安装在养殖槽中的浮球阀的反馈和预先在控制器中设定的水位进行比较，从而自动控制输出来调整水位达到期望值。在农业生产的菌类种植密闭环境的恒温恒湿自动控制系统中，通过温度和湿度传感器反馈的信号与控制器中的设定值进行比较，来改变控制器的输出，使执行机构动作而控制了温度和湿度的大小达到预期效果，这些自动控制技术有着实际的应用，它们都是一个闭环控制系统。

3．阶跃响应

阶跃响应是指将一个阶跃输入（Step Function）加到系统上时系统的输出。稳态误差是指系统的响应进入稳态后，系统的期望输出与实际输出之差。控制系统的性能可以用稳、准、快三个字来描述。"稳"是指系统的稳定性（Stability），一个系统要能正常工作，首先必须是稳定的，从阶跃响应上看应该是收敛的；"准"是指控制系统的准确性和控制精度，通常用稳态误差（Steady-state Error）描述，它表示系统输出稳态值与期望值之差；"快"是指控制系统响应的快速性，通常用上升时间来定量描述。

二、闭环与开环控制系统的比较

开环系统的优点是容易建造、结构简单、成本低和工作稳定。一般情况下，当系统控制量的变化规律能预先知道，并且，不存在外部扰动或者这些扰动能够进行抑制时，采用开环控制较好。

闭环系统的优点是采用了反馈，当系统的控制量和干扰量均无法事先预知时，或系统中元件参数不稳定时，闭环系统能够将对外扰动和系统内参数的变化引起的偏差能够自动的纠正。这样就可以采用精度不太高而成本比较低的元件组成一个精确的控制系统，而开环系统却相反，这也是开环系统的缺点，因为开环系统没有反馈，故没有纠正偏差的能力，外部扰动和系统内参数的变化将引起系统的精度降低，但从稳定性的角度看，开环系统容易解决。而闭环系统则不然，稳定性差始终是一个有待解决的关键问题。这是因为闭环系统的参数如果选择不当，就会造成系统的振荡，甚至使得系统不稳定，完全失去控制。

如果要求实现复杂而准确度较高的控制任务，则可将开环控制与闭环控制结合起来一起应用，组成一个比较经济而又性能较好的复合控制系统。

三、自动控制系统的分类

自动控制系统的分类方法很多，例如，根据系统元件特性是否线性，可分为线性系统和非线性系统。根据元件参数是否随时间变化，可分为时变系统和定常系统。根据系统内信号传递方式的不同而分为连续系统和断续系统。根据被调量是否存在稳态误差可分为有差系统和无差系统。根据被调量所遵循的运动规律，可分为恒值系统、随动系统和程序系统。

第二节　PID 控制功能

当司机驾驶汽车时，司机通过眼睛（反馈）观察实际路线和预期的路线是否相符，当两者有差异（偏差）时，司机（控制器）通过经验的判断，转动方向盘。方向盘通过液压放大器控制汽车轮子的转向（执行机构）来控制汽车的运行方向，使汽车的实际运行方向和预期的行驶方向基本相同，这就是控制器的控制思路和理念。

控制系统通常采用精密的传感器测量的值作为实际输出值，把预期的给定输出与实际输出的值作为偏差，利用控制装置对偏差进行处理，用处理的结果驱动执行机构工作，通过不断地改变受控对象的状态，来逐步减小偏差，从而使所驱动的执行机构在工作时达到和接近预期的理想状态。

PID 是非常重要的一种控制器，在工业生产过程中得到了广泛的应用，一方面是由于 PID 控制器能在各种不同的工作条件下都能保持较好的工作性能；另一方面，也是由于 PID 的控制器功能相对简单，使用方便。例如：可以利用 PID 的控制原理控制风门的开度来控制风量的大小。

PID 控制器在实际应用中常常采用比例、积分、微分等基本控制规律，或者采用这些基本控制规律的某些组合，如比例-积分、比例-微分、比例-积分-微分等组合控制规律。

PID 中的 P（Proportional）代表比例控制，I（Integral）代表积分控制，D（Derivative）代表微分控制。

PID 控制器必须确定比例增益、积分增益和微分增益这三个参数。

图 1-1 的 PID 原理图详细说明了 PID 的控制过程。

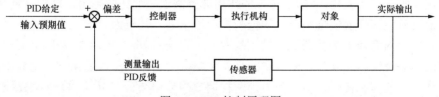

图 1-1　PID 控制原理图

一、比例（P）控制

比例控制是一种最简单的控制方式，其控制器的输出与 PID 给定值与反馈值的偏差信号成比例关系。系统一旦出现了偏差，比例调节控制就立即产生调节作用以减少偏差。对于同样的偏差，比例系数越大，控制器的输出也越大。需要注意的是过大的比例，会使系统的稳定性下降，甚至造成系统的不稳定。当仅有比例控制时，一般只能减小偏差而不能消除偏差，系统输出一般存在稳态误差。

也就是说，PID 的控制功能是建立在比例 P 的基础上的，P 是负反馈控制的放大倍数，负反馈控制是放大器，放大器的输出通过反馈电路进入之后跟输入的设定值进行比较。因为是负反馈，所以它是一个差值，用这个差值来控制输出量的变化，从而达到控制的目的。

二、积分（I）控制

在积分控制中，控制器的输出与偏差信号的积分成正比关系。对一个自动控制系统而言，如果在进入稳态后存在稳态误差，则称这个控制系统是有稳态误差的或简称有差系统（System with Steady-state Error）。为了消除稳态误差，在控制器中必须引入"积分项"。积分项对误差取决于时间的积分，随着时间的增加，积分项会增大。这样，即便误差很小，积分项也会随着时间的增加而加大，它推动控制器的输出增大，使稳态误差进一步减小，直到等于零。加入积分调节可使系统稳定性下降，动态响应变慢。积分作用常与另两种调节规律结合，组成 PI 调节器或 PID 调节器。比例+积分（PI）控制器，可以使系统在进入稳态后无稳态误差。在 PID 控制中，如果负反馈控制的 P 放大的倍数太大，就会超调振荡，负反馈出来的值跟设定的信号值，这两个值的信号方向是相反的，如果说当设定值和负反馈值差不多的时候差值就会等于零，等于零后放大出来后会振荡得很厉害。而 PID 就是负反馈的改进，利用积分来一点一点加快减小静差的速度，但是有一个前提，P 要适当，当输出在有限范围内振荡，P 就可以了。而后加 I，I 加进去后一定会减小这个摆动。摆动会越来越小，最后趋于稳定。一般来讲，I 的单位如果是时间，那么时间越短，积分的控制作用越强，积分作用太强同样可导致振荡。如果是积分系数，那么一般是系数越大，积分作用越强，调试时要注意这一点。

三、微分（D）控制

在微分控制中，控制器的输出与偏差信号的微分（即误差的变化率）成正比关系。微分作用反映系统偏差信号的变化率，具有预见性，能预见偏差变化的趋势，因此能产生超前的控制作用，在偏差还没有形成之前，已被微分调节作用消除。因此，可以改善系统的动态性能。在微分时间选择合适情况下，可以减少超调，减少调节时间。微分作用对噪声干扰有放大作用，因此过强的加微分调节，对系统抗干扰不利。自动控制系统在克服误差的调节过程中可能会出现振荡甚至失稳。"微分项"的作用能预测误差变化的趋势，这样，具有比例+微分的控制器，就能够提前使抑制误差的控制作用等于零，甚至为负值，从而避免了被控量的严重超调。所以对有较大惯性或滞后的被控对象，比例+微分（PD）控制器能改善系统在调节过程中的动态特性。此外，微分反映的是变化率，而当输入没有变化时，微分作用输出为零。微分作用不能单独使用，需要与另外两种调节规律相结合，组成 PD 或 PID 控制器。在一般的控制中，微分 D 加不加都没有太大的关系。经验表明，在起动的时候如果升得太快就要加 D，D 可以抑制它一下子升上去，另外一种情况就是加了 P 和 I 的时候还是有振荡，这个时候可以适当的加点微分 D 进去。

在过程控制领域的工程应用中，既可以使用 PLC 的 PID 功能，也可以使用变频器中内置的 PID 控制器。使用变频器内置的 PID 或 PI 控制器的调节功能，在降低了设备投入成本的同时，还大大提高了生产效率。

第三节　自动控制系统的基本组成

对于任何一个控制系统来说，不论结构和工艺多么复杂，它都是由一些具有不同职能的基本元件或基本环节组成的。也就是说，任何一个自动控制系统都是由被控对象和控制器有机构成的。

一、自动控制系统的基本组成

自动控制系统根据被控对象和具体的工艺在用途上的不同，有着各种不同的结构形式。图 1-2 是一个典型自动控制系统的功能框图。图中的每一个方框，代表一个具有特定功能的元件集合。一般情况下，除被控对象以外，控制装置通常是由测量元件、比较元件、放大元件、执行机构、校正元件以及给定元件组成。这些特定的功能元件分别承担相应的不同的职能，互相协作共同完成自动控制任务。

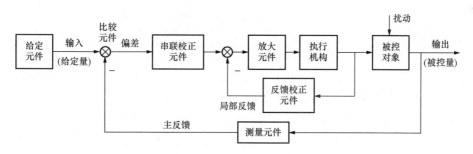

图 1-2　典型自动控制系统的功能框图

二、这些特定功能的元件的具体定义

被控对象：一般是指生产过程中需要进行控制的工作机械、装置或生产过程。描述被控对象工作状态的、需要进行控制的物理量就是被控量。例如，房间的温度和湿度、自动化生产线、高温转炉等。

给定元件：主要用于产生给定信号或控制输入信号。例如，电动机转速控制系统中的电位器，可编程控制器输出的模拟量等。

测量元件：用于检测被控量或输出量，产生反馈信号。如果测出的物理量属于非电量，一般要转换成电量以便处理。例如，温度传感器、压力变送器、液位变送器等。传感器主要有电容式、电感式、光电式、磁感应式和压阻式等。

比较元件：用来比较输入信号和反馈信号之间的偏差。它可以是一个差动电路，也可以是一个物理元件，例如电桥电路、差动放大器和自整角机等。

放大元件：用来放大偏差信号的幅值和功率，使之能够推动执行机构调节被控对象。例如功率放大器、电液伺服阀驱动放大板等。

执行机构：用于直接对被控对象进行操作，调节被控量的大小。在执行元件部分，包括电气元件、气动元件和液压元件。三种不同执行器的差别仅限于驱动方式和控制媒介的不同。执行器主要包括电动机、电缸、气缸、液压缸等。

校正元件：用来改善或提高自动控制系统的性能，常用串联或反馈的方式连接在系统中。例如 RC 网络、测速发电动机等。

在实际的工程实践中，我们只要搞清楚这些特定功能元件的原理和接口等通用知识，那么在项目设计和现场调试时就会得心应手了。

电气自动化项目解决方案的设计与调试

第一节　设计一个自动化项目的基本步骤

一般情况下，技术部门在设计一个工程项目时，会收到一个设计任务书，上面涵盖了工程任务、指标、完成日期、预算和安装地点等方面内容，设计人员首先根据设计任务书上的要求，将项目分割成几个块和区域，再分别定义这些块和区域，包括它们的被控对象、执行机构、检测元件及给定元件等。同时，还要详细列出完成这些块和区域的任务所需的各种操作和组件，并且定义出每个任务和机械的、电气的以及逻辑的输入和输出相关的联系，列出分割的这些块和区域的任务之间的互锁性和关联性。根据上述的任务，设计出硬件，并且利用所需软件编制程序等。创建被控设备的输入输出列表，建立系统的安全规范，操作员显示单元和控制列表都要详述出来，最后生成组态图和图纸，再转交调试部门进行调试，反复调试并解决调试过程中所遇到的各种问题，包括修改和完善图纸及程序等。

第二节　电气自动化项目的设计

设计电气自动化项目时，按顺序要完成以下几部分的操作，定量和定性分析控制系统或被控对象部分→划分电气控制系统各个单元的工作原理部分→按照电气控制系统的各个单元进行设计部分，具体的任务事项如下。

一、定量和定性分析和估算自动化项目的控制系统或被控对象

（1）控制系统或被控对象所处的供电频率及波动范围、电源电压及波动范围、环境温度、相对湿度安装地区的海拔高度等。

（2）控制系统或被控对象的输出及负载能力，额定功率及过载能力，额定转速及最大转矩，调速系统的额定转速及最低、最高转速等。

（3）控制系统或被控对象的技术性能指标，如静差率和调速范围等。

（4）控制系统或设备的过压保护、过流保护、短路保护、停电或欠压保护、限位保护、超速保护、欠流保护、安全保护和联锁保护等保护环节。

（5）控制系统或设备的电动、自动循环、半自动循环、联锁、分散控制与集中控制、紧急停车及联动控制等控制功能。

（6）控制系统或设备的电源送电或断电指示、开机或停车指示、过载及短路断路指示、电动机运行指示、缺相指示、保险丝熔断指示、电量计量显示、各种故障的报警指示等显示和报警功能。

（7）了解被控对象的工作过程及工艺过程。

二、划分电气控制系统各个单元的工作原理

电气控制系统主要包括主电路、检测电路、触发电路、控制电路、辅助电路、执行器或电动机等。

（1）主电路部分，包括交流电抗器、断路器、接触器、电流互感器、快速熔断器、过电流继电器、阻容吸收和过压保护等保护环节。

（2）检测电路部分，包括电流互感器、测速发电动机等检测装置，检测信号的分压或放大，检测信号的变换等。

（3）触发电路部分，包括同步电源、脉冲电源等。

（4）控制电路，包括各种 PID 控制器，各种信号的综合、各种反馈环节和完成工艺要求必备的功能控制等。

（5）辅助电路部分，包括不同电压不同容量的电源、继电保护电路或电子保护电路等。

（6）执行器或电动机部分，包括电动机安装和供电电源要求、调速要求和输出电缆等。

三、按照电气控制系统的各个单元进行设计

（1）列出分割的这些块和区域的任务之间的互锁和关联性。

（2）设计出电气图纸、硬件配置表，然后出图，经审核后进行图纸修改最终定稿。

（3）软件编程、添加注释及程序校对，然后进行仿真后存盘。

第三节　电气自动控制系统调试

一、系统调试前的准备要点

（1）仔细了解被控对象的工作要求，首先检查被控对象的机械装置，比如电动机有无卡死、偏心、间隙过大等现象，检查螺栓的锁紧程度有无松动等。调整好这些机械装置，避免事故发生和影响系统的控制精度。

（2）制订调试大纲，明确调试步骤和顺序，确定调试人员和数目，明确调试人员的分工，并且制订突发事件的处理办法和措施。

（3）按照调试大纲的要求，首先准备好调试的仪器仪表，并且在调试前校验这些仪器仪表，特别要注意的是它们的精度和量程范围，区分它们所要使用的交直流电源和电压。其次，将调试记录表格规划并打印好，制订好调试日期。然后，准备绝缘鞋、工作服、安全帽、对讲机和调试工具，包括所需规格的扳手、检测仪器、螺丝刀和试电笔等。

（4）按照项目设计图纸检查接线是否准确（尤其要检查电压和电流是否准确）、接触是否牢靠、接地线和继电保护线路是否漏接，检查有无螺丝松动等。

（5）通知相关部门和相关人员调试日期和调试内容及所需要的电、气、油的容量压力和体积等。

二、调速步骤

（1）进行项目调试前，清理和隔离调试现场，在控制柜和配电箱等电气设备处准备【有

电危险】的警示标牌，在设备上电后挂在显著而又直观的位置上。

（2）分别上电调试各个单元，在调试报告中记录调试结果，调试时要先调试控制回路，后调试主回路，并且每个单元都要先检查保护环节后再投入使用。

（3）在各个单元调试完成后要进行系统调试，在通电调试时，先使用电阻负载代替电动机，如果电路正常，再换接上电动机负载。调试电动机负载时要遵循"先轻载、后重载，先低速、后高速"的原则。

（4）在调试单个单元中的单个回路时，先将其他回路的控制电路的熔断器断开，以确保操作人员的安全。

三、PLC 电气安装检查表

（1）模拟量模块和 Profibus 总线信号必须采用屏蔽电缆进行连接。

（2）对于>60V 的信号接线，必须单独捆扎或穿管。对于> 400V 的信号接线，必须布置在走线盒外，并保证 10cm 以上的距离。

（3）在感性负载情况下，必须采取过压保护措施。方法是在直流线圈两端并联二极管，在交流线圈两端并联压敏电阻或 RC 吸收回路。

（4）在室外安装时必须采取防雷击的保护措施，比如在两端接地的金属管中布线。

（5）电源模块和 CPU 模块的接线属于进线电缆，应选用截面积在 $0.25\sim2.5\text{mm}^2$ 之间的柔性电缆。其他模块的接线应该采用截面积为 $0.25\sim1.5\text{ mm}^2$ 的柔性电缆。

第二篇

可编程控制器（PLC）

可编程控制器（Programmable Logic Controller），简称 PLC，是一种数字运算操作的电子系统，是为工业环境应用而专门设计制造的计算机，主要用于代替继电器实现逻辑控制。它具有 PID、A/D 转换、D/A 转换、算术运算、数字量智能控制、监控及通信联网等多方面的功能，PLC 已经逐渐变成了一种实际意义上的工业控制计算机，广泛应用于机电控制、电气控制、数据采集等多个领域，还具有丰富的输入/输出接口和网络通信能力、较强的驱动能力等。PLC 并不是针对某一具体的行业应用而设计的，其灵活标准的配置能够适应工业上的各种控制。随着计算机技术的发展，PLC 的功能不断扩展和完善，远远超出了逻辑控制的范围。

目前，PLC 在国内外已广泛应用于钢铁、石油、交通、化工、纺织、塑胶、电力、机械制造和文化娱乐等各行各业。

国内比较常用的 PLC 品牌有施耐德、西门子、欧姆龙、三菱和台达等几十种到上百种 PLC，本书将在以后的章节中重点介绍施耐德 Quantum PLC 的硬件及其组态、编程思想、工业系统设计思路以及编程经验与技巧，并将结合 PLC 的硬件结构、工作原理及编程语言帮助读者解决各种工业设计和应用上的问题。

PLC 的结构原理和系统设计的方法

第一节　PLC 结构和功能介绍

在实际的工程应用当中，可编程控制器的硬件可以根据实际需要进行配置，其软件编制的程序则需要根据工艺和控制要求进行设计。并且，可编程控制器采用的是可编程的存储器，用来在其内部存储执行逻辑运算、顺序控制、定时、计数和算术运算等操作的指令，并通过输入和输出接口，控制各种机械或生产过程。

一、PLC 的工作原理和存储器应用

可编程控制器实质上是一种专用于工业控制的计算机，其硬件结构基本上与微型计算机相同。

1. PLC 的工作原理

中央处理单元（CPU）是 PLC 的控制中枢，它是按照 PLC 系统程序赋予的功能接收并存储从编程器键入的用户程序和数据；检查电源、存储器、I/O 以及警戒定时器的状态，还能对用户程序中的语法错误进行诊断。当 PLC 投入运行时，首先它以扫描的方式接收现场各输入装置的状态和数据，并分别存入 I/O 映像区，然后从用户程序存储器中逐条读取用户程序，经过命令解释后，按指令的规定执行逻辑或算数运算，将运算的结果送入 I/O 映像区或数据寄存器内。等所有的用户程序执行完毕之后，将 I/O 映像区的各输出状态或输出寄存器内的数据传送到相应的输出装置，如此循环运行，直到停止运行。

为了进一步提高 PLC 的可靠性，近年来对大型 PLC 还采用双 CPU 配置从而构成冗余系统，也有采用三个 CPU 的表决式系统。这样，即使项目中的某个 CPU 出现故障，整个系统仍能正常运行。

2. 存储器

存放系统软件的存储器称为系统程序存储器。存放应用软件的存储器称为用户程序存储器。PLC 常用的存储器有 RAM、EPROM 和 EEPROM 几种类型，其中，RAM（Random Assess Memory）是一种读/写存储器（随机存储器），其存取速度最快，由锂电池支持，而 EPROM（Erasable Programmable Read Only Memory）是一种可擦除的只读存储器，在断电情况下，存储器内的所有内容会保持不变。EEPROM（Electrical Erasable Programmable Read Only Memory）则是一种电可擦除的只读存储器，使用编程器就能很容易地对其所存储的内容进行修改。

虽然各种 PLC 的 CPU 的最大寻址空间各不相同，但是根据 PLC 的工作原理，其存储空间一般包括三个区域，即系统程序存储区、系统 RAM 存储区（包括 I/O 映像区和系统软设备等）和用户程序存储区。

（1）系统程序存储区存放着相当于计算机操作系统的系统程序，包括监控程序、管理程

序、命令解释程序、功能子程序、系统诊断子程序等。由制造厂商将其固化在 EPROM 中，用户不能直接存取，它和硬件一起决定了该 PLC 的性能。

（2）系统 RAM 存储区包括 I/O 映像区以及各类软设备，包括逻辑线圈、数据寄存器、定时器、计数器、变址寄存器、累加器等存储器。其中，由于 PLC 投入运行后，只是在输入采样阶段才依次读入各输入状态和数据，在输出刷新阶段才将输出的状态和数据送至相应的外设。因此，I/O 映像区需要一定数量的存储单元（RAM）以存放 I/O 的状态和数据，这些单元称作 I/O 映像区。一个开关量 I/O 占用存储单元中的一个位（bit），一个模拟量 I/O 占用存储单元中的一个字（16bits）。因此整个 I/O 映像区可以看作开关量 I/O 映像区和模拟量 I/O 映像区两个部分组成。除了 I/O 映像区以外，系统 RAM 存储区还包括 PLC 内部各类软设备（逻辑线圈、计时器、计数器、数据寄存器和累加器等）的存储区。该存储区又分为具有失电保持的存储区域和无失电保持的存储区域，前者在 PLC 断电时，由内部的锂电池供电，数据不会遗失；后者当 PLC 断电时，数据被清零。

另外，PLC 中的逻辑线圈与开关输出一样，每个逻辑线圈占用系统 RAM 存储区中的一个位，但不能直接驱动外设，只供用户在编程中使用，其作用类似于电器控制线路中的继电器。不同的 PLC 还提供数量不等的特殊逻辑线圈，具有不同的功能。

数据寄存器与模拟量 I/O 一样，每个数据寄存器占用系统 RAM 存储区中的一个字（16 bits），在 PLC 中还提供具有不同功能的特殊数据寄存器。

（3）用户程序存储区存放用户编制的用户程序。另外，不同类型的 PLC，其存储容量各不相同。

二、PLC 的分类及特点

PLC 按照组织结构分为：一体化整体式 PLC 和结构化模块式 PLC。

一体化整体式 PLC 的特点是 PLC 电源、中央处理系统 CPU 和 I/O 接口都集成在一个机壳里，不能分拆配置，采用的是整体密封，一般适用于低端用户和小型系统。这种 PLC 有西门子 S7-200 系列、施耐德 Twido PLC、SoMachine 系列 PLC、三菱 F1 系列 PLC 等。一体化整体式 PLC 如图 3-1 所示。

结构化模块式 PLC 的特点是将 PLC 电源、中央处理系统 CPU 和 I/O 接口部分分别制作成模块，它们在结构上是相互独立的，在实际工程应用时，可根据实际需要进行配置和选择，包括合适的电源、CPU、输入输出的数字量和模拟量模块，把它们安装在固定的机架或导轨上，来组成完整的 PLC 应用系统。如图 3-2 所示，采用的是插件组合型，这种 PLC 有罗克韦尔的 ControlLogix 1756 系列、施耐德的 Quantum PLC、西门子的 S7-300、S7-400 系列 PLC 等。

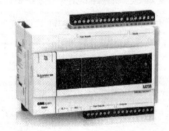

图 3-1　施耐德一体化整体式 PLC

图 3-2　Quantum 系列 PLC

　　PLC 的主要特点是 PLC 在制造时采取了一系列抗干扰措施，具有很高的可靠性，并且，PLC 用户程序是在 PLC 监控程序的基础上运行的，软件方面的抗干扰措施在监控程序里已经考虑得十分周全。PLC 编程软件不仅有语句表编程，还有电气工程师熟悉的梯形图语言编程，好学易懂。

第二节　PLC 控制系统的设计方法

　　设计 PLC 控制系统时，按顺序要完成以下几部分的操作，系统设计部分→设备选型部分→I/O 赋值部分→设计控制原理图部分→下载程序到 PLC→调试及修改完善程序→监视运行情况→运行程序，具体的任务事项如下：

　　1. PLC 系统设计

　　分析工程项目中所要控制的设备和自动控制系统。PLC 在项目中最主要的目的是控制外部系统，这个被控制的外部系统可能是一台单个机器，一个机群或是一个生产过程。

　　根据被控量和执行机构的特点来选择控制单元的控制功能，包括运算功能、控制功能、通信功能、编程功能、诊断功能和处理速度等特性的选择。

　　2. PLC 设备选型

　　PLC 的电源在整个系统中起着十分重要得作用。如果没有一个良好的、可靠的电源系统，是无法正常工作的，因此制造商对电源的设计和制造也十分重视。一般交流电压波动在+10%范围内，可以不采取其他措施而将 PLC 的输入电源直接连接到交流电网上去。

　　读者进行 PLC 设备选型时还要计算出所要控制的设备或系统的输入输出点数，要特别注意外部输入的信号类型和 PLC 输出要驱动或控制的信号类型与 PLC 的模块类型相一致，并且符合可编程控制器的点数。估算输入输出（I/O）点数时应考虑适当的余量，通常根据统计的输入输出点数，再增加 10%～20% 的可扩展点数即可。增加完余量后的输入输出点数，作为输入输出点数估算数据。但在实际订货时，还需根据制造厂商 PLC 的产品特点，对输入输出点数进行调整。

　　另外，还需判断一下 PLC 所要控制的设备或自动控制系统的复杂程度，选择适当的内存容量。存储器容量是可编程控制器本身能提供的硬件存储单元的大小，程序容量是存储器中用户应用项目使用的存储单元的大小，因此程序容量应该小于存储器容量。在 PLC 控制系统的设计阶段，由于用户应用程序还未编制，因此，程序容量在设计阶段是未知的，需在程序调试之后才知道。为了设计选型时能对程序容量有一定估算，通常采用存储器容量的估算来替代。存储器内存容量的估算没有固定的公式，许多文献资料中给出了不同公式，大体上都是按数字量 I/O 点数的 10～15 倍，加上模拟 I/O 点数的 100 倍，以此数为内存的总字数（16位为一个字），另外再按此数的 20%～25% 考虑余量即可，如果程序中有复杂的在线模型计算，需单独考虑此类情况。

　　3. I/O 赋值

　　I/O 赋值要求读者使用列表的方式将所要控制的设备或自动控制系统的输入信号进行赋值，与 PLC 的输入编号相对应。同时用列表的方式将所要控制的设备或自动控制系统的输出信号进行赋值，与 PLC 的输出编号相对应，同时检查这些赋值后的列表的准确性。通俗地说，I/O 赋值的功能就是分配输入输出。

4．设计控制原理图

根据工程项目的工艺要求，设计出较完整的控制草图。包括系统的项目任务书、控制对象、控制方式和方法，并根据这个控制图编写项目的控制程序，在达到控制目的的前提下尽量简化程序。

5．下载程序到PLC

连接好下载线，进行必要的设置，例如波特率，然后将编制好的项目程序下载到可编程控制器中。

6．调试及修改完善程序

检查编制程序的逻辑及语法错误，修改完善后，在程序可设置断点的地方局部插入断点，使用强制变量的方法并结合执行机构的动作分段调试程序，即单机调试。在分段调试程序中，同样要根据工艺的要求对程序进行修改和完善，最后结合执行机构的其他元件的功能进行整机运行调试，即全线联调。

7．监视运行情况

完成了全线联调后，将PLC设置到监视方式，监视一下运行的控制程序的每个动作是否符合项目工艺的要求。如果项目运行的动作不正确，返回到调试修改程序的步骤，重新调试直到正确为止。

8．运行程序

连续运行程序，检验自动控制系统的可靠性，完善不足后备份项目程序。

施耐德 Quantum 可编程控制器（PLC）

　　施耐德公司在中国推出的 PLC 产品主要有原 Modicon 旗下的 Quantum、Compact（已停产）、Momentum 等系列，编程软件是 Concept；而 TE 旗下的 Premium、Micro 系列则使用 PL7 Pro；美商实快旗下的 PLC 基本上不在中国销售。目前，施耐德公司在整合了 Modicon 和 TE 品牌的自动化产品后，将 Unity Pro 软件作为中高端 PLC 的统一平台，目前仅支持 Quantum、Premium 和 M340 三个系列。小型的 Twido 系列现在使用 TwidoSoft/Twido Suite 软件，应用于 OEM 小型 PLC 系统的还有施耐德新开发的 Somachine 软件平台的 PLC 系列，包括 M218、M238、M258 以及专门用于伺服控制的 LMC 058。另外，最简单的逻辑控制器是 Zelio Logic 产品，编程软件是 ZelioSoft 中文版。

　　本章将详细介绍施耐德 Quantum PLC 的硬件系统和编程软件，使读者能够在最短的时间内了解和掌握施耐德的高端可编程控制器的基本模块、硬件架构和编程应用。

第一节　施耐德 Quantum PLC 的硬件系统

一、施耐德 PLC 产品的介绍

　　施耐德公司推出的 Quantum 自动化平台是一款处理能力强大的大型控制系统，具有智能化、通信便捷、多集成功能、高可靠性、使用灵活的特点，能够实现系统的各种控制，并能将传统的 DCS 与 PLC 的优势有机的集合于一体，用于模块化、可扩展型体系结构实现实时控制的工业及制造业领域当中。

　　施耐德 PLC 由低到高的产品系列分为：Zelio、Twido、M218、M238、M258、M340、Premium、Quantum 等系列 PLC，如图 4-1 所示。

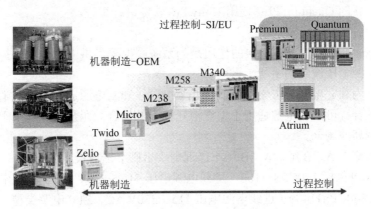

图 4-1　施耐德 PLC 产品系列图

其中，Zelio、Twido、Micro、M218、M238、M258 为机械制造 OEM 厂商的设备应用，而 M340、Premium、Quantum 等系列 PLC 主要用于大中型项目的过程控制。

Quantum 系列 PLC 是高可靠性的 PLC，在过程控制行业应用十分广泛，也是目前施耐德中最高端的 PLC，由施耐德在美国的 Modicon 公司生产，分为 Concept 和 Unity Pro 编程的两种 CPU 产品系列，另外，Quantum PLC 也能满足美洲和欧洲的最新标准的要求。

Quantum 系列 PLC 的 CPU 模块是基于 486、586、Pentium CPU 而设计的，有十分突出的高性能，这些高性能包括支持 PLC 模块、支持热插拔，读者可以在不关闭整个系统电源的情况下，安装 PLC 模块或进行 PLC 的维护操作。同时，读者还可以根据需要选择带有冗余电源功能的 Quantum PLC，实现系统中的电源冗余，从而提高 PLC 系统的稳定性；另外，通过选择带热备功能的 CPU 模块，使 PLC 系统具有非常高的系统稳定性，这个特点特别适用于当发生 PLC 停机会造成巨大损失的场合，例如冶金的高炉的控制系统的 CPU 的突然停机会造成高炉的报废；在石化行业的设备生产过程中，如果 CPU 停机，不仅加工的石化原料会报废，而且设备也会毁坏；水电、地铁涉及公共安全的应用场合也要使用热备系统；Quantum PLC 的 IO 模块隔离级别很高，抗干扰能力强；另外，带有涂层的模块或底板和模块具有很强的环境适应能力。

目前，Quantum PLC 在水电、火电的辅控、地铁、冶金的炼焦、烧结、高炉、石化等行业的大项目中已经得到广泛的应用。本章首先介绍 Quantum PLC 的各种硬件模块，然后通过一个例子来说明 Quantum PLC 的简单灵活的硬件设置，使读者能掌握 Quantum PLC 的选型、组态和 Unity Pro 的软件编程方法。

二、施耐德 PLC 的硬件端口定义

施耐德 Quantum 系列 PLC 的开关量模块的输入用 %I 表示，模拟量模块的输入用 %IW 表示。开关量模块的输出用 IODDT 映射到 %M，模拟量输出使用 %MW 表示，施耐德 Quantum 系列 PLC 共有三种寻址方式，分别为平面寻址、拓扑寻址和 IODDT 寻址，这部分内容将在后面详细介绍。

三、施耐德 PLC 的选型与模块特点

Quantum PLC 有新老两个产品系列，老的 Quantum PLC 使用 Concept 或 Pro WORX 编程软件进行编程，新的 Quantum PLC 使用 Unity Pro 软件进行编程。

1. 电源模块（CPS）

施耐德 Quantum PLC 电源模块的作用是为系统底板提供供电电源并保护系统免受供电电源中噪声与电源电压波动的干扰。

电源模块分为独立电源、可累加电源和冗余电源。独立电源适用于电流消耗较少、可靠性要求较低的场合；可累加电源适用于电流消耗较大的场合；冗余电源适用于电流消耗较大且可靠性要求较高的场合。

电源模块被分为 A、B 组，A、B 组不能混用，否则会造成设备的损坏。

电源模块 A 组包括 140CPS11100（进线电源电压 115～230V AC、独立电源类型、输出总线电流 3A），140CPS11400（进线电源电压 115～230V AC、独立电源类型、输出总线电流 8A）、140CPS11410（进线电源电压 115～230V AC、独立/可累加电源类型、输出总线电流

8A），140CPS11420（进线电源电压 115～230V AC、独立/可累加电源类型、输出总线电流 11A），140CPS12400（进线电源电压 115～230V AC、独立/冗余电源类型、输出总线电流 8A）、140CPS 124 20（进线电源电压 115～230VAC、独立/冗余电源类型、输出总线电流 11A）、140CPS21100（进线电源电压 24V DC、独立、输出总线电流 3A）、140CPS51100（进线电源电压 125DC、独立、输出总线电流 3A）、140CPS52400（进线电源电压 125V DC、独立/冗余、输出总线电流 8A）。

电源模块 B 组包括 140CPS21400（进线电源电压 24V DC、独立/可累加电源类型、输出总线电流 8A）、140CPS22400（进线电源电压 24V DC、独立/冗余电源类型、输出总线电流 8A）、140CPS41400（进线电源电压 48～72V DC、独立/可累加电源类型、输出总线电流 8A）、140CPS42400（进线电源电压 48～72V DC、独立/冗余电源类型、输出总线电流 8A）。

Quantum PLC 的电源模块内置了早期故障检测回路，用于向机架上其他模块通知此电源模块即将故障不能继续工作。这个信号称为 POK（即 power OK 的简写），当 POK 信号为 1 时，代表电源工作良好，由 1 变为 0，即代表电源模块产生故障。

其中：POK 的内部信号是用于电源模块前面板上的 "Pwr OK" LED 灯的显示。POK 的外部信号是为机架上的其他模块提供电源状态。

系统 POK 信号在电源模块的 POK 系统上生成，对应不同类型的电源有不一样的判断系统 POK 的方式。这样，Quantum PLC 维护人员会在第一时间得知电源缺失的情况，以便对电源模块的故障进行适当的维护和处理。

Quantum PLC 电源模块均为直流 5V 输出，为了便于散热，安装时一般推荐读者将电源模块加装在底板最外边的插槽位置。

（1）独立电源

独立电源向底板提供最大 3A 的电流，当底板上安装的模块的耗电较低时，独立型电源是比较经济的选择。独立型电源的输入电压有 120V/230V 交流、24 伏直流和 125V 直流电源电压三种规格。

使用独立电源时，不允许在机架上安装其他任何电源。另外，独立电源的 POK 信号也必须作为系统的 POK 信号使用。

（2）可累加电源

可累加电源有 3 种类型，分别是 115V/230V AC，输出电流 11A，24V 直流、输出电流 8A，48～60V DC，输出电流 8A。

可累加电源可以工作在独立模式或累加模式下，一个累加型电源工作在独立模式下时，能够向底板提供 8A 或 11A（由型号决定）的供电电流；如果底板上使用两个累加型电源，它们会自动工作在累加模式下，向底板提供 16～20A 的供电电流，可累加电源的设计可以提高总系统平均无故障时间 MTBF，并在机架上分散热负荷。安装时应将这两个同样型号的电源安装在最左侧和最右侧（各一个），以保证散热效果能达到最佳状态。

注意

使用时，如果这两个累加型电源其中的一个电源出现故障，底板将会失电。

在两个可累加电源供电的 Quantum 系统，只有当这两个可累加电源模块内部的 POK 信号都为真时，系统 POK 才为真。另外读者要特别注意的是，Quantum 可累加电源是不支持热插拔操作的。

【例 4-1】 在 Quantum 底板上安装不同可累加电源的应用。

如果在 Quantum 的一个底板上安装两个不同的可累加电源，例如 140CPS11410 和 140CPS11420 是可以安装在一个底板上的，累加的电流以小的电流计算，140CPS11410 的电流为 8A，140CPS11420 的电流为 11A，累加的电流应是 8+8=16A，而不是 8+11=19A。

（3）冗余电源

冗余电源有 5 种类型，分别是 120V/230V AC 输出电流 8A，115V/230V AC 输出电流 11A，24V DC 输出电流 8A，48～60V DC 输出电流 8A 和 125V DC 输出电流 8A。

冗余电源应用在要求可靠性特别高的应用场合，原理是在一个底板内安装两个同样的冗余电源向底板提供 8A 或 11A（由型号决定）的输出电源，当其中一个电源模块发生故障时，另一个电源模块仍能正常工作。也可在一个底板内安装三个同样的冗余电源向底板提供 16A 或 20A（由型号决定）的输出电源，当其中一个电源模块发生故障时，另两个电源模块仍能正常工作。

冗余电源内有状态位，可使用 CPU 中的应用程序对其进行监控，当电源模块发生故障时立即更换即可。

在任一个冗余电源或两个冗余电源的内部 POK 为真时，Quantum 系统 POK 也为真，即电源工作良好。

> **注意**
>
> 单个的冗余电源也可以用作独立电源使用，这样做的缺点是经济性稍差，优点是可以减少备件的种类。

【例 4-2】 Quantum 冗余电源的应用。

如果在 Quantum 的机架插有 N 个冗余电源，那么总系统底板负载不能大于（N-1）个电源的容量，也就是说，如果在底板上装有 2 个 8A 冗余电源，则最大底板负载为(2-1)×8=8A，如果在底板上装有 3 个 8A 冗余电源，则最大底板负载为 (3-1)×8=16A。

施耐德 Quantum PLC 的电源模块的种类很多，不同的模块外部接线端子和电源电压也各不相同，电气设计时要根据模块说明书进行配置，不同电源模块的供电电源接线如图 4-2 所示。

2．CPU 模块（CPU）

Quantum CPU 是一种数字操作电子系统，能够实现内部存储的用户指令。这些指令用于实现逻辑、过程顺序、定时、联锁、算法等特定的功能，通过数字和模拟输出对各种类型的机器和过程进行控制。

Quantum CPU 用作总线主站，控制 Quantum 系统的本地 I/O、远程 I/O 和分布式 I/O。配置项目时，CPU 模块安装在 Quantum 本地 I/O 机架上。

老的 Quantum 系列 CPU 模块包括 140CPU11302、140CPU11303、140CPU434 12A 和 140 CPU534 14A，这些 CPU 在底槽上只占一个槽位。其中，140CPU434 12A 和 140CPU534 12A 两款 CPU，可以通过刷新操作系统的方法升级为 140CPU434 12U 和 140CPU534 12U，升级完成后可使用 Unity Pro 软件对其进行编程，表 4-1 是老的 Quantum 系列 PLC 的一览表。

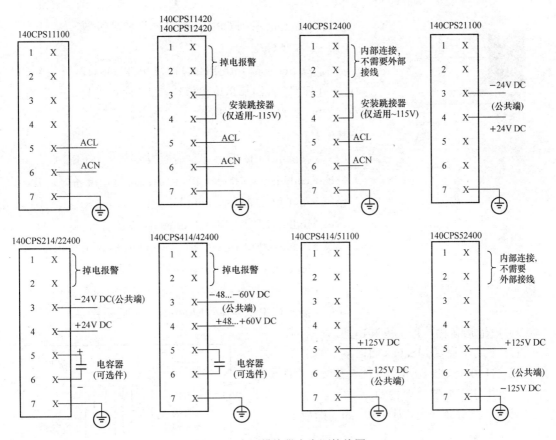

图 4-2 电源模块供电电源接线图

表 4-1 　　　　　　　　　　　　　　**老的 Quantum 系列 PLC**

CPU	SRAM （bytes）	984-type Memory （words）			Max IEC Program
		Ladder	Registers	Extended	
140CPU11302	256K	8K			109K
140CPU11303	512K	16K			368K
140CPU11304	768K	32k 48K	57k 28K	80k 0K	606K
140CPU42402	2M	64K	57K	96K	570K
140CPU43412A	2M	64K	57K	96K	896K
140CPU53414A	4M	64K	57K	96K	

　　而新的 Quantum 系列 PLC 的 CPU 是基于 Unity Pro 编程平台的 CPU，本章将以 Unity Pro 编程的 Quantum 系列 PLC 为重点介绍施耐德 PLC 的功能和应用。

　　新的 Quantum 系列 CPU 有 140CPU31110（内部存储器 548KB）、140CPU43412（内部存储器 1056KB）、140CPU65150（内部存储器 758KB）、140CPU65160（内部存储器 1024KB）、140CPU65260（内部存储器 3072KB）、140CPU67160（内部存储器 1024KB）和 140CPU 67261（内部存储器 3072 KB）。这些 CPU 的本地输入输出 Local IO 都是无限制的，而远程输入输出 RIO 的离散量为 31744 输入和 31744 输出，远程输入输出 RIO 的模拟量为 1984 输入和 1984 输出。分布式输入输出 DIO 的离散量每个网络可以最多有 8000 输入和 8000 输出；分布式输入输出 DIO 的模拟量最多支持 500 输入和 500 输出。

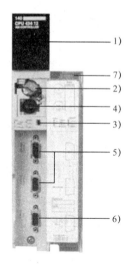

图 4-3　基本型 CPU 外形图

新的 Quantum 系列 CPU 分为基本型和高级型。

（1）基本型 CPU

基本型 CPU 包括 140CPU31110、140CPU43412U 和 140CPU 53412U 处理器，它们都是单槽模块，即在底板上只占一个槽位。基本型 CPU 外形如图 4-3 所示。

其中：

1）状态显示 LED 指示灯：前面板内含 7 个 LED 灯。

绿色 Ready LED：指示 CPU 已通过自检，准备好运行；

绿色 Run LED：指示 CPU 已运行；

绿色 Modbus LED：指示 Modbus1、2 工作正常；

绿色 Modbus PLus LED：指示 Modbus Plus 工作正常；

绿色 Mem Prt LED：代表存储期处于写保护状态；

红色 Bat Low LED：指示没有电池或电池需要更换；

红色 Error A LED：指示 Modbus Plus 通信错误。

2）电池后备槽：用于安装电池。

3）1 个用于设置 Modbus 通信参数的滑动开关，140CPU31110 上有一个滑动开关，图 4-4 中的虚线部分，是用于存储器写保护的。

两个三挡滑动开关位于 CPU 的前面板上。

左边的开关处于上挡时用于存储器保护，处于中挡或下挡时无存储器保护功能。

右边的开关用于选择 Modbus（RS-232）端口的通信参数设置。

读者选择了存储器开关后，这个选择将会立即

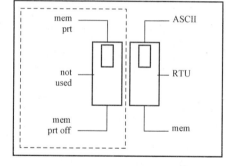

图 4-4　基本型 CPU 拨码开关图

生效，而更改 Modbus 开关选择后，还必须将 Quantum PLC 电源关闭后再打开，前面的设置才会生效。

将图 4-4 CPU 的拨码开关右侧滑动开关设置为上挡后，就可以为端口分配 ASCII 功能了。表 4-2 的 ASCII 通信参数已经预设，并且不可更改。

表 4-2　　　　　　　　　　　　　　　ASCII 通信参数表

ASCII 通信端口参数	
传输速度（波特）	2400
校验位	偶
数据位	7
停止位	1
设备地址	后面板旋转开关设置

将图 4-4 CPU 的拨码开关右侧滑动开关设置为中挡，可为端口分配远程终端单元（RTU）功能；表 4-3 的通信参数已经设置，不能更改。

表 4-3　　　　　　　　　　　　　　　RTU 通信参数表

RTU 通信端口参数	
传输速度（波特）	9600
校验位	偶
数据位	8
停止位	1
设备地址	后面板旋转开关设置

将图 4-4 CPU 的拨码开关右侧滑动开关设置为 mem，可以在软件中设置串口通信方式，包括 ASCII 或 RTU 方式、通信格式和通信速度等。

左侧开关的 Not used 选项不要使用，三个挡位的含义见表 4-4 的 140CPU31110 挡位含义。

表 4-4　　　　　　　　　　　　　140CPU31110 挡位含义表

开关位置	行　　为	键开关转换
Mem Prt On 存储器保护开启	闪存中的应用程序不传送到内部 RAM 中；触发应用程序热重启。受保护，不接受停止或启动	从"存储器保护关"：不修改上一次控制器状态，并拒绝编程人员更改
Not used 不使用	不使用此位置，因为该位置可能导致未定义的操作，受保护，不接受停止或启动	无
Mem Prt Off 存储器保护关	PLC 加电后，系统会自动将闪存中的应用程序传送到内部 RAM；触发应用程序冷重启。不受保护，接受停止或启动	从"存储器保护开"：支持编程人员进行更改，并启动控制器（如果停止）

通信地址拨码开关如图 4-5 所示，读者可以使用后面板的 SW1（上面的开关）设置地址的高位（十位）；SW2（下面的开关）来设置地址的低位（个位）。最大地址是 64，设置的地址不能是 0，也不可以设置大于 64 的地址。

4）1 个钥匙开关（140CPU43412U，140CPU53412U）：用于切换 Stop/ Mem Prt/Start，如图 4-6 所示。

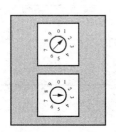

图 4-5　通信地址拨码开关图

SW1上方十位

SW2下方个位

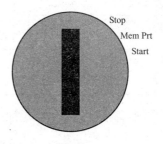

Stop

Mem Prt

Start

图 4-6　钥匙开关位置图

140CPU43412A 和 140CPU53414A 钥匙开关处于三种不同位置时的 CPU 状态表如表 4-5 所示。

表 4-5　　　　140CPU43412A 和 140CPU53414A 钥匙开关的 CPU 状态表

开关位置	行　　为	键开关转换
Start 启动	闪存中的应用程序不传送到内部 RAM 中；触发应用程序热重启。受保护，不接受停止或启动	从"启动"或"存储器保护"：停止控制器（如果正在运行），并避免编程人员更改
Mem Prt 存储器保护	不将闪存中的应用程序传送到内部 RAM 中。触发应用程序热重启。受保护，不接受停止或启动	从"停止"或"启动"：禁止程序更改，控制器运行状态未更改

续表

开关位置	行　　　为	键开关转换
Stop 停止	PLC 加电后，系统会自动将闪存中的应用程序传送到内部 RAM：触发应用程序冷重启。不受保护，接受停止或启动	从"停止"：支持编程人员更改，启动控制器。从"存储器保护"：接受编程人员进行更改，启动控制器

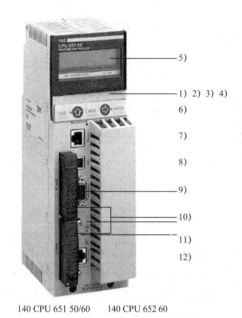

140 CPU 651 50/60　　　140 CPU 652 60

图 4-7　高级 CPU 外形图

5）2 个 SUB_D9 针 Modbus 口：用于 Modbus 通信。

6）1 个 SUB_D9 针 Modbus Plus 口：用于 Modbus Plus 通信。

7）1 个带标签的可拆卸的转动门。

（2）高级型 CPU

高级型 CPU 包括 140CPU65150、140CPU65160、140CPU65260 和 140CPU67160 以及 140CPU67261 处理器，它们都是双槽模块，即在底板上占两个槽位。高级型 CPU 外形如图 4-7 所示。

其中：

1）LCD 显示区盖板。

2）1 个钥匙开关用于锁定系统操作菜单，如果钥匙开关处于锁定位置，模块参数是不能进行修改的，同样，存储器数据也不能修改；Unity Quantum 高级 PLC 钥匙位置作用说明见表 4-6。

表 4-6　　　　　　　　　　　　高级 PLC 钥匙位置说明

钥匙位置	状　　态	效　　　　果
🔓	解锁	可访问所以可配置的模块参数，存储区无保护
🔒	锁定	模块参数，通信地址都不可以修改，存储区数据不可修改

3）电池后备槽：用于安装电池；高级 CPU 上部盖板打开图如图 4-8 所示。

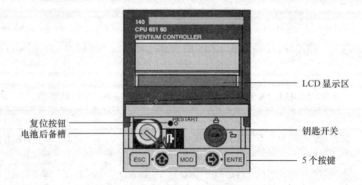

图 4-8　高级 CPU 上部盖板打开图

4）一个复位按钮，用于重新起动 PLC。

5）LCD 显示区，高端 CPU 集成有一个背光和对比度均可调的 LCD 屏幕，可显示 2 行 16 个字符；高级 CPU 上部盖板关闭后的实物图如图 4-9 所示。

6）5 个按键（ESC、ENTER、MOD、⇧、⇨）还包括 2 个 LED；图 4-10 中的①代表五个按键，②指示的地方有 2 个 LED 灯。在表 4-7 中列出了 LCD 按键和 LED 灯的功能。

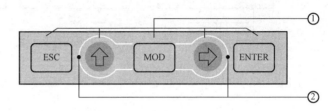

图 4-9 高级 CPU 上部盖板关闭实物图　　　　图 4-10 按键和 LED 灯示意图

表 4-7　　　　　　　　　　　LCD 按键和 LED 灯功能说明

按　键	功　能
ESC	取消当前的选择，退回上一级菜单
ENTER	确认当前选项，进入下一级菜单
MOD	把当前的显示区域转换成修改模式
⇧	LED 亮：使用按键寻找下一个菜单选项或下一个可修改参数。 LED 闪烁：使用按键在修改模式下还有可修改选项。 LED 灭：无菜单选项，无字段选项
⇨	LED 亮：使用按键在屏幕中字段切换或进入子菜单。 LED 闪烁：使用按键在修改模式下在位间移动。 LED 灭：非活动状态

读者可以使用小键盘访问高端 PLC 上的 LCD 屏显示的菜单和参数，从而来完成对 PLC 的操作，例如起动、停止、初始化 PLC；查看、更改 PLC 上以太网的设置，包括以太网的 IP 地址、子网掩码、查看集成以太网口的 MAC 地址，可以查看 Modbus 和 Modbus Plus 的通信设置，还可查看系统信息，并设置 LCD 屏对比度的调整和背灯的使用方式等。

LCD 的菜单结构和参数如图 4-11 所示。

7）1 个 RJ 45 网线接头：用于 Modbus 总线通信。

8）1 个 USB 接口：仅用于编程的传输，速度高达 12 Mbauds。

使用 BMX XCA USB H018（1.8m）或 BMX XCA USB H045（4.5m）的 USB 下载线，可以上传和下载程序。连接在 PC 机侧的接头是普通的 USB 口，而连接在 PLC 侧的是 Mini USB 口。USB 下载线如图 4-12 所示。

9）1 个 SUB_D9 针 Modbus Plus 口：用于 Modbus Plus 通信。

10）2 个可用于扩展 SDRAM 或 Flash 内存的 PCMIA 接口的插槽，用于 PLC 的标准存储卡如图 4-13 所示。

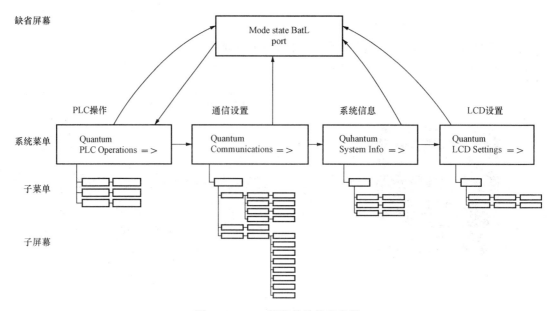

图 4-11　LCD 的菜单结构和参数

BMXXCA USB H018 或 45　　　　TSX MRP/MCP/MRP···　　　　TSX MFP P···

图 4-12　USB 下载线图　　　　　　图 4-13　扩展 SDRAM 或 Flash 内存卡

用于 Quantum PLC 的标准存储卡可以分为带掉电保护的 SRAM 存储器扩展卡和闪存 Eprom 存储器扩展卡两种类型。

带掉电保护的 SRAM 存储器扩展卡通常在程序编制和调试应用程序时使用。这种卡可以在线修改程序，当存储器掉电时由集成在存储卡中的可拆卸的电池进行供电，这样能够保证卡内的数据不会丢失。

闪存 EPROM 存储器扩展卡通常是在完成应用程序的调试过程后才使用的。这类扩展卡只允许全局传输应用程序，在电池没有电的情况下程序也不会丢失。闪存扩展卡如表 4-8 所示。

表 4-8　　　　　　　　　　　　　　闪存扩展卡一览

产　品　参　考	类型/容量
TSX MFP P 512K	闪存 EPROM 512 Kb
TSX MFP P 001M	闪存 EPROM 1024 Kb
TSX MFP P 002M	闪存 EPROM 2048 Kb
TSX MFP P 004M	闪存 EPROM 4096 Kb

11）2 个 LED 灯：用于以太网通信或指示热备主机和从机的通信状态，即 COM 和 STS 指示灯，如图 4-14 所示。

COM LED（绿色）灯：此灯点亮表示以太网通信工作正常（140CPU65150/60），热备工作的 CPU（140CPU67160，140CPU67261）主机、备机的工作正常。

STS LED（红色）灯：此灯点亮表示以太网通信工作出现故障（140CPU65150/60，140CPU65260），热备工作的 CPU（140CPU67160）主机、备机的工作故障。

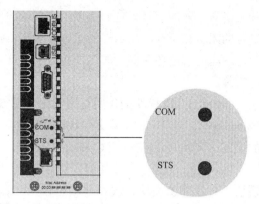

图 4-14　COM 和 STS 灯位置图

表 4-9 和表 4-10 是不同的 Modicon Quantum Unity CPU LED 指示灯的描述。

表 4-9　　　　　　　　140 CPU65** 上 COM 和 STS 灯的含义

LED	指示	
	140CPU65**0 /140CPU65160S	
COM（黄色）	指示以太网活动	
STS（黄色）	由协处理器软件控制	
	亮	正常
	灭	Copro 自动测试失败。硬件可能出现问题
	闪烁 1 次	正在进行配置
	闪烁 2 次	MAC 地址无效
	闪烁 3 次	未连接链路
	闪烁 4 次	IP 地址重复。模块将被设置为其缺省 IP 地址
	闪烁 5 次	正在等待来自地址服务器的 IP 地址
	闪烁 6 次	IP 地址无效。模块将被设置为其缺省 IP 地址
	闪烁 7 次	PLC 操作系统与协处理器固件之间存在固件不兼容问题

表 4-10　　　　　　　　140CPU67** 上 COM 和 STS 灯的含义

LED	指示	
COM	用于指示主 CPU 或备用 CPU 处于活动状态	
STS	由协处理器固件控制	
	闪烁	系统冗余，主 CPU 上的数据被传输到备用 CPU 控制器上
	常亮	系统不冗余或 Copro 从通电启动至自检结束
	灭	Copro 自动检测不正常

12）1 个用于以太网通信的（仅 140CPU65150/60）RJ45 网线接头；1 个 MTRJ 的光纤连接器，用于连接热备工作的主机和备机（140CPU671 60 或 140CPU67261）。

3．数字量输入输出 I/O 模块

在工艺复杂的工程项目中，需要处理大量的模拟量信号和数字量信号，数字量信号包括开关信号、脉冲信号，它们是以二进制的逻辑"1"和"0"或电平的高和低出现的，如开关触点的闭合和断开，指示灯的点亮和熄灭，继电器或接触器的吸合和释放，电动机的起动和停止，晶闸管的通和断，阀门的打开和关闭，仪器仪表的 BCD 码，以及脉冲信号的计数和定时等。

Quantum I/O 模块的作用是将进出现场设备的动作信号转换成可由 CPU 处理的离散量信号，即 0、1 电平。I/O 模块与背板总线光学隔离，所有的 IO 模块都可以通过软件进行完全的配置，例如 Unity Pro 或 Concept 软件。

Quantum 的数字量模块有符合 IEC 电气标准而设计的交流输入、直流输入、交流输出模块、直流输出模块，继电器输出模块和输入输出混合模块。如果模块在比较恶劣的环境下工作，可使用带涂层的版本。另外，所有数字量模块都可以通过模块前面的 LED 灯进行故障诊断。

（1）数字量输入输出 I/O 模块分类介绍

1）数字量交流输入模块

交流输入模块的电压等级有 24V、48V、115V 和 230 V 等电压等级，每个电压等级都有 16 点和 32 点的模块类型，所有交流输入模块都不需要外部电源，表 4-11 是数字量交流输入模块的相关数据表。

表 4-11　　　　　　　　　　　数字量交流输入模块的数据表

型　号	用　途	通　道　数	IO 映射
140DAI34000	可接受 24 V AC 输入	16 路输入（16 组 x 1 点）单独隔离	1 个输入字
140DAI35300	可接受 24 V AC 输入	32 路输入（4 组 x 8 点）	2 个输入字
140DAI44000	可接受 48 V AC 输入	16 路单独隔离输入	1 个输入字
140DAI45300	可接受 48 V AC 输入	32 路输入（4 组 x 8 点）	2 个输入字
140DAI54000	接受 115 V AC 输入	16 路输入（16 组 x 1 点）	1 个输入字
140DAI54300	接受 115 V AC 输入	16 路输入（2 组 x 8 点）	1 个输入字
140DAI55300	接受 115 V AC 输入	32 路输入（4 组 x 8 点）	2 个输入字
140DAI74000	可接受 230 V AC 输入	16 路输入（2 组 x 8 点）单独隔离	1 个输入字

2）数字量直流输入模块

直流输入电压的等级有 5V TTL、24V、10～60 V、125V 等电压等级，模块的点数有 12 点、16 点、32 点和 96 点的模块类型，分为负逻辑（源）、正逻辑（漏）两种类型，表 4-12 是数字量直流输入模块的相关数据表。

表 4-12　　　　　　　　　　　数字量直流输入模块的相关数据表

型　号	用　途	外部电源
140DDI15310	5V DC 输入，与 TTL、-LS、-S 和 CMOS 逻辑兼容，32 路输入负逻辑，2 个输入字	4.5～5.5V DC
140DDI35300	24V DC 输入，32 路输入正逻辑，2 个输入字	不需外部电源
140DDI35310	24V DC 输入，32 路输入负逻辑，2 个输入字	19.2～30V DC
140DDI36400	24V DC Telefast 输入，需 telefast 电缆和端子底座，96 路输入正逻辑，6 个输入字	19.2～30V DC

型　号	用　　途	外部电源
140DSI35300	24V DC 输入，为每个单元进行断线检测，32 路输入正逻辑，4 个输入字	+20..+30V DC/20 mA（每组）
140DDI84100	10～60V DC 输入，开关电平取决于所选的参考电压。不同组可使用不同的参考电压，16 路输入正逻辑，2 个输入字	12V DC/+/-5%，24V DC/-15% +20% 48V DC/-15% +20%，60V DC/-15% +20%
140DDI85300	10～60V DC 输入，开关电平取决于所选的参考电压。不同组可使用不同的参考电压，32 路输入正逻辑，2 个输入字	12V DC/+/-5%，24V DC/-15% +20% 48V DC/-15%+20%，60V DC/-15%+ 20%
140DDI67300	125V DC 输入具有可通过软件选择的滤波时间，对逻辑输入中的干扰信号进行过滤，24 路输入正逻辑，2 个输入字	不需外部电源

3）数字量交流输出模块

交流输出模块的电压等级有 24V、48V、115V 和 230 V 等电压等级，每个电压等级都有 16 点 和 32 点的模块类型，表 4-13 是数字量交流输出模块的相关数据表。

表 4-13　　　　　　　　　数字量交流输出模块的相关数据表

型　号	用　　途	最大负载电流	IO 映射
140DAO84000	可切换 24～230V AC 有源负载，16 路隔离输出	24～115V AC，每输出 4A 200～230V AC，每输出 3A	1 个输出字
140DAO84010	可切换 24～115V AC 有源负载，16 路隔离输出	最大负载电流 4A	1 个输出字
140DAO84210	可切换 100～230V AC 有源负载，16 路输出（4 组×4 点）	4.0A 连续，85～132V AC 有效值 3.0A 连续，170～253V AC 有效值	1 个输出字
140DAO84220	可切换 24～48V AC 有源负载，带熔断器检测，16 路输出（4 组×4 点）	4.0A 连续，20～56V AC 有效值	1 个输出字
140DAO85300	可接受 230V AC 有源负载，32 路输出（4 组×8 点）	1.0A 连续，20～253V AC 有效值	2 个输出字

4）数字量直流输出模块

直流输出电压的等级有 5、24、10～60、125V 等电压等级，模块的点数有 12 点、16 点、32 点和 96 点的模块类型，表 4-14 是数字量直流输出模块的相关数据表。

表 4-14　　　　　　　　　数字量直流输出模块的相关数据表

型　号	用途/通道数/逻辑/ IO 映射	最大输出电流	外部电源
140DDO15310	可接受 5V DC 输入，与 TTL、-LS、-S 和 CMOS 逻辑兼容，32 路输出，负逻辑，2 个输出字	750mA	4.5～5.5V DC
140DDO35300	可切换 24V DC 有源负载，32 路输出正逻辑，2 个输出字	500mA	19.2～30V DC
140DDO35301	可切换 24V DC 有源负载，可以防止短路和过载，带熔断器熔断检测，32 路输出，负逻辑，2 个输出字	通态下最大输出 500mA	19.2～30V DC
140DDO35310	可切换 24V DC 负载，可支持驱动显示、逻辑和其他负载，带熔断器熔断检测，32 路输出，负逻辑，2 个输出字	通态下最大输出 500mA	19.2～30V DC
140DDO36400	切换 24V DC 有源负载。有现场电源已断开、短路或过载的组指示，96 路输出，正逻辑，6 个输出字	500mA	19.2～30V DC

续表

型　号	用途/通道数/逻辑/ IO 映射	最大输出电流	外部电源
140DVO85300	具有诊断功能的 10～30V DC、32 点输出模块。该模块可以检测和报告在现场连接器处感测到的输出状态，并根据所选配置，验证输出点是否处于 PLC 所指定的状态，32 路输出，2 个输入字，2 个输出字	500mA	10～30V DC
140DDO84300	可切换 10～60V DC 有源负载，每组电源电压可以不同，16 路输出，正逻辑，2 个输出字	2A	10～60V DC
140DDO88500	切换 24～125V DC 有源负载，可检测输出点的过流，内部有 4A 的熔断器，12 路输出，最大负载电流 750mA，1 个输入字，1 个输出字	750mA	不需外部电源

5）数字量继电器输出模块

继电器输出模块为无源输出，动作速度比集电极开路输出模块要慢，有 8 点的 140 DRC 83000 和 16 点的 140DRA84000 两种类型，每个输出点可提供 2～5A 的连续电流，可用于交流和直流两种场合。

8 点的 140DRC83000 继电器输出模块通过带有常开触点的八个继电器来切换电压源极，在 250V AC 环境温度为 60℃、电阻式负载，环境温度大于 40℃需降容时的最大负载电流为 2A，当继电器输出回路电压在 30～150V DC 之间电阻式负载时，最大负载电流为 300 mA，L/R = 10 ms 时最大负载电流为 100mA。IO 映射为 0.5 个输出字。

16 点的 140DRA84000 继电器输出模块用于 16 个常开触点的继电器来切换电压源极，在小于 250V AC 或 30V DC，并且环境温度小于 60℃的情况下，模块每点最大负载电流 2A。电阻式负载时最大负载电流为 300 mA，L/R = 10 ms 时最大负载电流为 100 mA，IO 映射为 1 个输出字。

6）数字量输入输出混合模块

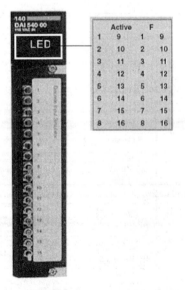

图 4-15　输入模块 140DAI54000 的面板

16 点输入、8 点输出混合模块按输入电压分为交流（140DAM59000 输出电流 4A）和直流（140DDM39000 输出电流 0.5A）两种。

4 点输入、4 点输出混合模块型号是 140DDM69000，输出电流可以达到 4A。

值得注意的是，读者可以在 Unity Pro 编程软件中定义数字量输出模块发生故障时的工作模式，即定义模块故障产生时数字量输出的行为。

有三种模式可供选择，分别是：

第一种模式：当数字量输出模块发生故障时，所有输出为关-off 状态，数字量输出为 false；

第二种模式：用户在 Unity Pro 编程软件中可以根据自己的需要定义输出模块发生故障时数字量输出的状态；

第三种模式：当输出模块发生故障时，保留发生故障前上一个扫描周期的输出结果。

（2）几种数字量输入输出模块的特性介绍

1）16 点离散量输入模块 140DAI54000 的面板说明

图 4-15 所示的是输入模块 140DAI54000 的面板，输入端子为 1～16，LED 指示灯有红色和绿色两组，Active 为激活区域，F 为故障区域。

表 4-15 描述的是 LED 区域指示灯点亮时的含义。

表 4-15　　　　　　　　　　　　LED 区域指示灯点亮的含义

LED	颜 色	点亮时的含义
Active	绿色	检测的总线通信
1…16（Active 下面的 LED）	绿色	所指示的输入点接通
F	红色	检测到模块外部接线故障
1…16（F 下面的 LED）	红色	所指示的输入点故障

2）Quantum PLC 96 点数字量输入模块的模块特性说明

当设备安装现场要安装的设备密度较大，需要安装的 PLC 空间又很有限时，可以在设备中加装 Quantum PLC 的高密度的 TeleFast 96 点数字量输入模块 140DDI36400，安装这个模块后能够达到减小安装空间的目的。值得注意的是加装的这个模块必须使用 TeleFast 附件进行接线。

模块特性：96 点的开关量模块，输入电压 24V DC、6 组输入，每组 16 点符合 IEC 1131-2 Type 1 的标准、正逻辑；

输入电流：On 电流≥3 mA 和 Off 电流≤1.5mA；

输入电压：On 电压>11V DC 和 Off 电压≤5V DC；

响应时间：OFF-ON～4ms 和 ON-OFF～4ms；

TeleFast 96 点数字量输入模块 140DDI36400 如图 4-16 所示。

图 4-16　TeleFast 96 点数字量
输入模块 140DDI36400

3）Quantum 输入校验模块 140DSI35300 的模块说明

140DSI35300 是 32 位 24V 直流输入模块，可在 CPU 的应用程序中监视现场接线的状态，此模块通过发出脉冲电流检测每个输入回路的导通状态，并通过寄存器字报告每个输入的故障/正常状态结果（是否断线）。

4）短路保护输出模块 140DDO35301 的模块说明

短路保护输出模块 140DDO35301 在模块设计时在每个输出点上都增加了电阻，工作时可以防止输出回路发生短路和过载。即每组 8 个输出点有一个 5A 的熔断，使用时将 PLC 断电后拆掉端子板可更换损坏的熔断器。

4．模拟量输入、输出模块

Quantum PLC 的所有模拟量输入输出模块都是单槽模块，这些模块的所有参数都可以通过 Unity Pro 编程软件进行设置。

模块的 LED 面板上有一个代表模块已经通过上电检测的 R 指示灯，这个指示灯除了

ARI03010 模块上的会点亮以外，其他 IO 模块的 R 指示灯都不会点亮，但其他一些通信模块也有 R 灯会点亮，也代表模块已经通过上电检测。

通俗地说，模拟量就是在一定范围内连续变化的任意取值，跟数字量是相对立的一个状态表示。一般情况下模拟量输入模块用于采集表示现场工艺设备的压力、电流、温度、频率、流量等现场工程量，这些工程量是仪器仪表的变送器转换成的模拟量如电压 0～10V，±10V，电流 0～20mA，4～20mA，通过电缆连接到模拟量的输入模块上。

每个模拟量模块订货时都需要单独订购 40 针的端子模块 140 XTS 002 00（防护等级小于IP20）或 140XTS00100（防护等级 IP20），所有的模拟量模块在连接工程量时必须使用屏蔽线进行抗干扰，并且屏蔽线的屏蔽层也必须接地，STB XSP 3000 是施耐德的接地组件。

下面详细介绍 Quantum PLC 的模拟量输入输出模块。

1）模拟量输入模块

模拟量输入模块的输入类型有电压、电流、热电阻、热电偶等。

Quantum PLC 的模拟量输入模块有 5 种：

第一种是 140ACI03000，即 8 通道、量程范围为 4～20mA&1～5V、占用内存 8 数据字+1 状态字、电源消耗 240mA。

第二种是 140ACI04000，即 16 通道、量程范围为 0～25mA&0～20mA&74～20mA、占用内存 16 数据字+1 状态字、电源消耗 360mA。

第三种是 140AVI03000，即 8 通道、量程范围为 0～25mA、±20mA、4～20mA0～10V、±10V0～5V、±5V、1～5V、占用内存 8 数据字+1 状态字、电源消耗 260mA。

第四种是 140ARI03000，即 8 通道、量程范围铂、镍热电阻 PT100，占用内存 8 数据字+1 状态字、电源消耗 200mA。

第五种是 140ATI03000，即 8 通道、量程范围热电偶类型（B，E，J，K，R，S，T）、mV、占用内存 16 数据字+1 状态字、电源消耗 280mA。

2）模拟量输出模块

Quantum PLC 的模拟量输出模块的输出类型有电压和电流两种输出类型。

Quantum PLC 的模拟量输出模块有三种：

第一种是 140ACO02000，即 4 通道、量程范围 4～20mA、占用内存 4 输出字、电源消耗 480mA。

第二种是 140ACO13000，即 8 通道、量程范围 0～25mA、0～20mA、4～20mA、占用内存 8 输出字、电源消耗 550mA。

第三种是 140AVO02000，即 4 通道、量程范围 0～10V、±10V、0～5V、±5V、占用内存 4 输出字、电源消耗 700mA。此模块是不能提供 10V 参考电压给现场设备的。

当 Quantum 的模拟量输出模块的 8 个通道都配置成 4～20mA 输出时，如果这些输出处于正常的情况，那么通道绿色的指示灯会常亮。另外，如果输出通道的红色指示灯点亮的话，则代表输出通道有断线或者没有连接输出线，从而导致输出检测到的电流为 0，低于通道配置的最低电流 4mA 而报错。

解决没有使用的输出通道的红色指示灯点亮的一个小技巧是，读者可以通过将暂不使用的通道配置成 0～20mA 或者 0～25mA，这样输出的实际值 0mA 和通道输出的最低值是一致的就不会报错，通道的红色指示灯也将不会点亮了。

> **注意**
>
> 对于 Quantum PLC 系统而言，除本安型模块外，其他所有模块都不能给现场设备进行供电。

【例 4-3】 Quantum 140AVO02000 的【Master Override】管脚的应用。

Quantum 140AVO02000 的【Master Override】管脚是一个输入管脚，它的作用是当 140AVO02000 模块不工作时，此输入经过内部电路接至输出端，使该通道在模块不工作时仍然有信号输出。

对于标准操作，140AVO02000【Master Override】的管脚是不需要接外部电源的，若这个管脚连接了外部电源，则还必须连接一个 1/16A 的熔断丝。而在不连接熔断丝的情况下，则必须将管脚连接到这个通道的公共端上去。

另外，Quantum PLC 的输入输出通道中，只有 AI 通道有诊断位，其他的 AO、DI、DO 都没有诊断位，Quantum AI 的诊断位一般在系统自动分配的字中。

3）模拟输入输出混合模块

Quantum PLC 的模拟输入输出混合模块 140AMM09000 有 4 点输入/2 点输出通道数，电源消耗为 350mA，占用内存为 5 点输入/2 点输出，它的量程范围为 0～10V、±10V（16 位分辨率）、0～5V、±5V、±20mA、0～20mA（15 位分辨率）、1～5V、4～20mA-（14 位分辨率）。

模拟输入输出混合模块 140AMM09000 在输入/输出通道均没有接线的情况下，模块上的指示灯的状态显示为"Active"、"F"灯常亮，最左边栏的"1"、"2"绿色灯常亮，中间栏的"1"、"2"红色灯常亮。

读者可以在 Unity Pro 编程软件中定义 Quantum PLC 的模拟量输出模块发生故障时输出模块的工作模式，共有三种工作模式：

第一种模式：模拟量输出模块发生故障时，模拟量输出为 0。

第二种模式：读者在 Unity Pro 编程软件中根据自己的需要定义模拟量输出模块的输出值。

第三种模式：当模拟量输出模块发生故障时，保留发生故障前上一个扫描周期的输出结果。

在编程时通过 Unity Pro 编程软件对模拟量输出只能选择上面三种中的其中一种作为模块发生故障时的工作模式。

5．分布式 IO

分布式 IO 是通过通信单总线来进行扩展的，包括 Momentum 分布式 IO、Advantys OTB 分布式 IO 和 Advantys STB 分布式 IO 等分布式解决方案，读者可根据不同的工艺要求适当选配。

6．PLC 专用模块

Modicon Quantum 的专用模块是一些具有特殊功能的专用模块，即本质安全 IO 模块、高速计数模块、高速锁存/中断模块、PLC 时钟同步模块和多功能输入模块 motion 模块。

（1）本质安全 IO 模块

本质安全 IO 模块是通过使用光隔离器和 DC/DC 的转换器，使放置在危险区域的电路电能降低，从而使现场的电路不会产生火花，发热量也变小。同时，危险区域内的 PLC 设备也不会因为发热而产生水蒸气，从而达到现场危险区域的安全要求。

本质安全 IO 模块在底板上安装时可以插在底板的任意一个槽位，没有任何限制。

另外，本质安全 IO 端子板的订货号是 140XTS33200，与普通的数字量、模拟量端子板是不通用的，接头的现场端子板标记为蓝色，用以表示其是本质安全接头。

本质安全 IO 模块的走线也有特殊要求，即本质安全 IO 模块与非本质安全 IO 模块要分开走线，间隔至少 50mm。

（2）高速计数模块

Quantum PLC 包括 140EHC10500 和 140EHC20200 两种高速计数器模块，可以实现对高速输入脉冲的计数操作；接入的高速脉冲信号可以是编码器、PLC 的占空比为 1:1 的 PWM 输出信号或者现场仪表以高速脉冲的方式发出的转速、流速、位置等信号。

1）140EHC10500 高速计数模块的特点

140EHC10500 高速计数模块包含 5 个独立的 5V 或 24V 直流脉冲计数通道，5V 输入时最大频率 100kHz，24 伏输入时最大 20kHz。140EHC10500 只能连接脉冲信号的编码器，即只能处理单相脉冲信号，或加信号或减信号。

140EHC10500 高速计数模块的每个计数通道都可以用作事件计数器、差分计数器、重复计数器和速度计数器。其中：

① 140EHC10500 高速计数模块用作事件计数器（32 位，共有六种不同的工作模式）；

事件计数模式可以被 5 个独立通道的任一个通道进行配置和使用，可以有两个或两个以上的设定点、一个最终设定点、一个计时最终设定点，并可设置为规定的锁存模式或定时输出模式。

事件包括：第一个设置值是否到达、第二个设置值是否到达、最终设置值是否到达和计时最终点是否到达。

事件计数操作模式的说明见表 4-16。

表 4-16　　　　　　　　　　　事件计数操作模式的说明

操作模式	模 式 说 明
A（缺省）	具有时间可调整的 ON 输出 所有计数器输出的均使用同一个脉冲宽度设置值
1	并行输出设定点
2	串行输出设定点
8	并行输出设定点和最终设定点，STx 不起作用
9	串行输出设定点和最终设定点，STx 不起作用
B	锁存模式

② 140EHC10500 高速计数模块用作差分计数器（32 位，共有两种不同的工作模式）；

由于差分计数器要占用两个计数通道，所以最多只能使用两个差分计数器，差分计数器用于计算两个通道连接的差值。

差分计数器操作模式的说明见表 4-17。

表 4-17　　　　　　　　　　　　　　差分计数器操作模式的说明

操 作 模 式	模 式 说 明
3	并行输出设定点
4	串行输出设定点

③ 140EHC10500 高速计数模块用作重复计数器（16 位）；

重复计数器可用于任一通道或所有通道，计数器到达设定点后会自动回到 0，不断重复计数，特别适用于不断旋转信号的测量。

④ 140EHC10500 高速计数模块用作速度计数器（32 位，共有两种不同的工作模式）；

速度计数器测量的时间是 1s 或 100ms 内的脉冲数，可用于测量平均速度、流速等信号。140EHC10500 高速计数模块上有 8 个数字量输入和 8 个数字量输出，读者可根据所选择的模式进行配置。

2）140EHC20200 高速计数模块的特点

140EHC20200 高速计数模块包含两个计数通道，计数频率高达 500kHz。这种高速计数模块能够连接增量型编码器，处理双向信号。

140EHC20200 高速计数模块的工作模式如下：

16 位增量模式或正交模式计数器，可用于一或两个通道，两个可配置输出。

32 位增量模式或正交模式计数器，占用两个通道，两个可配置输出。

32 位增量模式或正交模式计数器，可用于一或两个通道，没有输出。

16 位增量模式或正交模式计数器，可用于一或两个通道，没有输出。

（3）高速锁存/中断模块

高速锁存/中断模块 140HLI34000 模块是一种多用途、高性能、具有锁存、中断、高速输入功能的模块，共有 16 个输入点。一般情况下普通的 IO 模块是无法满足有些高速应用的工作场合的，设计时工程师就会考虑采用此类模块，例如高速编织机现场高速输入信号的脉冲捕捉等应用场合。另外，Quantum PLC 的 140HLI34000 模块只能在本地底板中使用。

由于热备不支持本地机架模块的切换，所以高速锁存/中断模块不能用于热备系统。

140 HLI34000 有中断处理模式，自动锁存、清除模式和三种高速输入模式，缺省设置的是高速输入工作模式。这几种模式的说明如下：

1）中断处理模式

在中断模式中，来自模块的中断信号将中断主应用程序（mast），并调用相应的中断处理子程序，每个输入都可以配置成引发一个中断的输入。

同一个本地底板上的多个中断，按下列优先级进行排序：

槽号优先原则：如果在同一底板上不同的 140HLI34000 模块上同时产生中断，低槽号的优先级高。

输入编号优先原则：如果在同一个 140HLI34000 模块上的两个中断同时产生，低的输入编号的优先级高。

当前没有处理的中断会被 CPU 记录，当前中断执行完毕后，CPU 会运行它所记录的优先级中断。

读者应确保中断不会消耗 CPU 总处理时间的 40% 以上，因为大于 40% 意味着处理器完全在为中断任务，无法运行应用程序的其他部分，一般在项目中遇到这种情况时，应该将中断任务分配到多个CPU进行处理，以保证整个应用程序的正常执行。

如果需要在中断程序中读入其他数字输入或需要写输出，要使用直接IO功能块IMIO_IN和IMIO_OUT来完成操作。

2）自动锁存、清除模式

锁存功能用在输入脉冲时间小于CPU的扫描时间且变化不频繁的应用场合，来自锁存输入的数据是通过正常的IO扫描进行服务的，不产生中断。快速变化的脉冲将会被记录，在扫描结束时，使用正常的输入更新的方式来处理这些记录，不需要专门的编程。

如果将140HLI34000模块的一些输入配置为中断，另一些被配置为锁存（称为分离模式），那么锁存的数据将在中断时被读取和清除，在扫描结束后可能会失效。

3）高速输入模式（缺省设置）

高速输入模式是模块的缺省工作模式，高速输入的响应很快，关闭-打开的时间是30μs、打开-关闭的时间是130μs。由于扫描时间一般是毫秒级，所以使用此模式的模块与正常IO模块差别不大。

另外，由上述三种模式可派生出另一种模式，140HLI34000模块每个输入可任意配置为上述三种模式中的一种，如果模块的16个输入被配置为中断、锁存和高速输入这三种模式的两种或三种，称为分离模式。

（4）PLC时钟同步模块

PLC时钟同步模块140DCF07700用于连接GPS或DCF信号，并将GPS或DCF信号中的日期、时钟信号转换成一个数字信号，并将此信号实时传送给CPU，作为系统的实时时钟。

PLC时钟同步模块140DCF07700内部有一个以毫秒为单位的软件计时时钟，这个时钟每隔一分钟便使用来自GPS或DCF信号的外部时钟信号进行同步，运行几个小时（通常大约2～3h）后，时钟达到最高精度，此外，这个模块会检查出入时间电报是否可用。

另外，这个模块的实时时钟与使用CPU内部时钟相比有一定的优点，因为编程时由于使用了外部的全球时间源，因此可保证在同一区域内使用同样的时钟，不同系统没有时间差异，而CPU的内部时钟需手动设置后，然后递增，如果系统中有多个CPU就无法避免不同CPU之间的时间差异。并且外部时间源的精度要高于CPU内部时钟，外部时间源还同时自动考虑了闰年和闰秒。

值得注意的是，DCF信号发射的CET（中欧时间），该信号产生自德国不伦瑞克国家科技协会的一台原子钟，并通过位于法兰克福的发射器发送一个77.5kHz的长波信号，该信号覆盖以法兰克福中心约1000km半径的范围。中国的客户不能使用此信号，时钟同步模块140DCF07700如果要接收DCF信号，则要加一个DCF77的接收器。

GPS是美国发射的一组低轨道运行的GPS（全球定位系统）卫星发送的无线电信号，此信号中不仅包含接收天线的精确位置信息，而且包含了对应于GMT（格林威执标准时间）的UTC时间（世界协调时间）。时钟同步模块140DCF07700如果接收GPS信号要加一个470GPS00100的接收器，天线是不包括在GPS接收器470GPS001中的，需单独购买，使用时要特别注意。140DCF07700GPS连接图如图4-17所示。

安装天线时，要避开无线交换站、机场等强电磁干扰的区域，以保证GPS信号能够被正常接收，同时，天线必须竖立在户外，安装时如果使用施耐德470XCA64600的GPS电缆能够提高接收效果。

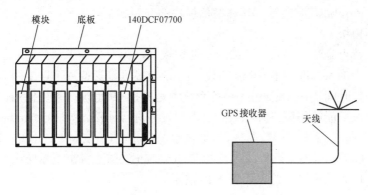

图 4-17　140DCF07700 GPS 连接示意图

另外，时钟同步模块 140DCF07700 提供实时时间放在%IWx 开始的连续 4 个字中，如表 4-18 所示，在 IO 映射中输入模块时设置字区域的第一地址。

表 4-18　　　　　　　　　　　时钟同步模块的数据区

地　　　址	高　　位	低　　位
%IWx，x-起始地址（在软件中设置）	毫秒低位	Sync（布尔量）同步位
%IW$_{x+1}$	分钟	毫秒高位
%IW$_{x+2}$	日（星期几和日期）	小时（字节）
%IW$_{x+3}$	年	月　（字节）

（5）多功能输入模块

多功能输入模块 140ERT85410 是一种智能 32 点输入模块，分为 2 组 16 点的输入，每个组可使用单独的外部电源供电（通常为 24V、48V、60V 或 125V 直流），输入点的功能可进行配置并按 1ms 的时间间隔查看输入信号的状态，在本地或远程模块机架上最多可使用 9 个 140ERT85410 模块，140ERT85410 模块还可以接收 DCF77E 和 GPS 信号，实现时钟的同步功能。

140ERT85410 模块在 Unity Pro 硬件配置中有 4 个功能块用于配置输入点的功能，每个功能块有二进制输入、事件输入和计数器输入三个选项。

二进制输入：将输入值循环发送给 PLC；

事件输入：为 1、2 或 8 个输入记录并带有时标的事件，集成的 FIFO（先入先出）最多可存放 4096 个事件；

计数器输入：可对数字输入进行计数操作，最大 500kHz。

140ERT85410 多功能输入模块典型的应用是在水电或火电的故障记录，当一个故障发生后，会在短时间（毫秒级）内引起连锁反应，导致其他故障信息连续进入 PLC，为了找到引起故障的原因，读者需要在系统中配备 140ERT85410 模块对故障记录打上时标。

7．通信模块

Unity Quantum 支持的通信协议包括：Modbus Plus、Modbus、以太网 TCP/IP 和 Modbus TCP、AS-I 接口执行器、传感器总线、Interbus 总线及 Profibus 总线。Profibus 总线需加装合

作伙伴的 PTQ DPM MV1 模块才可以进行通信。不同的通信协议要配备不同的通信模块，例如以太网模块、Profibus-DP 块等，具体通信模块的介绍如下。

（1）以太网模块

以太网模块特点是唯一一款全开放的工业以太网，免费公开了全部的通信代码。以太网的应用层采用中国国家标准的 Modbus 协议，CPU 最多可以支持 6 个以太网模块，采用独立处理器会减少扫描时间，在 Quantum 热备系统中是支持 IP 地址自动切换的，在不增加任何硬件或软件的情况下能够与第三方厂家的以太网设备进行连接，同时 Quantum 以太网模块还支持 TCP/IP 远方编程、上载/下载、监视、参数修改等操作，具有支持 OFS（OPC Factory Server）的特点。另外，Quantum 以太网模块内置的 Web Server 能够支持浏览器访问，读者可以自定义网页的开发，以太网模块一览表如表 4-19 所示。

表 4-19 以太网模块一览表

模块类型		140NOE77100	140NOE77110	140NOE77101	140NWM77111	140NWM10000
类 别		B20	C20	B30	C30	D10
标准网络服务器		"机架浏览器"给出产品描述、状态以及 PLC 诊断 "数据编辑器"给出配置动能和 PLC 变量				
Factory Cast 可配置网络服务器	用于创建网页内容的编辑器	—	是	—	是	
	用户网页存储（可用大小）	—	是	—	是（Bmb）	
透明就绪服务	FactoryCast HMI 主动式网络服务器	—		是（1）		
	标准以太网 TCP/IP 通信服务	ModbusTCP 消息（读/写数据字）				
	I/O 扫描	是	—	是（在 128 个工作站之间）		—
	全局教程	—	—	是		
以太网 TCP/IP 高级通信服务	FDR 服务器	—	—	自动分配IP地址 IP地址和网络参数		—
	NTP 时间同步化	是	—	是		—
	SMTP 电子邮件通知	是	—	是		—
	SNMP 网络管理员	是	—	SNMP 代理		
	通频带管理	—	—	是		
冗余服务		与热备冗余体系结构兼容				
结构	物理接日	10BASE-T/100BASE-TX（RJ45）或者 100BASE FX（MT/RJ）				
	数据传输率	10/100Mbit/s				
	介质	双绞线/光纤				

140NOE77100 TCP/IP 以太网模块外形如图 4-18 所示。

140NOE77100 TCP/IP 是单槽模块，支持以太网的对等通信和 I/O 扫描器两种通信方式，可使用 10/100M 通信速度进行通信，模块包含 8M Flash 存储器 和 16M SDRAM。模块上配有 LED 指示灯用以诊断并显示连接的通信电缆是否正常。如果系统配置的是 CPU11302 和 CPU11303 控制器时，最多添加 2 个模块，如果系统配置的是 CPU43412 和 CPU53414 控制器时，最多可以配置 6 个模块。

140NOE771 00 以太网通信模块包括 I/O 扫描器用于带以太网适配器的 Momentum I/O 模块、10/100Base‐TX 和 100Base‐FX 标准连接。Peer Cop 功能定义 I/O 服务表格，包括 BOOTP 客户机和服务器功能内嵌服务器等功能，这些服务器的功能有设备辨认、网络统计、I/O 模块和各点的状态、参数编辑、BOOTP 服务器配置、FactoryCast V1 和 V2 工具及基于文件系统的 Flash 存储器。嵌入式网页服务器 FactoryCast 2.0 如图 4-19 所示。

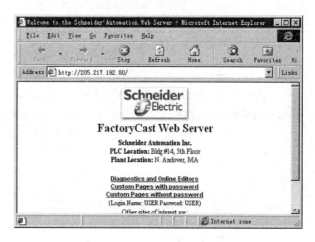

图 4-18 　140NOE77100 TCP/IP 模块外形图　　　　图 4-19 　FactoryCast Web Server

（2）Quantum CRP 81100 Profibus-DP 块

Quantum CRP 81100 Profibus-DP 主模块的外形图，如图 4-20 所示。

Quantum CRP 81100 Profibus-DP 模块的通信速率是 9600～12Mbaud，通信可以连接 126 个从站，通过 RS-485 屏蔽双绞线传输数据（PCMCIA，CABLE，TAP），使用 Modsoft 2.6 和 Concept 2.2 进行支持，并且支持多主系统的配置。

模块安装于本地基板上，使用 CPU11302 和 CPU11303 控制器时，最多可以配置 2 个模块；使用 CPU43412 和 CPU53414 控制器时，最多可配置 6 个模块。

当系统配备 profibus-DP 模块时会占用一定的扫描时间，因为它的工作是由控制器通过基板进行的；

Profibus-DP 可以进行读写 I/O 数据、读诊断信息、写参数和读配置这些功能。

（3）Quantum AS-i Master Module

Quantum AS-i Master Module 的外形，如图 4-21 所示。

Quantum AS-i Master Module 模块的总线供电是 30V DC，31 个从站的响应时间占 PLC10ms 的扫描时间，输入反极性保护，AS-i 总线刷新时间是 5ms，AS-i 总线最长距离可以达到 100m，最大 I/O 点数是 124 入 124 出，网络速度能够到达 167kHz，占 13 字入和 9 字出，并且每个站 AS-i 模块数量是本地 4 个字，远程 IO 点 4 个字，分布 DIO2 个字。

图 4-20　Quantum CRP 81100 Profibus-DP 主模块外形图　　图 4-21　Quantum AS-i Master Module 模块外形

第二节　施耐德软硬件在项目中的实战应用

Quantum 系列 PLC 使用 Unity Pro Large 或 Extra Large 编程软件进行编程，这个软件能够与 Premium 平台进行兼容。其中，Unity Studio 软件套件，用于设计分布式应用程序，Unity 应用程序生成器（UAG）是开发和生成过程控制应用程序的专家软件，Unity EFB 工具套件用于以 C 语言开发 EF 和 EFB 功能块库，Unity SFC 视图软件是用于显示和诊断以顺序功能图表（SFC）语言编写的应用程序。

一、施耐德 PLC 硬件安装及维护

（一）施耐德 PLC 的硬件配置

Quantum 系统槽底板的硬件配置示意图如图 4-22 所示。

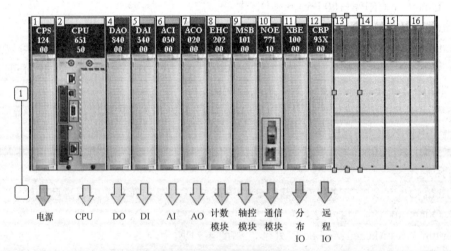

图 4-22　槽底板的硬件配置示意图

（1）底板 XBP：Quantum PLC 有 6 种底板，即 2 插槽、3 插槽、4 插槽、6 插槽、10 插槽和 16 插槽。工程中排列硬件时，模块插入插槽是没有位置限制的，但可用模块的电源和寻址空间是有限制的。

　　不同的底板有不同的插槽数目，但每种底板都包括一个金属框架、一个底板接头、安装孔（用于安装模块的）、底板安装孔和接地端子组成。Unity Quantum PLC 的底板如图 4-23 所示。

　　其中，底板的高度统一为 290mm，模块深度是 104mm。2 槽宽度是 10mm，2、3 槽宽度是 142mm、4 槽宽度是 184mm、6 槽宽度是 265mm、10 槽宽度是 428mm、16 槽宽度是 671mm。

　　（2）电源模块 CPS：Quantum PLC 电源模块均为直流 5V 输出，有独立型、累加型和冗余电源三种电源模块。这些电源模块都有过电流和过电压保护，都能在高电气噪声的场所运行而不需要增加隔离变压器。

　　（3）中央处理器 CPU：基本处理器的前面板有一个带有 7 个 LED 指示灯的显示单元，高性能处理器的前面板带有一个 LCD 显示屏和两个 LED 指示灯。

　　（4）DO 模块：数字量输出模块。

　　（5）DI 模块：数字量输入模块。

　　（6）AI 模块：模拟量输入模块。

　　（7）AO 模块：模拟量输出模块。

　　（8）计数模块：高速计数器模块可以在事件计数器、差分计数器、重复计数器和速度计数器四种操作模式下工作，5V DC 或 24V DC 脉冲输入信号。

　　（9）轴控模块：模块是装在单宽度机架中的递增编码器模块或仅反馈解析器和编码器模块。与使用 Lexium 驱动器和其他类型的 DC 及无刷驱动器的伺服电动机一起工作。

　　（10）通信模块：用于远程输入/输出的数据通信。

　　（11）分布 IO：用于编辑 Quantum（主）模块机架扩展的配置数据，随后由比例调整 EFB 使用这些数据。

　　（12）远程 IO：远程 I/O 头单通道模块与系统控制 CPU 模块安装在同一背板中。RIO 头用于在 CPU 与 RIO 子站模块（安装在单独的背板中）之间双向传输数据。

　　所有 Quantum PLC 的硬件配置都显示在结构视图中，具体位置是在【配置】→【本地总线】→【本地 Quantus 子站】下的相应槽位，图 4-24 的实例是在 2 号槽。

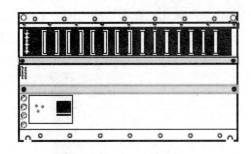

图 4-23　Unity Quantum PLC 的底板

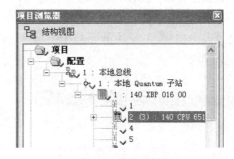

图 4-24　结构视图

（二）施耐德 PLC 的安装

施耐德 Quantum PLC 的硬件模块在底板上的安装如图 4-25 所示。

　　模块在底板上安装时，应该首先将模块挂在底槽的一个槽位上，然后向下一推，推到位置后将模块下部的螺丝拧紧就完成了一个模块的安装了，拆卸模块时，反向操作即可。

　　如果柜内的安装空间比较小也可以在操作台上先将模块安装到底板后，在进行 PLC 的整体安装，此时要注意先将通信地址例如远程通信模块或 Modbus Plus 模块的地址先设置好，然后再进行安装。

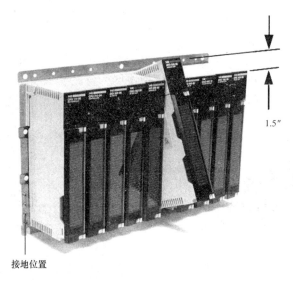

1.5″

接地位置

图 4-25　模块安装示意

Quantum PLC 的 CPU 模块可安装在底板上任一个槽位中，没有限制。

（三）施耐德 PLC 的扩展能力

施耐德 PLC 有三种扩展方式：本地 IO 扩展方式、远程 IO 扩展方式和分布 IO 扩展方式。

1．本地 IO 扩展方式

本地 IO 扩展方式在主机架和辅机架上都使用一个本地 IO 扩展模块 XBE10000 实现扩展，扩展机架如图 4-26 所示。

底板扩充板电缆的长度有 1、2 和 3m 三种规格，安装时根据两个底板的实际距离进行选择即可。值得注意的是热备系统是不支持本地 IO 扩展方式的。

XBE10000 模块用于本地和远程 I/O 节点的第二基板的扩展，使 Quantum CPU 支持到27648 个离散量 I/O 点，并且节省了在节点处扩展 I/O 模块的费用。在实际的工程应用中由于配备了 XBE10000 模块从而减少了远程 I/O 节点，提升了整个系统的性能，XBE10000 的模块见图 4-27。

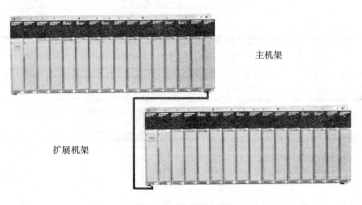

主机架

扩展机架

图 4-26　扩展机架图

图 4-27　XBE10000 的模块

本地 IO 辅机架上最大的输入输出字是 64 点输入 64 点输出。读者在项目中配置 PLC 时注意参考每个模块的内存占用情况，尤其在模拟量模块比较多的情况下，例如，如果在辅机架上使用 140ACI04000 模拟量输入模块，它的寻址需求是 17 个字，因此在辅机架上最多使用 3 块 140ACI04000。

2．远程 IO 扩展方式

远程 IO 是使用远程 IO 通信模块进行 IO 扩展的一种方式，远程 IO 网络基于 S908 远程网络技术，通信介质采用同轴电缆，不带中继器最远距离达到 4572m；如果使用光纤中继器，通信的最远距离可以达到 13km。另外，Quantum PLC 的双机热备系统支持远程 IO 扩展方式。

远程 IO 分站上最大的输入输出字是 64 点输入 64 点输出。远程 IO 的通信速率为 1.544Mb，分为单通道和双通道两种。读者在项目中采用双通道的架构，可以提高系统的稳定性。远程 IO 的扩展方式如表 4-20 所示。

表 4-20　　　　　　　　　　　　远程 IO 扩展方式

RIO 模块	站位置	通信通道	电流需求
140CRP93100	本地（头）	1	600mA
140CRA93100	远程（子站）	1	600mA
140CRP93200	本地（头）	2	750mA
140CRA93200	远程（子站）	2	750mA

在主干缆中开放的分站和主干缆的终端必须使用 75Ω 的终端电阻能够保证阻抗匹配。

RIO 网络中，整个 RIO 系统的信号衰减是不能超过 35 dB 的。

（1）远程单通道 IO 的架构

远程单通道的每个分站处都要加装一个 MA-0185-100 的 TAP 头，这样就能实现分站与主站的电气隔离了，远程单通道示意图如图 4-28 所示。

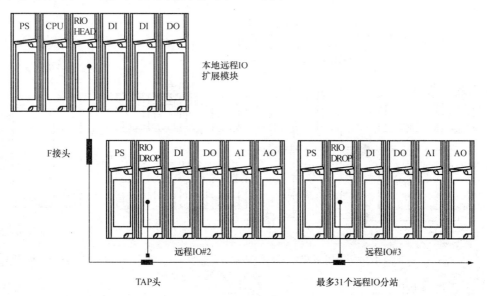

图 4-28　远程单通道示意图

（2）远程双通道 IO 的架构

远程双通道的每个分站需要两个 TAP 头 MA-0185-100，实现分站与主站的电气隔离，远程双通道示意图如图 4-29 所示。

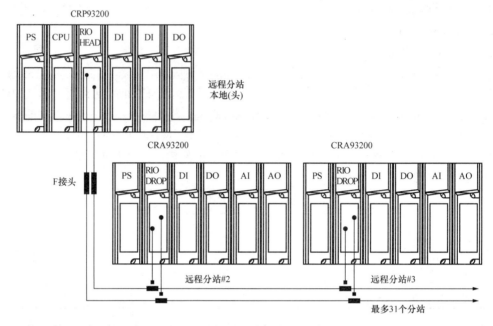

图 4-29　远程双通道示意图

另外，使用系统分离器的架构如图 4-30 所示。

（3）远程 IO 分站的地址设置

地址开关是两个 SW 开关，分上开关和下开关两种，如图 4-31 所示，使用小型一字螺丝刀工具对 SW1 和 SW2 进行旋转来设置地址，地址设置范围为 2～32，地址＝SW1×10＋SW2。

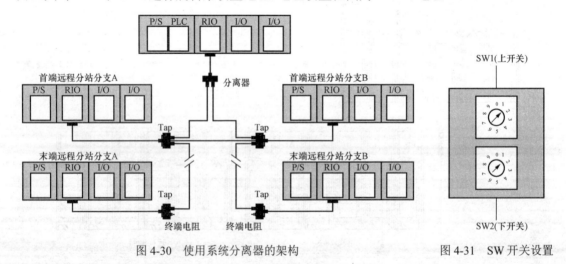

图 4-30　使用系统分离器的架构　　　　　　图 4-31　SW 开关设置

（4）干缆连接的注意事项

1）干缆连接时必须使用 TAP 头，错误连接示意图的框选部分如图 4-32 所示。

2）在开放的分站分支器处要使用终端电阻，错误连接 1 示例图的框选部分如图 4-33 所示。

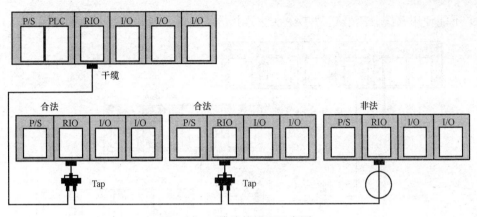

图 4-32　干缆连接错误示意图 1

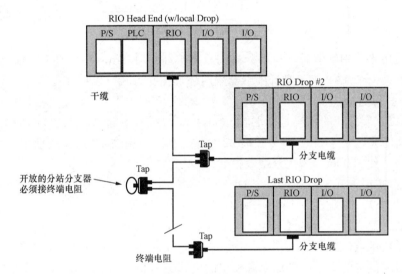

图 4-33　错误连接 1 示意图

3）不能使用系统分离器将干缆接成星形、环形结构，如图 4-34 所示的框选部分。

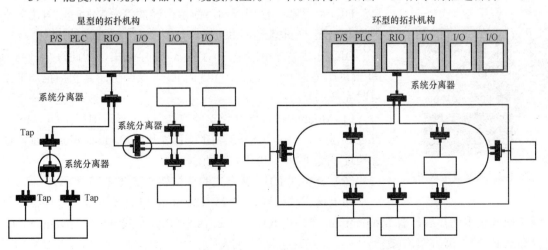

图 4-34　干缆连接错误示意图 2

4）不能使用系统分离器代替 TAP 头去连接分支电缆，错误连接示意图如图 4-35 所示。

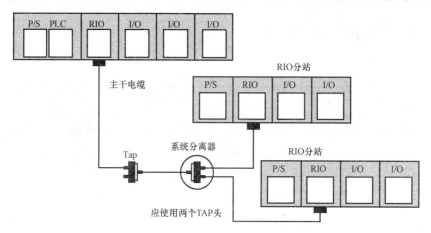

图 4-35　错误连接 2 示意图

另外，使用光纤中继器时，可将分站的距离扩展到 13km，并且每个同轴电缆接入光纤中继器需要安装一个 TAP 头，光纤中继器采用环形拓扑方式可以提高可靠性。

3．分布式 IO 扩展方式

分布式 IO 扩展方式的结构是基于 Modbus Plus 总线技术的，每个 DIO 网络不使用中继器时，最远距离能够达到 472m，最多扩展 32 个站。当距离超过 472m 后要使用中继器，此时，最远距离能够达到 2000m，最大分站数扩展为 64 个站。

分布式 IO 扩展方式支持多达三个 DIO 网络，一个由 CPU 内置的 Modbus Plus 口提供，另外两个可以通过加在底板上 140 NOM 211/212 的接口模块获得。

DIO 分站适配器有一个内置电源，最大电流 3A，在分站电源需求不大时，可以使用这个内置电源给模块供电，当 IO 模块电源超过 3A 时，要外加一个电源模块，外加电源模块时内部电源将不再起供电的作用。外加电源模块的电流类型和 DIO 的适配器电源类型可以不同，即交流和直流类型可以不同，带有附加电源的 DIO 模块电流负载典型是 20mA。

【例 4-4】　DIO 分站在不使用分站适配器内装的 3A 电源时，如何供电？

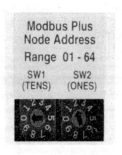

图 4-36　SW 设置示意图

DIO 分站在不使用分站适配器内装的 3A 电源时，可由独立的 Quantum 8A 电源进行供电。

DIO 分站寻址范围是 30 字输入/32 字输出，因此每个分站的 IO 数量比远程 IO 数量少，DIO 的 IO 映像的更新是在扫描周期结束时完成的。

（1）Modbus Plus 地址设置的方法是：设置范围在 1-64，Mobus Plus 地址=10·SW1+SW2，因为主站也有 Modbus Plus 地址，注意地址不能重复，如图 4-36 所示。

（2）分布式 IO 扩展方式的典型架构如图 4-37 所示。

除上述三种扩展方式外，Quantum PLC 还可以通过通信单总线实现低成本的扩展，有 Momentum 分布式 IO、Advantys OTB 分布式 IO 和 Advantys STB 分布式 IO 等扩展方案。

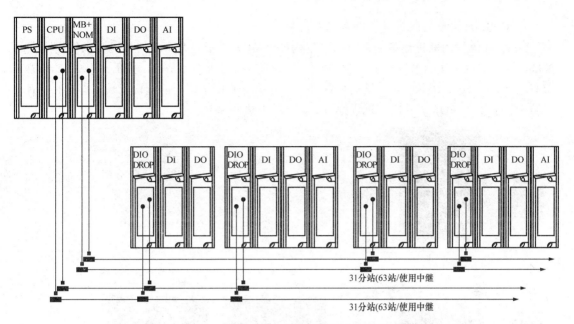

图 4-37　分布式 IO 扩展方式的典型架构

二、Quantum 双机热备系统

Quantum 双机热备系统是一个高性能热备（Hot standby system）系统，这个系统可以将 CPU 在发生故障时自动切换到另一个热备系统的 CPU 上，从而提高了整个 PLC 控制系统的可靠性。

Quantum 双机热备系统只有在主机架电源故障、主机架 CPU 故障、主机架 RIO 适配器故障和主机架 RIO 链路故障这四种情况才能实现自动切换。而在 MB+ 或以太网出现问题时，是不能实现自动切换的。

热备建立后的正常情况下，主 CRP 的 Ready 灯常亮和 Com Act 灯常亮，备 CRP 的 Ready 灯常亮和 Com Act 灯闪烁，而 CRA 的 Ready 灯和 Com Act 灯也是常亮的。

（一）Concept 编程的双机热备系统

1．Concept 编程的双机热备的组成

Concept 编程的双机热备至少需要两个 4 槽的底板，除电源、CPU 和远程 IO 模块外，每个底板上还要加装一块热备模块 CHS11000，并且两个热备模块要使用光纤进行连接。

Quantum PLC 有三个热备套件的组合，即 140CHS21000、140CHS41010 和 140CHS41020。

其中，140CHS21000 包括 2 个 CHS 热备模块、1 个 3m 长的热备光缆、1 个 CHS 可加载软件包、1 个 S908 终端器套件和热备模块 CHS 的安装手册。

140CHS41010 包括 2 个 Quantum CPU，即 140CPU11302、2 个 CHS 热备模块、2 个远程控制器 140CRP93101、2 个电源 140CPS11100、2 个 XBP00600、1 个 3m 长的热备光缆、1 个 CHS 可加载软件包、1 个 S908 终端器套件和热备模块 CHS 的安装手册。

140CHS41020 包括 2 个 Quantum CPU，即 140CPU11303、2 个 CHS 热备模块、2 个远程控制器 140CRP93101、2 个电源 140CPS11100、2 个 XBP00600、1 个 3m 长的热备光缆、1 个 CHS 可加载软件包、1 个 S908 终端器套件和热备模块 CHS 的安装手册。

2．Concept 编程的双机热备的常用系统架构

Concept 编程的双机热备的常用系统架构如图 4-38 所示。两个机架不仅要求使用同样的模块，每个模块所在的槽位也要完全相同。例如主机的模块顺序是：1 号槽—电源，2 号槽—CPU，3 号槽—远程模块，4 号槽—热备模块，从机也要使用同样的槽位安装，即：1 号槽—电源，2 号槽—CPU，3 号槽—远程模块，4 号槽—热备模块。

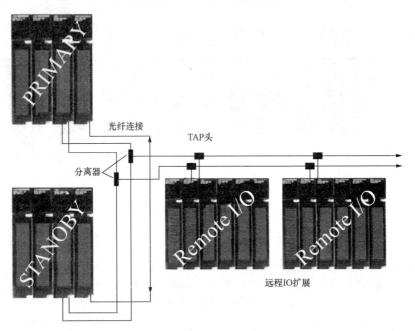

图 4-38　双机热备常用系统架构

3．Concept 编程的热备模块 CHS11000 介绍

热备模块 CHS11000 如图 4-39 所示。

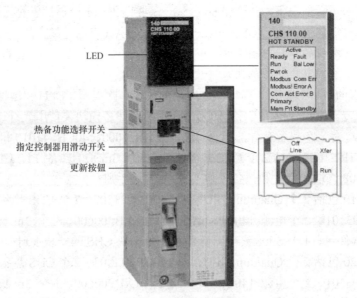

图 4-39　热备模块 CHS11000

热备模块 CHS11000 的前面板上的热备功能选择开关（Function Keyswitch）是用来选择模块工作模式的，有三种工作模式可以选择，即 Run、Xfer 和 Offline。

其中，Run 代表运行模式，当热备功能选择开关转到 Run 位置时处于这个模式，此时控制器处于主机模式或备机模式。当正常使用时，两个热备模块 CHS11000 的热备功能选择开关都要设置在 Run 位置上。

传输模式（xfer）是用于将主机的程序更新到备机上。更新主机程序到从机的操作流程，如图 4-40 所示。

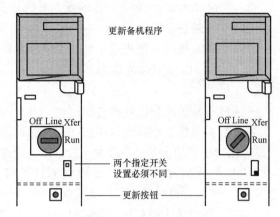

图 4-40　更新备机示意图

1）使用钥匙将主机的功能选择开关设定到 Run 运行模式，从机的功能选择开关设置到 Offline 模式。

2）按住从机的更新按钮。

3）将从机的功能选择开关设置到 Xfer 模式。

4）设置从机程序传输完成后的工作模式，可以是 Run 运行模式或 Offline 模式。

5）松开更新按钮，主机开始向从机传输整个程序，传送时从机上的指示灯在传输过程中会不断闪烁，当程序传送完成后，备机将转到第 4 步设置的工作模式。如果是 Run 模式，standby 和 Com 灯亮，如果是 off 模式，standby 和 Com 灯灭。

6）拔掉钥匙并妥善保存。

离线模式（Offline），如果将主机的工作模式切换到 Offline 而备机工作在 Run 模式，将完成热备的切换，备机切换到主机，主机处于退出服务状态，如果备机工作在 Offline 模式，主机则工作在非热备方式。

4．光缆的安装接线

光缆在安装接线时，主机的发送（Transmit）端连接到从机的接收（Receive）端，同样从机的发送（Transmit）端连接到主机的接收（Receive）端如图 4-41 所示。

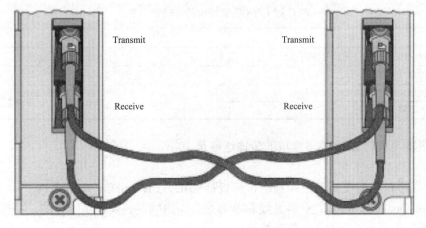

图 4-41　光缆安装示意图

5．Concept Quantum 有两种编程方式的热备系统

（1）984 热备系统

984 热备系统的应用程序是使用 984 梯形图逻辑进行编程的，有两种方式激活热备模式，一种是使用 CHS 装载功能块激活热备模式，另一种是在软件里的热备配置窗口中激活热备模式。

984 热备系统的数据传输过程：

984 热备系统工作时在每次扫描的开始阶段，主机架 CPU 通过底板将当前状态的 RAM 数据传输给主机架上的热备模块 CHS110，此过程一结束，CPU 立刻执行程序扫描和执行。同时主机架上的 CHS110 热备模块通过光纤将这些数据传输给备机机架上的热备模块 CHS110，然后备机机架上的热备模块 CHS110 再将此数据传送给备机的 CPU。

984 热备系统主机扫描周期的时间比没有热备模块的单机系统要有所增加，原因是要给热备模块传输 RAM 中的数据。984 数据传输示意图如图 4-42 所示。

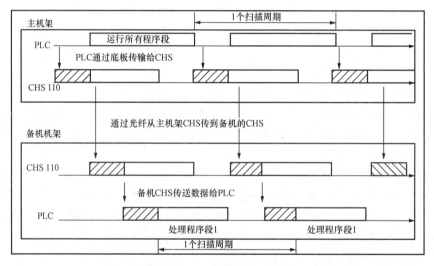

图 4-42　984 数据传输示意图

PLC 到 CHS 热备模块的传输速率表见表 4-21 所示。

表 4-21　　　　　　　　　　PLC 到 CHS 热备模块的传输速率表

CPU 型号	传输速率
CPUx130x 例如 11302，11303	1.6 ms/KB
CPU42402	2.0 ms/KB
CPU43412	1.9 ms/KB
CPU53414	

CHS 热备模块到 CHS 热备模块的传输速率是 10M。

（2）IEC 热备系统

IEC 热备系统只能支持 IEC 编程语言，包括 FBD、LD、SFC、IL 和 ST。

Concept Quantum 的 IEC 热备系统和 984 热备系统的硬件架构是一样的，主机和备机机架上都需要安装一个 CHS11000 热备模块。

IEC 热备系统和 984 热备系统的数据传输过程也大致相同，切换方法与 984 热备系统也相同。这里不再赘述。

另外，Concept2.5 及以上版本，能够同时在主机和备机下载同样的程序，而早期版本需要使用 Update 键进行更新。Concept2.5 及以上版本不需要停机就可以更新 CPU 固件，而早期 Concept 版本必须在停机后进行更新。

IEC heap 数据是指一个连续的存储区，即一个包括所有编程变量的连续存储区。IEC 数据传输示意图如图 4-43 所示。

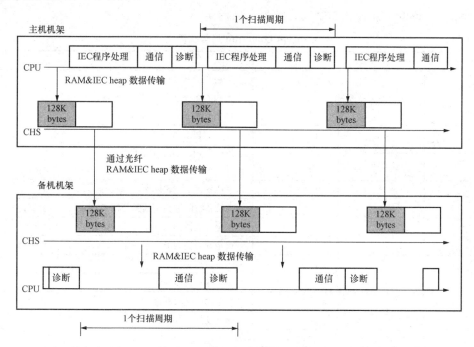

图 4-43　IEC 数据传输示意图

Concept Quantum 热备系统的命令字见表 4-22。

表 4-22　　　　　　　　　　　　Concept Quantum 热备系统的命令字

位-984 规则	位-IEC 规则	值	含　义
16	0	0	热备模块的功能选择开关有效
		1	热备模块的功能选择开关无效
15	1	0	设置控制器 A 状态 Offline
		1	设置控制器 A 状态 Run
14	2	0	设置控制器 B 状态 Offline
		1	设置控制器 B 状态 Run
13	3	0	如果发现不匹配强制备机处于离线状态
		1	允许出现逻辑不匹配
12	4	0	只能在停机时升级固件
		1	允许不停机升级固件
8	8	0	热备切换时交换 Modbus 通信口 1 地址
		1	热备切换时不交换 Modbus 通信口 1 地址

位-984 规则	位-IEC 规则	值	含　义
7	9	0	热备切换时交换 Modbus 通信口 2 地址
		1	热备切换时不交换 Modbus 通信口 2 地址
6	10	0	热备切换时交换 Modbus 通信口 3 地址
		1	热备切换时不交换 Modbus 通信口 3 地址
其余位	保留		

Concept Quantum 热备状态字的详细列表见表 4-23。

表 4-23　　　　　　　　　　　　　　　**Concept Quantum 热备状态字**

位-984 规则	位-IEC 规则	值	含　义
16	0	0 1	此 PLC 处于离线模式
		1 0	此 PLC 处于主机模式
15	1	1 1	此 PLC 处于备机机模式
14	2	0 1	另一个 PLC 处于离线模式
		1 0	另一个 PLC 处于主机模式
13	3	1 1	另一个 PLC 处于备机机模式
12	4	0	主机备机间逻辑匹配
		1	主机备机间逻辑不匹配（在 Concept2.5 以上支持）
11	5	0	指定开关设为 A
		1	指定开关设为 B
2	14	0	热备接口正常
		1	热备接口发现错误
1	15	0	热备功能没有激活
		1	热备功能已经激活
其余位	保留		

（二）Unity Pro 编程的双机热备系统

在旧的 Modicon Quantum 中，CHS 模块拥有控制功能，而 Unity Pro 编程的双机热备系统的控制功能是内嵌于执行程序中的，也就是说不再需要加装 CHS 热备模块了。

1．Unity Pro 编程的双机热备系统的组成

Unity Pro 编程的双机热备系统的处理器采用热备安全 CPU 模块，软件要求 Unity Pro V2.0 以上版本，Unity Pro 编程的双机热备系统的优点是不需要在热备系统中配备热备的专用模块，也不需要安装专门用于热备安装的软件，只有远程 IO 架构与 Concept 热备系统是相同的。

Unity Pro 编程的双机热备系统由两个完全相同的配置构成，两个处理器中的其中一个充当主 CPU 控制器，另一个充当备用 CPU 控制器。主 CPU 控制器运行应用程序并操作远程 I/O 模块。其中任何一个控制器都可以置于主 CPU 状态，一旦热备系统的一台 CPU 置了主 CPU 状态后，另外一个就必须至于备用 CPU 状态或离线状态。

处理器 CPU-67160 的面板说明如图 4-44 所示。

2．Unity Pro 编程的双机热备系统的工作原理

主 CPU 控制器执行整个应用程序（包括第一个段），控制远程的 I/O 模块，并在每次扫描后（程序周期）更新备用 CPU 控制器。

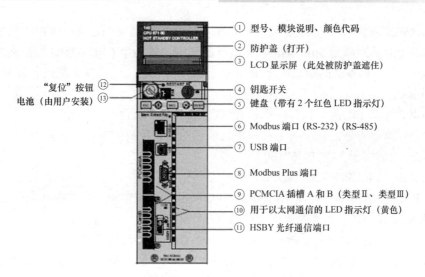

① 型号、模块说明、颜色代码
② 防护盖（打开）
③ LCD 显示屏（此处被防护盖遮住）
④ 钥匙开关
⑤ 键盘（带有 2 个红色 LED 指示灯）
⑥ Modbus 端口（RS-232）（RS-485）
⑦ USB 端口
⑧ Modbus Plus 端口
⑨ PCMCIA 插槽 A 和 B（类型Ⅱ、类型Ⅲ）
⑩ 用于以太网通信的 LED 指示灯（黄色）
⑪ HSBY 光纤通信端口

"复位" 按钮 ⑫
电池（由用户安装）⑬

图 4-44　CPU-67160 模块

主 CPU 在每次通过 Copro 链路扫描时都对备用 CPU 进行更新，并且主 CPU 与备用 CPU 会不断进行通信，从而对系统的运行状况进行监控，如果主控制器发生故障后停止工作，则备用控制器在一个扫描期内自动获得系统的控制权。此外，高端 CPU LCD 屏幕上显示的控制器状态，能够显示主 CPU 控制器是否停止工作了，以及 RIO 主站的各个 LED 所显示的 RIO 主站的状态。

备用 CPU 控制器仅执行应用程序的第一个段，用来检查 CPU 和 CRP 模块的可用性。

热备系统的两个控制器中的任何一个都可作为主 CPU 控制器，另一个则作为备用 CPU 控制器。主 CPU 状态和备用 CPU 状态能够进行切换。因此，如果其中一个控制器作为主 CPU 控制器运行，另一个控制器必须处于备用 CPU 模式。否则，第二个控制器必须处于缺省模式，即离线状态。主 CPU 和备用 CPU 是不能同时运行的。

3．光缆的安装和传输距离

Unity Pro 编程的热备系统使用 CPU 内置的以太网口连接主机和备机，速率可以达到 100 Mb/s。同时，连接光缆为 HSBY LINK，如图 4-45 所示。

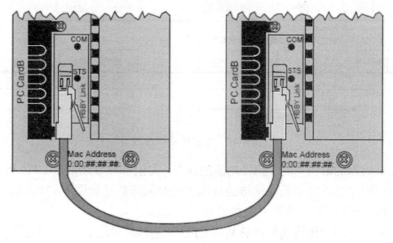

图 4-45　光缆安装示意图

其中，490NOR0003 的光缆连接两个 CPU-67160 的距离是 3m；490NOR0005 的光缆连接两个 CPU-67160 的距离是 5m；490NOR0015 的光缆连接两个 CPU-67160 的距离是 15m。

另外，当主机和备机的距离大于 15m 以上放置模块时，则需要光缆进行连接：

——140CPU67160 用 62.5/125μm 多模光缆和 MTRJ；

——140CPU67261 用 9/125μm 单模光缆和 LC 型连接器；

Unity Pro 编程的热备系统的主机和备机最远的安装距离如下：

——4km，适用于 140CPU67160；

——16km，140CPU67261 除外；

Unity Pro 编程的热备系统采用 100Mb/s 的传输速度，逻辑运算和数据传输能够同步运行。

4．Unity Pro 编程的热备系统的数据传输

在 Unity Pro 编程的热备系统中，数据在每次扫描时都会从主 CPU 传输到备用 CPU 中。每次扫描时传输的数据包括定位变量（状态 RAM 128 Kb）、最多为 512 Kb 的所有非定位变量（不适用于 140CPU67160S 配置）、DFB 和 EFB 类型的所有实例、SFC 变量区域（不适用于 140CPU67160S 配置）和系统位及系统字。

在使用 140CPU67160 处理器的配置的热备系统中，从主 Copro 向备用 Copro 传输数据的过程，如图 4-46 所示。

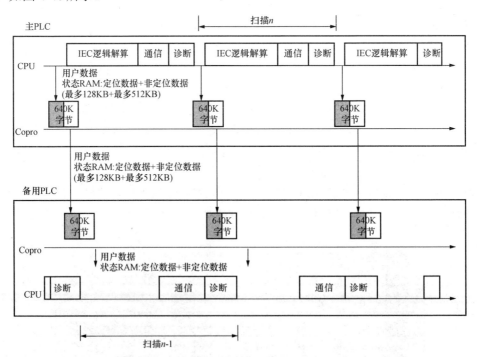

图 4-46　数据传输示意图

热备对扫描周期的影响：由于热备功能的存在，与没有热备功能的 CPU 相比，扫描时间会加长；将应用程序数据复制到通信链路层所需的时间示意图如图 4-47 所示。

5．Unity Pro 编程的双机热备系统应用程序的传输

读者使用应用程序的传输功能能够从主 CPU 控制器对备用 CPU 进行配置。

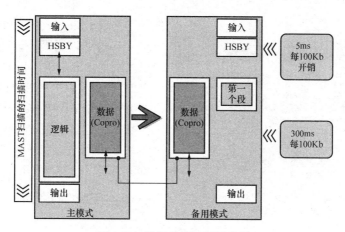

图 4-47 数据传输时间示意图

在对主 CPU 控制器进行重新编程或替换备用 CPU 控制器时，使用此功能会将整个应用程序从主 CPU 复制到备用 CPU 当中。应用程序的传输功能不仅能在传输过程中节省时间，还可确保控制器配置的一致。

系统通过 Modicon Quantum Unity 热备系统的专用通信链路传输应用程序，在冗余系统中，这种链路可以连接两个 Copro。

在旧的 Quantum 热备系统中，应用程序的传输只能在备用控制器上进行，备用控制器请求主控制器传送应用程序。传送过程在 CHS 模块上进行，需要把键的位置设置为 Xfer 键位，同时按更新按钮即可。

在新的 Quantum Unity 热备系统中，传输应用程序的方法有以下三种：

（1）通过前面板键盘上的"热备"子菜单进行传输。

（2）命令寄存器系统位 %SW60.5。

（3）在首次启动热备系统时，运行系统将会自动传输，因此，主 CPU 会自动将应用程序传输至备用 CPU 当中。

另外，备用 CPU 会对传输的应用程序进行验证。验证之后备用 CPU 将会自动启动。应用程序传输时间取决于应用程序的大小，程序越大，时间越长。一般情况下，应用程序传输需要几秒钟的时间。

【例 4-5】 在老的 Quantum 热备系统的 Concept 软件编程时，如何设定双机热备的非传输区的数值？

由于在 PLC 内存分区【PLC memory partition】的设置中，【registers】的【holding registers(4xxx)】项是被设置为默认值 1872 的，当此项设置为默认值时，热备的非传输区就只能在 400001～401873 之间定义了。此时，读者如果设定热备设置界面【Hot Standby】中的【State RAM】下的非传输区【Not-Transfer Area】的首地址【Start：4x】为 1000 时，则其长度【Length】的数值应该设定低于 873，大于 873 时将会出错。

6．Quantum 支持的网络介绍

Quantum 支持的网络包括以太网、Profibus-DP、LonWorks、ASI 等。

7．Unity Pro 编程的双机热备系统的以太网方式介绍

对于对热备切换时间要求不太严格的场合，可以使用在主机架和备机架加同样两个以太

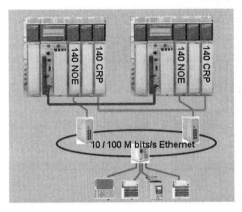

图 4-48　双机热备的以太网方式示意图

网模块来实现 Unity Pro 编程的双机热备，为防止主机和备机的以太网地址冲突，地址规定备机的以太网地址在主机的以太网地址上加 1。

例如，若主机以太网 IP 地址：10.168.192.10，备机的地址必须是：10.168.192.11。双机热备的以太网方式示意图如图 4-48 所示。

（1）以太网热备切换主机和备机的时间见表 4-24 所示。

（2）建立以太网热备的方法首先：在 Unity Pro 中做硬件映射，然后下载程序，可以下载到任何一个热备控制器。Primary 主机投运，当备机为空或没有配置时，程序将自动从主机传向备机，此时，热备将会自动建立。

表 4-24　　　　　　　　　　　以太网热备切换主机和备机的时间

服　　务	典型交换时间	最大交换时间
交换 IP 地址	6ms	500ms+ I/O 扫描
I/O 扫描	I/O 扫描的 1 个初始周期	500ms+ I/O 扫描 1 个初始周期
全局数据	参见以太网模块用户手册	500ms+ 1 次 CPU 扫描
客户端消息发送	1 次 CPU 扫描	500ms+1 次 CPU 扫描
服务器消息发送	1 次 CPU 扫描+客户端从新建立连接的时间	500ms+客户端从新建立连接的时间
FTP/TFTP 服务器	客户端从新建立连接的时间	500ms+客户端从新建立连接的时间
SNMP	1 次 CPU 扫描	500ms+1 次 CPU 扫描
HTTP 服务器	客户	500ms+客户端从新建立连接的时间

具体步骤是：先按相同顺序以相同的硬件和固件对两块背板进行配置，确认控制器之间的光缆连接完好后，连接到远程 I/O（RIO）子站。然后启动 Unity Pro 软件，按照硬件的配置对本地机架和远程 I/O 子站进行配置，在执行生成项目命令后保存应用程序。打开电源，连接到控制器，此时，前面板上的键盘将显示 No Conf，下载应用程序并运行控制器，这个控制器将进入运行主控制器模式，随后给另一个控制器上电，上电后应用程序传输会自动进行，并且这个控制器将进入到运行备用控制器模式。

按照上面的步骤完成以太网热备后，应该确认主控制器和备用控制器分别处于主控制器运行模式和备用控制器运行模式下。

另外，传输程序也可以使用系统控制字的方法，即：连接好主控制器后，访问命令寄存器系统位%SW60.5，并将位设置为 1。

如果使用 CPU 面板传输程序，一定要确保主控制器处于运行主控制器模式下，此时，PLC 上的 LCD 将显示模式为运行主控制器模式，并且检查【使键盘无效】选项未被选中，钥匙开关已解锁，再转到子菜单选择热备传输，按 Enter 键执行从主控制器向备用控制器传输应用程序。

（3）以太网热备的切换方法

1）方法一：可使用 CPU67160 前面板对主机和备机进行切换（热备子菜单）。

首先，访问控制器的前面板键盘，转到【PLC 操作】→【热备】，然后转到【热备】模式，将【运行】修改为离线，这样确保备用控制器切换为主控制器，将离线修改为【运行】即可，这样确保 LCD 显示运行备用控制器。

2）方法二：通过系统命令字。

首先连接到主控制器，观察主控制器的控制器顺序是 A 还是 B，然后访问命令寄存器的系统位，如果连接的主控制器顺序为 A，系统位是%SW60.1，如果连接的主控制器顺序为 B，系统位是%SW60.2，将位置为 0，这样就确保了将备用控制器切换为主控制器了。再连接到新的主控制器，访问命令寄存器的系统位，选择上面已经选择的位，将位置为 1，确保主控制器和备用控制器分别处于运行主控制器模式和运行备用控制器模式下。

（4）Unity 热备的固件更新

通过 CPU 上的【modbus】或【Modbus Plus】的通信口，使用 Unity 中的【OS loader】进行固件更新。

8．双机热备状态下在线修改程序方法

在线修改程序有主控制器程序进行在线修改和备用控制器程序进行在线修改两种方法。

（1）主控制器程序进行在线修改程序的方法

读者在主控制器程序进行在线修改时，首先要确保主备控制器在运行模式下，连接主控制器将%SW60.3 设置为 1，从而允许主备控制器的程序不同。此时，读者就可以对主控制器进行在线修改了，修改应用程序后需进行"build changes"，确保主备在运行模式后，将应用程序传给备用控制器的方法是操作主控制器前面板按钮→【PLC Operation】→【Hot Standby】→【Transfer】，连接主控制器访问%SW60.5，并将%SW60.5 置位为 1。

连接新的主控制器，将%SW60.3 设置为 0（即%SW60.3 从 1 变 0），使在线修改程序和逻辑不匹配。

（2）备用控制器程序进行在线修改程序的方法

读者在备用控制器程序进行在线修改时，首先要确保主备控制器在运行模式下，连接主控制器将%SW60.3 设置为 1，从而允许主备控制器的程序不同。此时，读者就可以对备用控制器进行在线修改了，修改应用程序后需进行"build changes"，确保主备在运行模式后就可以进行主备切换了，方法是操作主控制器前面板按钮→【PLC Operation】→【Hot Standby】→【mode：Offline】（读者可以按 MOD 按钮将原来的 Run 改成 Offline）→确认备变主后再改回 mode：Run（读者可以按 MOD 按钮将 Offline 改成 Run），此时原来的主机已经变成备机了。将应用程序传给备用控制器的方法是操作主控制器前面板按钮→【PLC Operation】→【Hot Standby】→【Transfer】，在连接主控制器访问%SW60.5，并将%SW60.5 置位为 1 即可。

连接新的主控制器，将%SW60.3 设置为 0（即%SW60.3 从 1 变 0），使在线修改程序和逻辑不匹配。

三、PLC 编程软件 Unity Pro 的安装

在工程中 Unity Pro 编程软件可以用于编程和诊断，能够进行过程控制和系统诊断，还能够在运行和诊断屏幕上进行在线修改的操作，具有 PLC 仿真和超级链接等技术，可全面移植开发过的应用程序。

（一）PLC 编程软件 Unity Pro 的软硬件要求

1. 安装 STEP 7 对硬件的要求

处理器必须是最小 PC 800MHz 或更高，硬盘的最小自由空间为 384M RAM 和 2 Gb 硬盘空间，并配置鼠标。实际安装时推荐的配置是 PC 1.2GHz（2.4GHz）、512M RAM 和 4 Gb 硬盘空间。

2. 安装 STEP 7 对软件的要求

操作系统采用 Windows 2000 Professional 或 Windows XP Professional。IE 浏览器的版本为 IE5.5 或以上（否则导致安装失败）。

 注意

不能在同一台 PC 上安装两个不同版本的 Unity Pro。

（二）PLC 编程软件 Unity Pro 的安装步骤

（1）双击装有 Unity Pro 的光盘进行安装，如图 4-49 所示。

（2）选择中文版本（Chinese Version）后，单击【Start Unity Pro Installation】开始安装，如图 4-50 所示。

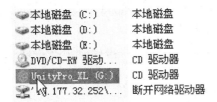

图 4-49　安装 Unity Pro

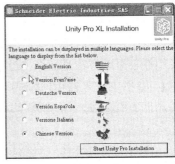

图 4-50　版本选择图

（3）安装 Unity Pro 软件时，如果读者的计算机上已经安装了较低版本的 Unity Pro 软件，要先备份项目文件后再进行更高版本的安装。兼容性警告如图 4-51 所示。

（4）在 Unity Pro XL V5.0 版本的许可证协议画面，勾选【我接受该许可证协议】选项，单击【下一步】进入用户信息界面，如图 4-52 所示。

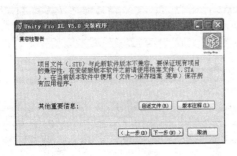

图 4-51　软件安装页面 1

图 4-52　软件安装页面 2

（5）按照图 4-53 所示填写用户信息，如软件的部件号以及授权提供的序列号，下面的图示隐去了序列号，单击【下一步】即可。

（6）选择语言为中文，如图 4-54 所示，单击【下一步】开始安装。

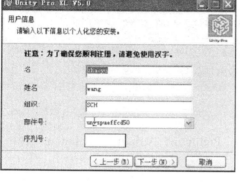

图 4-53　软件安装页面 3

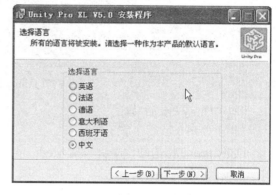

图 4-54　软件安装页面 4

（7）Unity Pro 编程软件在安装过程中会询问是否安装通信驱动，勾选【通信驱动安装】后，单击【下一步】进行通信驱动的安装，如图 4-55 所示。

（8）安装完成后，建议将创建桌面快捷方式勾选上，然后单击【完成】即可，如图 4-56 所示。

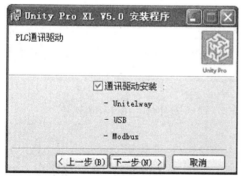

图 4-55　软件安装页面 5

图 4-56　软件安装页面 6

安装完成后，要重启电脑，Unity Pro 编程软件就在电脑上安装完成了。

注意

安装前必须将 360 软件、杀毒软件，实时防火墙等软件关闭。

（三）Unity Pro 的不同版本介绍

施耐德的高端 PLC 包括 Quantum 和 Premium，老 Quantum 的 PLC 的编程语言是 Concept，Premium 的编程语言是 PL7，Unity Pro 综合了这两个语言的优点，建立了一个新的语言编程平台。新产品 M340 PLC 系列也使用 Unity Pro 软件进行编程。

Unity Pro 共有 M、L、XL 三个版本，如图 4-57 所示。XL 版本支持的硬件最多，也是最常用的，建议读者安装这个版本。

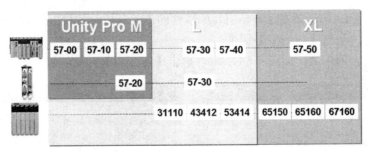

图 4-57　Unity Pro 版本示意图

（四）Unity Pro 的功能

1．硬件平台

Unity Pro 支持的硬件平台包括 Modicon M340、Premium、Atrium 和 Quantum 四种。

2．编程语言

创建用户程序的编程语言有功能块图 FBD、梯形图（LD）语言、指令列表 IL、结构化文本 ST 和序列控制 SFC 五种，这些编程语言可以在同一项目中根据不同的需要混合使用。

3．功能块库

Unity Pro 软件附带一个扩展功能块库，这个库中包含各种功能块，有能进行简单布尔运算的功能块，也有能够进行字符串和数组操作的功能块，还有对复杂控制回路进行控制的功能块等。不同的功能块被放置到相应的库里，同时，这些库又细分成不同的系列，读者可按照自己的需要调用。

4．程序的元素

程序可以由主任务、快速任务和辅助任务等元素根据项目工艺要求的不同进行组合构成。

四、认识 Unity Pro，创建新项目

建立新项目之前，先给读者介绍一下 Unity Pro 的编程环境和编程窗口的定义。

（一）Unity Pro 的编程环境

1．编程界面介绍

Unity Pro 的编程界面包括菜单栏、工具栏、项目浏览器、编辑器窗口（编程语言编辑器、数据编辑器等）、用于直接访问编辑器窗口的寄存器选项卡、输出窗口和状态栏。Unity Pro 编程界面如图 4-58 所示。

2．Unity Pro 的菜单栏

菜单的类型有三种，即主菜单或下拉菜单、子菜单、快捷菜单或弹出菜单。

在菜单栏上显示的是每个主题的全部菜单命令的标题，下拉菜单中列出了同一主题的全部菜单命令。操作时，读者可以通过鼠标左键单击菜单标题或按 Alt+选定字母（带下划线的字母）打开下拉菜单。如要直接执行菜单命令，按下鼠标按钮将指针拖动到菜单上，然后释放鼠标按钮即可。

关闭菜单可以单击菜单标题，单击菜单外的任何地方或按【Esc 键】也可以关闭菜单。

3．主菜单工具栏

主菜单工具栏由一行按钮和组合框组成，使用这些按钮和组合框可以调用相应的功能，还可以快速找到和执行常用的功能。

图 4-58 Unity Pro 编程界面按区域划分图

Unity Pro 的所有功能都可以通过菜单条进行操作，常用功能可以直接通过标准工具条中的图标进行操作，也可以定置个性工具条满足编程的需要。标准工具条如图 4-59 所示。

图 4-59 Unity Pro 软件的标准工具条

缺省情况下主菜单工具栏的名称和功能分别介绍如下。

（1）文件：新项目、打开、保存、打印。

（2）编辑：复制、删除、粘贴、撤消、重做、验证、最小化、最大化、全屏、转到。

（3）服务：分析项目、生成项目、重新生成整个项目、项目浏览器、开始搜索、类库管理器。

（4）PLC：将项目传输到 PLC、从 PLC 中传输项目、连接、断开、开始、停止、开始/停止动态显示、标准模式、仿真模式。

（5）窗口：层叠、水平平铺、垂直平铺。

（6）调试：设置断点、清除断点、开始、跳过、步入、步出、显示当前步、显示调用栈。

（7）观察点：设置观察点、清除观察点、显示观察点、同步动态数据表、刷新计数器。

（8）项目浏览器：结构视图、功能视图、垂直视图、水平视图、缩小。

（9）帮助：Unity Pro 的软件应用与信息。

4．项目浏览器

项目浏览器在 Unity Pro 编程画面中是以树形结构来表述项目内容的，有【结构视图】和

图 4-60　项目浏览器【结构视图】

【功能视图】两种不同的显示方式。项目浏览器可以显示 Unity Pro 项目的内容，还可以在窗口中移动各种单元。

读者编程时可以在【结构视图】中创建和删除元素、使用段符号显示该段的编程语言、查看元素的属性、创建读者自己的目录，在【结构视图】中还可以启动不同的编辑器和启动导入/导出功能等。读者编程时也可以由【结构视图】切换到【功能视图】来创建功能模块、创建段、查看元素属性、启动不同的编辑器和使用段符号显示该段的编程语言及其他属性等功能。

项目浏览器的【结构视图】，如图 4-60 所示。

其中：

项目（Station）：用来读取项目结构和相关组件。

配置（Configuration）：用来读取和管理硬件配置。

导出的数据类型（Derived Data Type）：读取和管理结构化变量类型（数组和 DDT 类型）。

导出的功能类型 DFB（Derived FB type）：读取和管理 DFB 类型。

变量和 FB 实例（Variables&FB instances）：读取和管理所有变量和功能块。

通信（Communication）：读取和管理网络配置，Ethernet、Fipway、Modbus Plus 和路由表。

程序（Program）：定义并管理程序结构（任务，段，事件，…）和编辑程序组件(段，子程序）的语言编辑器。

动态数据表（Animation Tables）：监视和管理用户变量。

操作屏幕（Operator Screens）：在调试中，读取和管理操作屏。

文档（Documentation）：用于项目的文本文件的存储、定义和建立。

编程时，UniryPro 的编程画面的【结构视图】和【功能视图】可以互相切换，也可根据需要在【垂直视图】和【水平视图】之间进行切换。

5．配置编辑器窗口

配置编辑器的作用是用于配置硬件，并在项目中为添加的模块设置模块的参数。

配置编辑器窗口分为【目录窗口】和【PLC 配置的图形表示形式】两个窗口。

编程时读者要从配置编辑器窗口中选择项目中要使用的模块，然后拖放已经选择好的模块，直接以 PLC 配置的图形表示形式插入这个模块。

通过模块快捷菜单或双击模块都可以进行模块的调用操作，模块参数的配置是在模块配置窗口中进行的，在这个窗口读者还可以选择通道、选择所选通道的功能及分配状态 RAM（仅限 Quantum）地址。模块配置窗口如图 4-61 所示。

另外，通过模块快捷菜单还能够调用模块属性窗口来显示模块的属性并进行属性的相应修改。

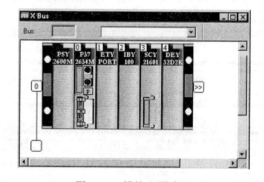

图 4-61　模块配置窗口

6．输出窗口（Output windows）和状态栏（Status bar）

缺省情况下，【输出窗口】显示在 Unity Pro 窗口的底部，是一个固定窗口，显示的是有关各种进程的信息，这些进程包括生成、导入/导出、用户错误、搜索/替换等信息。而状态条提供的信息则是与编程软件的操作相关联的离线/在线或驱动类型等各种信息。

【输出窗口】中的【生成】显示的是分析和生成过程中出现的错误，双击错误条目将直接访问有错误的编程语言区域、配置或数据。而【导入/导出】显示的是导入和导出的错误，读者使用鼠标双击显示出的错误条目将会直接访问源文件中的错误目标。用户错误将在【输出窗口】中显示出用户的错误。【搜索/替换】将显示搜索和/或替换操作的结果，双击其中一个条目将直接访问在编程语言区域、配置或数据中搜索到的条目。

【状态栏】的构成包括用于显示菜单信息的信息区域、显示当前 HMI 访问权利、链路状态、PLC 的状态、已连接的 PLC 的地址、行和列的信息、生成状态、事件信息、指明是插入模式还是改写模式处于活动状态、指明 Caps lock 按钮是否处于活动状态等内容。

7．操作员屏幕

操作员屏幕能够非常直观地显示自动化过程，通过操作员屏幕编辑器，读者可以轻松地创建、更改和管理操作员屏幕。使用项目浏览器可以创建和访问操作员屏幕，创建过程如图 4-62 所示。

操作员窗口提供动态变量、概述、编写的文本等信息，通过该窗口可以轻松地监控和更改自动化变量。

操作员屏幕编辑器除了具有可视化功能以外，还能

图 4-62　新建屏幕操作图

创建用于管理图形对象的库、复制对象、创建操作员屏幕中使用的所有变量的列表，创建要在操作员屏幕中使用的消息。具有从操作员屏幕直接访问一个或多个变量的动态数据表（或交叉引用表）的功能，还具有导入/导出单个操作员屏幕或整个系列等的功能。

8．数据编辑器和变量

（1）数据编辑器

Unity Pro 编程软件中的【数据编辑器】是用来创建数据类型的，同时，也能将功能块数据类型归档到库中，还能用层次结构的形式显示数据的结构，并对数据进行搜索、排序和过滤。

读者所创建的项目的数据可以通过【数据编辑器】中的【结构视图】进行访问，也就是说在 Unity Pro 编程软件中的【数据编辑器】是能够创建数据类型、实例化数据类型和查找数据类型或实例的编辑器。

访问数据编辑器的步骤是鼠标右键单击变量和 FB 实例目录，在弹出的菜单中选择【打开】命令将打开【数据编辑器】，缺省情况下将显示变量选项卡。变量的名称、类型、地址、值和变量的注释都可以在数据编辑器的【属性】菜单中进行设置和修改。如图 4-63 所示，设置变量 m 为 INT 变量时，即单击类型下的 m 变量，在选项中选择 INT 变量即可。

数据编辑器菜单的过滤器中还包含按钮和数据类型菜单，其中，单击按钮 ▼ 可根据在名称字段中定义的过滤器条件来进行更新显示，单击按钮 🐾 可以打开用于定义过滤器的对话框。单击按钮 名称 ⹀ 可反转过滤器。按钮从 = 变更为 <>，反之亦然。

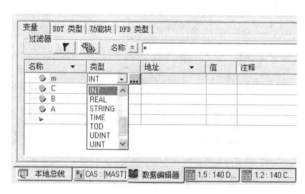

图 4-63　数据编辑器

EDT 显示的是基本数据类型，DDT 显示的是导出的数据类型，IODDT 显示引用了输入/输出的导出的数据类型（DDT）。

也就是说，读者可以使用【数据编辑器】通过变量选项卡，对属于 EDT、DDT 和 IODDT 系列的变量实例进行管理，并利用功能块选项卡，对属于功能块系列的 EFB 或 DFB 类型的变量实例进行管理，还能通过 DFB 类型选项卡对导出的功能块（DFB）的数据类型进行管理，而 DDT 类型选项卡是用于管理导出的数据类型（结构或数组）的。

另外，在【数据编辑器】的所有选项卡中都能够进行复制、剪切和粘贴的操作，还可以展开/折叠结构化数据，并根据类型、符号、地址等进行排序，同时具有过滤器的功能。也可以插入、删除和更改列的位置，在数据编辑器与程序编辑器之间进行拖放，还可以撤销上次的更改并进行导出/导入的功能。

（2）变量

变量是在程序中以 BOOL、WORD、DWORD 等为类型的内存实体。

程序中的每个变量在使用之前都必须通过【变量编辑器】对其进行定义，定义的内容包括变量的数据类型。

通用的数据类型和范围包括布尔型变量、长度为 16 位的 WORD 变量、数值从-32768 到 32767 的 INT 变量、数值范围从 0 到 65536 的无符号整型 UINT 变量和浮点型 REAL 变量。

定义变量的名称可以用数字开头，文件名称最长为 32 个字符。

其中，定位变量可以是一种与 I/O 模块输入输出通道相关联的变量，也可以是与内存引用相关联的变量。例如变量 Tank_tempereture 与内存字 %MW104 相关联，所以 Tank_tempereture 就是定位变量。

而非定位变量是一种没有与地址关联的变量，与 I/O 模块和内存引用都没有任何关联。非定位变量是不带硬件地址的标签名称，非定位变量是不能周期设定的。而定位变量则可以进行周期设定，也就是说，定位变量是带硬件地址的标签名称。

Unity Pro 软件中还有一些变量，即：常量、公共变量、私有变量和 I/ODDT。

其中：

常量是具有写保护功能的变量，用于给变量赋予固定值。常数是位于常数域（%K）中的 INT、DINT、REAL 类型变量或直接寻址变量（%KW、%KD 或 %KF）。常量在程序执行期间是不能修改的。

公共变量是应用于功能块的变量，公共变量把数值传递到功能块，用来设定功能块的参数。

私有变量是一些功能块使用的变量，这些变量是不能通过应用程序进行存储的。

I/ODDT 是输入/输出导出数据类型(Input/Output Derived Data Type）的缩写。I/ODDT 设计为结构化数据类型，代表一个 PLC 模块的通道，每个专用模块拥有它自己的 I/ODDT。

（二）创建一个本机架的新项目并进行组态的方法

运行 Unity Pro 软件创建一个新项目，并对本机架上的模块硬件进行组态的步骤如下：

⊹ 第一步　首先，打开【开始】→【所有程序】→【Schneider Electric】→【Socollaborative】→【Unity Pro】→【Unity Pro XL】或双击桌面上的 图标，运行 Unity Pro 软件。

⊹ 第二步　打开 Unity Pro 编程画面后，然后选择【文件】→【新建】完成新项目的建立，如图 4-64 所示。也可以通过直接单击快捷工具栏上的 创建一个新的项目。

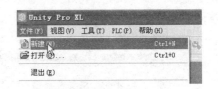

图 4-64　新建项目画面

⊹ 第三步　在随后弹出画面中选择项目中要使用的 CPU 处理器，这个项目中选择的是 65160，如图 4-65 所示。

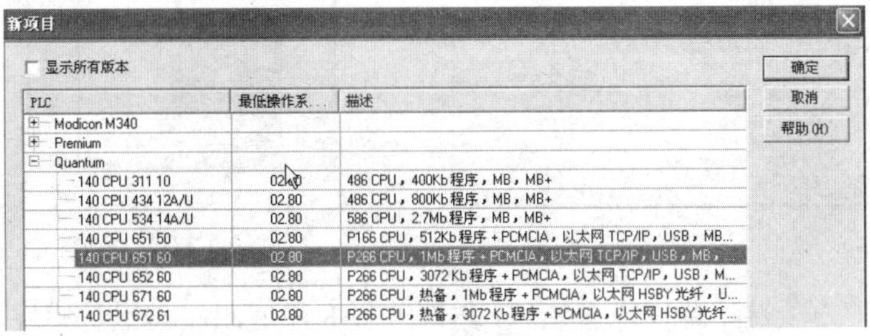

图 4-65　CPU 选择窗口

⊹ 第四步　单击更改底板的槽位，如图 4-66 所示。

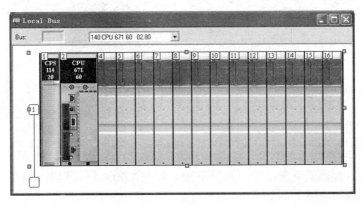

图 4-66　更改底板

本例中在弹出的替换设备对话框中选择 10 槽机架，单击【确认】按钮完成机架选择，如图 4-67 所示。

⊹ 第五步　10 槽机架选择完成后，配置两个 DDI3530032 点输入模块。单击机架中的 4 槽位置，双击左键来选择 IO 模块，如图 4-68 所示。

本例中选择的是离散量，即在 New Device 中选择 32 点数字量 24V 直流的输入模块。同样，在 5 号槽配置一个 IO 输入模块。选择 IO 输入模块如图 4-69 所示。

⊹ 第六步　配置 IO 输出模块，选择 6 槽，双击添加 32 点数字量 24V 直流输出模块，如图 4-70 所示。同样在离散量下选择 DDO35300 模拟量输出模块。

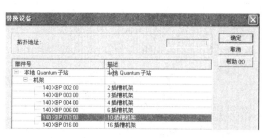

图 4-67 机架选择窗口

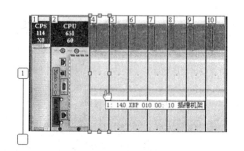

图 4-68 配置 IO 输入模块

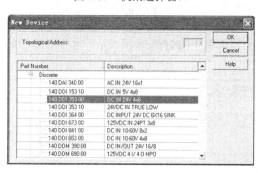

图 4-69 选择 IO 输入模块

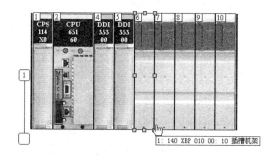

图 4-70 配置 IO 输出模块

第七步 为项目配置模拟量模块，本例选择 8 通道添加模拟量模块，如图 4-71 所示。

第八步 同样的方法单击 9 号槽来添加远程通信模块，如图 4-72 所示。

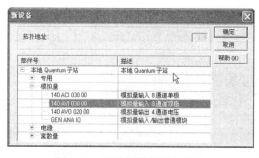

图 4-71 添加模拟量输入模块

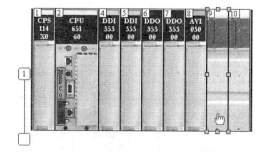

图 4-72 添加通信模块

在【新设备】对话框里选择【通讯】下的 CRP93X 00 RIO 头进行添加，如图 4-73 所示。本地机架配置完成后如图 4-74 所示。

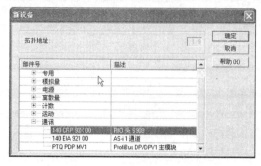

图 4-73 选择通信模块

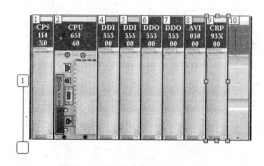

图 4-74 本地机架配置完成图

（三）配置一个远程机架并添加模块的方法

使用 Unity Pro 软件为新项目配置一个远程机架，并在这个远程机架上添加模块的步骤如下。

第一步 双击项目浏览器中的【项目】→【配置】→【2：RIOBUS】来配置远程机架。如图 4-75 所示。

第二步 双击方框来添加远程站，即：2 号的机架。如图 4-76 所示。

图 4-75 配置远程机架

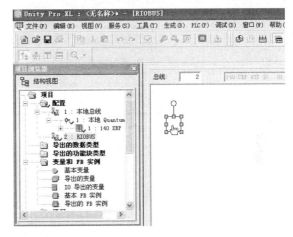

图 4-76 添加远程站 1

在弹出的对话框中选择【远程 IO Quantum 子站】，并选择 6 插槽机架，如图 4-77 所示。

第三步 双击远程 IO Quantum 子站上 6 插槽机架的 2 号槽，添加 RIO 上的电源，如图 4-78 所示。

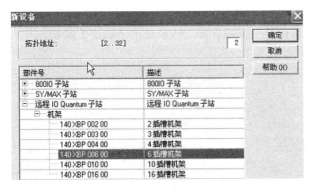

图 4-77 添加远程站 2

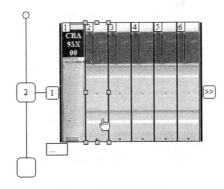

图 4-78 添加远程站 3

在弹出的新设备的对话框中，选择 140 CPS11100AC 独立电源 115 / 230V 3A，如图 4-79 所示。

与本地总线类似，分别在 3 号槽和 4 号槽添加数字输入模块输出模块和模拟量输入模块如图 4-80 所示。

第四步 双击模拟量模块 ARI，配置热电阻 RTD 模块 ARI03010，如图 4-81 所示。修改完毕后单击 Unity Pro 菜单上的 ☑，确认所作的修改。

第五步 在项目浏览器中，单击右键添加新网络，如图 4-82 所示。

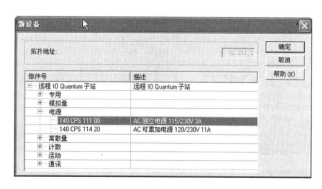

图 4-79　添加远程站 4

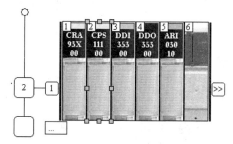

图 4-80　添加远程站 5

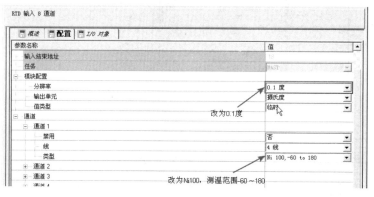

图 4-81　添加远程站 6

图 4-82　新建网络操作

在弹出的【添加网络】对话框中选择要添加的网络，可以选择以太网、Modbus Plus 等网络，本例使用以太网进行通信，如图 4-83 所示。

为添加的这个以太网连接更改名称，名称是 ethernet_1，然后单击【确定】按钮即可，如图 4-84 所示。

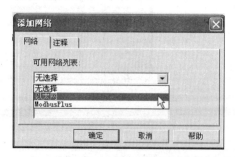

图 4-83　添加网络对话框

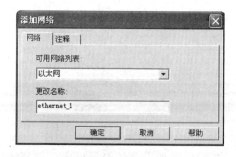

图 4-84　选择以太网

　　第六步　配置以太网的网络属性时，双击项目浏览器上【通讯】→【网络】→【ethernet_1】，如图 4-85 所示。

在弹出的对话框中建立与 CPU 上的以太网口的连接，如图 4-86 所示。

在弹出的对话框中单击【是（Y）】按钮进行确认，如图 4-87 所示。

　　第七步　填写以太网地址、子网掩码和服务等，如图 4-88 所示。

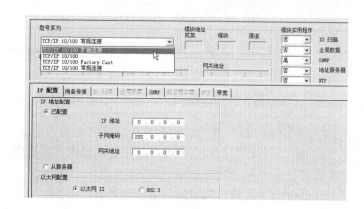

图 4-85　配置以太网操作

图 4-86　连接 CPU

图 4-87　确认选择框

图 4-88　以太网设置 1

双击 CPU 上的以太网口，打开以太网配置，如图 4-89 所示。

在弹出的【以太网 TCP IP 对话框】中选择网络，如图 4-90 所示选择已配置的以太网 ethernet_1 即可。

图 4-89　以太网设置 2

图 4-90　以太网设置 3

修改完毕后单击☑，确认所作的修改。此时 ethernet_1 前面的红叉没有了，如图 4-91 所示，代表以太网配置已经完成。

编者用了两个实际的例子为读者演示了建立本地和远程机架并配置硬件和网络的方法，读者可以在以后的工程应用中，参照这些操作步骤配备自己的项目，并给配备的硬件定义属性和参数。

图 4-91　以太网设置 4

第三节　编程软件 Unity Pro 的编程基础

一、Unity Pro 的程序结构

（一）Unity Pro 的应用机构和应用程序的结构

Unity Pro 的应用结构包括项目设定、功能或结构视图的项目浏览、功能库、变量编辑、单个或多任务和单个应用文件。

Unity Pro 编程软件编辑的一条程序可以由下列元素构成：

——主任务（MAST）；

——快速任务（FAST）；

——1~4 个 Aux 任务（不适用于 Modicon M340）；

——为其分配一项已定义任务的段；

——用于处理由时间控制的事件的段（Timerx）；

——用于处理由硬件控制的事件的段（EVTx）；

——子程序段（SR）。

1．主任务（MAST）

主任务表示应用程序的主要任务。主任务是在缺省情况下创建的。

主任务由段和子程序组成，可以使用梯形图、功能块、指令表、ST 或 SFC 进行编程，主任务既可周期执行也可循环执行，周期事件设定范围为 1~255ms。由看门狗、系统位或字来进行控制。

2．快速任务（FAST）

快速任务用于持续时间较短和周期性处理的任务。

快速任务由段 & 子程序组成，可使用梯形图、功能块、指令表、ST 进行编程，快速任务可周期执行，它的优先级高于主任务，周期事件设定范围为 1~255ms。在快速任务的段中不能使用 SFC 语言，由看门狗、系统位或字来进行控制。

3．辅助任务（AUX）

辅助任务用于慢速处理任务，可以编写最多 4 个辅助任务程序，即 AUX0~AUX3，辅助任务由段 & 子程序组成，可使用 ST 进行编程，周期执行时间从 10ms 至 2.55s，辅助任务是优先级最低的任务。

4．事件处理

事件处理在事件段中执行，事件段的执行优先级高于所有其他任务的段，适合于在事件触发后需要较短反应时间的过程处理。事件处理支持四种编程语言，即 FBD（功能块图）、LD（梯形图语言）、IL（指令列表）和 ST（结构化文本）。

事件处理任务是单段任务，只包含一个段，有 I/O 事件和 TIMER 事件两种事件类型。I/O 事件或 TIMER 定时器事件统称为事件任务，当事件来自输入/ 输出模块时为 I/O 事件，而当事件来自事件定时器时（ITCNTRL 功能）为定时器事件，如图 4-92 所示。

5．段

在 Unity Pro 程序中，每个任务都可以由许多段组成。读者可以在段中创建项目逻辑的

自主程序单元，并按项目浏览器（结构视图）中显示的顺序执行。

段是连接到任务的，同一个段不能同时属于多个任务。

Unity Pro 程序的段支持五种编程语言，即 FBD（功能块图）、LD（梯形图语言）、SFC（顺序功能图）、IL（指令列表）和 ST（结构化文本）。

Unity Pro 程序与段相关联的属性，包括名称、语言、相关任务、条件、注释和保护。

名称：最多 32 个字符，可以加重，但名称中不能有空格。

语言：编程语言有五种，即 LD、FBD、IL、ST 或 SFC。

相关任务：Mast、Fast、Event、Aux、SR。

条件（可选）：有效位执行，直接配置。

注释：最多 256 个字符。

保护：写保护，读/写保护。

图 4-92 定时器事件

6．子程序

使用 Unity Pro 软件编程时，在子程序段中将子程序创建为单独的单元，然后从段或其他子程序调用子程序，读者在程序中最多可以使用嵌套的数目是 8 层。另外，子程序不能调用子程序本身，子程序分配给任务，但不同的任务是不能调用同一个子程序的。

Unity Pro 程序的子程序支持四种编程语言，即 FBD（功能块图）、LD（梯形图语言）、IL（指令列表）和 ST（结构化文本）。

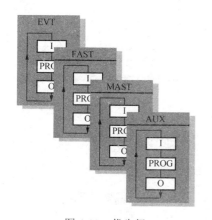

图 4-93 优先级

（二）任务的优先等级

Unity Pro 的程序中有单任务和多任务两种，单任务的应用程序就是程序的主任务。多任务包括事件、快速任务和主任务、辅助任务，按执行优先级从高到低排列。也就是说，一个多任务项目由主任务、快速任务和 1～4 个辅助任务三个元素构成。另外，项目也可以只用一个任务构建，在这种情况下，只有主任务是处于活动状态。

四种任务的优先级如图 4-93 所示。

如果程序中使用了辅助任务，那么主任务必须为周期的。

（三）任务的执行模式

任务的执行模式分为循环执行和周期执行，执行模式如图 4-94 所示。

任务循环模式的操作是由一个接一个的任务循环序列组成的，在更新输出之后系统会执行其特定的处理，然后启动另一个任务循环而不会暂停。

任务周期模式操作是输入的采集，应用程序的处理和输出的更新都是周期执行的。

Unity Pro 软件支持多任务线程，任务可以并行或相互独立执行，其执行先后的优先级由 PLC 进行控制。

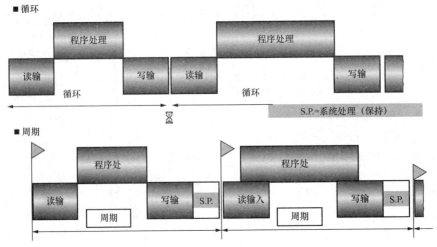

图 4-94 任务的执行模式

多任务执行举例：循环主任务和周期快速任务（周期＝20ms）如图 4-95 所示。

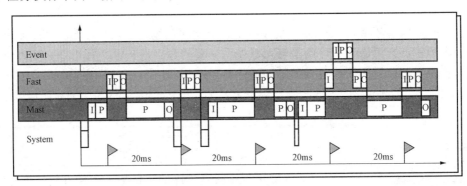

图 4-95 多任务执行示意图

二、Unity Pro 支持的编程语言

Unity Pro 支持的编程语言有五种，即梯形图 LD 语言、功能块图 FBD、顺序功能图 SFC、指令列表 IL 和结构化文本 ST。

1. 梯形图 LD 语言

梯形图 LD 语言即梯形图编程语言，是电气工程师使用最多，也是最熟悉的语言。

梯形图 LD 语言的编程是与继电器控制系统的电路图相似的，直观易懂，对于熟悉继电器控制电路的电气人员来讲，梯形图编程语言最容易被接受和掌握，因此梯形图语言特别适用于开关量的逻辑控制。

在分析梯形图的逻辑关系时，可以想象两条垂直母线之间有从左向右流动的直流电，这样在这条直流电的线路中放置逻辑控制的开关量后，就可以实现导通或关闭了。

在 Unity Pro 中的梯形图的编程快捷工具栏中，读者可以调用梯形图的基本元素，如图 4-96 所示。

梯形图由触点、线圈、基本功能（EF）、基本功能块（EFB）、导出的功能块（DFB）、过程、控制元素、IEC 61131-3 的扩展的操作、比较功能块、子程序调用、跳转、链接、实际参数和对逻辑进行注释的文本对象等元素组成。

图 4-96 梯形图编程快捷工具栏

（1）梯形图编程的元素

1）触点代表逻辑输入的条件，如开关、按钮和内部条件等，各种触点详细列表见表 4-25。

表 4-25 各种触点详细列表

名　称	图标	描　述
常开	⊣⊢	在常开触点的情况下，如果常开触点接通，则状态为 ON，否则为 OFF
常闭	⊣/⊢	在常闭触点的情况下，如常闭触点接通，则状态为 OFF，否则，状态为 OFF
用于检测正转换的触点	⊣P⊢	检测触点由 0 到 1 的变化，即上升沿检测
用于检测负转换的触点	⊣N⊢	检测触点由 1 到 0 的变化，即下降沿检测

2）线圈通常表示逻辑运算的输出结果，用来控制外部的指示灯、接触器和内部的输出条件等，各种线圈如表 4-26。

表 4-26 各种线圈详细列表

名　称	图标	描　述
线圈	⟨⟩	当梯形图左侧布尔量运算结果为 1，则线圈得电，即值为 1
反向线圈	⟨/⟩	当梯形图左侧布尔量运算结果为 1，则线圈失电，即值为 0。 当梯形图左侧布尔量运算结果为 0，则线圈得电，即值为 1
用于检测正转换的线圈	⟨P⟩	当梯形图左侧布尔量运算结果由 0 变为 1，检测线圈接通扫描一个周期
用于检测负转换的线圈	⟨N⟩	当梯形图左侧布尔量运算结果由 1 变为 0，检测线圈接通扫描一个周期
置位线圈	⟨S⟩	当梯形图左侧布尔量运算结果为 1，则置位线圈
复位线圈	⟨R⟩	当梯形图左侧布尔量运算结果为 1，则复位线圈
暂停线圈	⟨H⟩	当梯形图左侧布尔量运算结果为 1，则程序立即停止执行
调用线圈	⟨C⟩	当梯形图左侧布尔量运算结果为 1，则调用子程序。待调用的子程序必须与发出调用的 LD 段位于同一任务中，也可以从子程序中调用子程序

3）基本功能（EF）：没有内部状态，如果输入值相同，则在每次调用功能时，输出值也会相同。例如数学运算中的加、减、乘、除，比较指令中的大于>，大于等于>=，小于<，小于等于<=等数学运算。

4）基本功能块（EFB）：具有内部状态。每次调用该功能时，即使输入值相同，输出值也可能不同。对于计数器，输出值是递增的。

例如逻辑操作中的上升沿、下降沿检测，加计数器 CTU，加减计数器 CTUD，减计数器 CTD，延时闭合计时器 Ton，延时断开计时 Tof，脉冲计时器 TP 等。

5）导出的功能块（DFB）：具有与基本功能块相同的属性。读者可以采用编程语言 FBD、LD、IL 和/或 ST 创建 DFB 功能块。系统库中提供的 DFB 很少，主要集中在 Diagnotics 诊断组内。

6）过程：从技术上说，过程也是功能。过程与基本功能的唯一区别就是过程可以有多个输出，并且支持 VAR_IN_OUT 数据类型。

读者如要在程序中使用基本功能（EF）、基本功能块（EFB）、导出的功能块（DFB）、过程等，是可以通过 FFB 功能块助手来调用的，也可以使用数据选择 来调用，过程类似。

【例 4-6】 使用 FFB 功能块助手，来调用 EF 功能 ADD 加指令。

首先单击 LD 空白处，然后单击 或按快捷键 Ctrl+I，在弹出的对话框点击按钮，函数输入助手如图 4-97 所示。

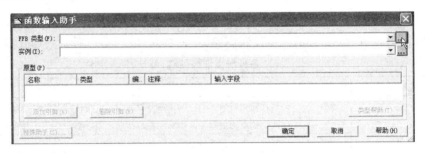

图 4-97　函数输入助手

然后在 Base Lib→Mathematics→双击 ADD 选择，类库选择页面如图 4-98 所示。

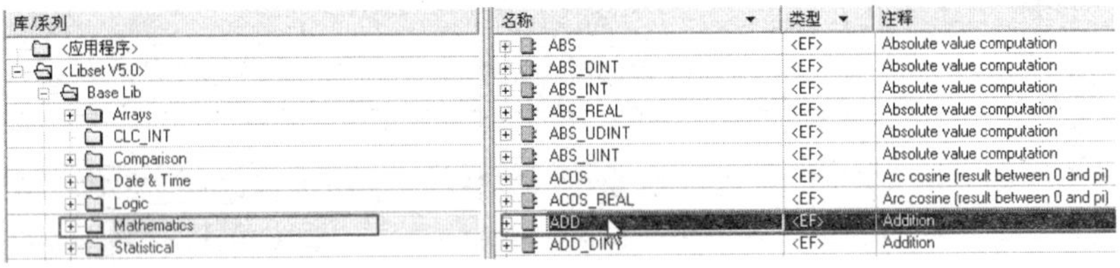

图 4-98　类库选择页面

在弹出的对话框选择【确定】，即添加了 ADD 加计算功能块，如图 4-99 所示：

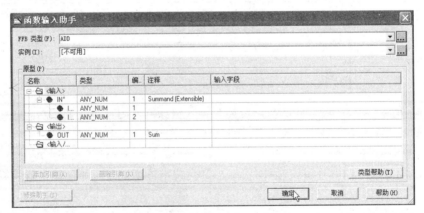

图 4-99　函数输入助手

其他 FFB 功能块可采用类似方法来调用。

（2）控制元素

梯形图的控制元素主要提供了跳转、返回以及用于指示跳转位置的卷标，见表 4-27。

表 4-27　　　　　　　　　　　　　　　　梯形图的控制元素

名　称	图标	描　　　　述
跳转	≫	当梯形图左侧布尔量运算结果为 1 时，将跳转至某标签（在当前段中）。如果直接将跳转对象连接到于左电源柱上，则为无条件跳转。如果要生成条件跳转，请将跳转对象置于触点系列的末尾
标签	JL:	标签（跳转目标）以末尾带有冒号的文本表示。标签最大长度为 32 个字符，并且名称在程序段中不能重复。跳转标签只能直接放在电源柱的第一个单元格中
返回	⟨R⟩	RETURN 对象不可用于主程序中。在 DFB 中，RETURN 对象强制返回称为 DFB 的程序。 不执行包含 RETURN 对象的剩余 DFB 段，也不执行 DFB 的下一段。在子程序 SR 中，RETURN 对象强制返回称为 SR 的程序。不执行包含 RETURN 对象的剩余 SR

（3）扩展操作块和比较功能块

梯形图的扩展操作块和比较功能块只有在 LD 编程语言中才可以使用，见表 4-28。

表 4-28　　　　　　　　　　　　　　　扩展操作块和比较功能块

名　称	图标	描　　　　述
操作块	OPER	当梯形图左侧布尔量运算结果为 1 时，将执行控制指令外功能块中的 ST 指令。 即不包括 RETURN，JUMP，IF，CASE，FOR 等。 例：如果 I 1 端子接通，则 C＝A+B 　　I1　　　　　　　　　　　　　　　　OPERATE ──┤├──────────────C:=A+B;────
比较功能块	COMP	当梯形图左侧布尔量运算结果为 1 时，在水平比较功能块用于执行 ST 编程语言中的比较表达式（<、>、<=、>=、= 或 <>）。水平比较功能块运算结果是一个 Bool 量，也就是相当于一个触点。 例：在压力大于 10 并且正向启动拨钮拨到启动位置且反向启动按钮没有拨到启动位置，则电动机起动 　start_forward　　start_reverse　　　　COMPARE　　　　　motor_on ──┤├────────┤/├──────Pressure>10──────（ ）──

读者可以使用引脚取反图标 ╋ 对添加的功能块的管脚进行取反操作，这样可以使原来管脚上的逻辑 1 变为逻辑 0，原来管脚上的逻辑 0 变为逻辑 1，这个方法可以非常方便地修改功能块的某个输入管脚的逻辑。

【例 4-7】　以 CTU 为例，说明引脚取反在梯形图中的操作过程，原本是 R 管脚为 1 的时候复位计数器，现在要实现的功能是 R 管脚为 0 时复位计数器。

在程序中的操作过程是首先单击选中【R】端子的管脚，即 CTU 的 R 管脚，如图 4-100 选所示。

单击引脚取反图标 ╋，然后再单击 R 管脚，设置完成图如图 4-101 所示。

梯形图的编程图例，如图 4-102 所示。

其中：

LD 段的背景网格可将段分成若干行和列。

LD 编程语言是面向单元格的，即每个单元格内仅可放置一个对象。

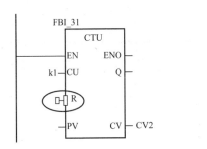

图 4-100　CTU 加计数器

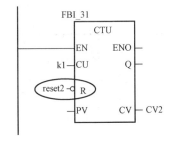

图 4-101　CTU 设置完成图

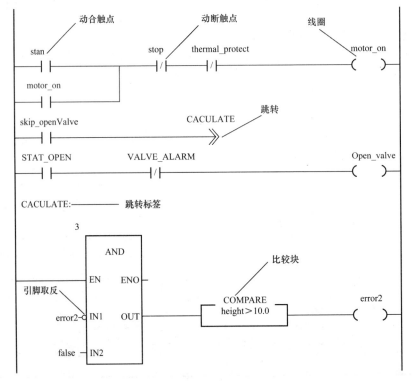

图 4-102　梯形图的编程图例

LD 段的大小最多可以为 11~64 列和 17~2000 行。

编程时选择梯形图语言进行编程，可以使用鼠标和键盘来输入项目中要执行的程序。

2．功能块图 FBD

功能块图 FBD 的编程，顾名思义就是以功能块为基础的编程。

FBD 功能块图是与 IEC 61131-3 兼容的面向图形的编程语言，可用于一系列网络当中，其中每个网络包含一个由框和连接线路组成的图形结构，这个图形结构表示逻辑或算术表达式、功能块的调用、跳转或返回指令。也就是说，功能块图 FBD 编程语言的对象能将一个段分成若干个基本功能（EF）、基本功能块（EFB）、导出的功能块（DFB）、过程、子程序调用、跳转、链接、实际参数和对逻辑进行注释的文本对象，功能块图如图 4-103 所示。

在 FBD 段的后面有一个网格，一个网格单元由 10 个坐标组成。网格单元是 FBD 段中 2 个对象之间的最小空间。

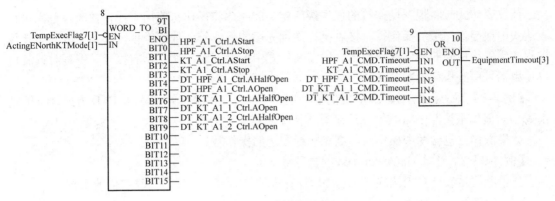

图 4-103　功能块图 FBD

虽然 FBD 编程语言不是面向单元格的，但 FBD 对象还是与网格坐标对齐的，编程时可以使用水平网格坐标和垂直网格坐标来配置 FBD 的段。

编程时选择功能块图语言进行编程，可以使用鼠标和键盘来输入项目中要执行的程序。

3．结构化文本 ST

ST 编程语言类似于高级语言的 VB，包括 if…else，Case..等选择分支语句，也包括 For…，do…while，repeat 等循环指令，用户如有高级语言的编程经验，那么对掌握和精通这种编程方式会有很大帮助的。编程时使用结构化文本 ST 编辑器在结构化文本中编写符合 IEC 61131-3 的程序。

使用结构化文本 ST 的编程语言，可以执行多种操作，例如调用功能块、赋值、有条件地执行指令和重复任务。

结构化文本 ST 的编程语言由表达式、操作数、操作符和指令这些元素组成。

结构化文本 ST 如图 4-104 所示。

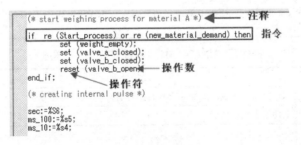

图 4-104　结构化文本 ST

结构化文本 ST 编程语言的操作界面如图 4-105 中框出来的部分。

图 4-105　结构化文本 ST 编程语言的操作界面

（1）表达式

表达式由操作符和操作数组成，在执行表达式时会返回值。

计算表达式时将根据操作符的优先级所定义的顺序将操作符应用于操作数表。首先执行表达式中最高优先级的操作符，接着执行次优先级的操作符，依此类推，直到完成整个计算过程。优先级相同的操作符将根据它们在表达式中的书写顺序从左至右执行。编程时读者可以使用括号更改执行的顺序。

【例4-8】 如果 A、B、C 和 D 的值分别为 1、2、3 和 4，并按 A+B-C*D 方式计算的结果为 -9。但如果按照(A+B-C)*D 这个方式计算，结果则为 0。

如果操作符包含两个操作数，则先执行左边的操作数。

【例4-9】 表达式 sin(A)*cos(B) 的执行顺序。

执行顺序是先计算表达式 sin(A)，后计算表达式 cos(B)，然后计算它们的乘积。

（2）操作数

操作数表示变量数值、地址和功能块等，操作数可以是地址、数值、变量、多元素变量、多元素变量的元素、功能调用和功能块输出等。读者编辑的程序里处理操作数的指令中的数据类型必须相同。如果需要处理不同类型的操作数，则必须预先执行类型转换。

【例4-10】 r3：= r4 + sin(INT_TO_REAL(i1))，式中的整数变量 i1 在添加到实数变量 r4 中之前要首先转换为实数变量。

（3）操作符

操作符是执行运算过程中所用的符号，表示的是要执行的算术运算，也可以是要执行的逻辑运算，或者是功能编辑和调用。操作符是泛型的，即它们自动适应操作数的数据类型，ST 语言的操作符详述见表 4-29～表 4-48。

表 4-29 操作符( )详述

含义\优先级	使用括号\1（最高）
适用的操作数	表达式
描述	括号用于改变操作符的执行顺序。 示例：如果操作数 A、B、C 和 D 的值分别为 1、2、3 和 4，A+B-C*D 的结果则为 -9，而 (A+B-C)*D 的结果则为 0

表 4-30 操作符 FUNCNAME（实际参数 -list）详述

含义\优先级	功能处理（调用）\2
适用的操作数	表达式、数值、变量、地址（所有数据类型）
描述	功能处理用于执行功能

表 4-31 操作符-详述

含义\优先级	取反\3
适用的操作数	数据类型为 INT、DINT、UINT、UDINT 或 REAL 的表达式、数值、变量或地址
描述	取反 (-) 时，操作数值的符号会反转。 示例：本示例中，如果 IN1 为 4，则 OUT 为 -4。OUT：= - IN1

表 4-32 操作符 NOT 详述

含义\优先级	反码\3
适用的操作数	数据类型为 BOOL、BYTE、WORD 或 DWORD 的表达式、数值、变量或地址
描述	进行 NOT 运算时，操作数将逐位反转。 示例：本示例中，如果 IN1 为 1100110011，则 OUT 为 0011001100。 OUT：= NOT IN1

表 4-33 操作符**详述**

含义\优先级	幂\4
适用的操作数	数据类型为 REAL（底数）和 INT、DINT、UINT、UDINT 或 REAL（指数）的表达式、数值、变量或地址
描述	求幂 (**) 运算时，将以第一个操作数为底数，第二个操作数为指数进行求幂。 示例：该示例中，如果 IN1 为 5.0，IN2 为 4.0，则 OUT 为 625.0。 OUT：= IN1 ** IN2

表 4-34 操作符*详述**

含义\优先级	乘法\5
适用的操作数	数据类型为 INT、DINT、UINT、UDINT 或 REAL 的表达式、数值、变量或地址
描述	乘法 (*) 运算时，将用第一个操作数的值乘以第二个操作数（指数）的值。 示例：该示例中，如果 IN1 为 5.0，IN2 为 4.0，则 OUT 为 20.0。 OUT：= IN1 * IN2； 注：先期库中的 MULTIME 函数可用于涉及数据类型 Time 的乘法

表 4-35 操作符 **MOD** 详述

含义\优先级	模数\5
适用的操作数	数据类型为 INT、DINT、UINT 或 UDINT 的表达式、数值、变量或地址
描述	执行 MOD 时，将用第一个操作数的值除以第二个操作数的值，除法的余数（模数）显示为结果。 示例：本示例中如果 IN1 为 7，IN2 为 2，则 OUT 为 1。如果 IN1 为 7，IN2 为 -2，则 OUT 为 1。如果 IN1 为 -7，IN2 为 2，则 OUT 为 -1。如果 IN1 为 -7，IN2 为 -2，则 OUT 为 -1。OUT：= IN1 MOD IN2

表 4-36 操作符/详述**

含义\优先级	除法\5
适用的操作数	数据类型为 INT、DINT、UINT、UDINT 或 REAL 的表达式、数值、变量或地址
描述	除法 (/) 运算时，将用第一个操作数的值除以第二个操作数的值。 示例：该示例中，如果 IN1 为 20.0，IN2 为 5.0，则 OUT 为 4.0。 OUT：= IN1 / IN2； 注：先期库中的 DIVTIME 函数可用于涉及数据类型 Time 的除法

表 4-37 操作符-详述**

含义\优先级	减法\6
适用的操作数	数据类型为 INT、DINT、UINT、UDINT、REAL 或 TIME 的表达式、数值、变量或地址
描述	减法 (-) 运算时，将用第一个操作数的值减去第二个操作数的值。 示例：该示例中，如果 IN1 为 10，IN2 为 4，则 OUT 为 6。OUT：= IN1 - IN2

表 4-38 操作符+详述**

含义\优先级	加法\6
适用的操作数	数据类型为 INT、DINT、UINT、UDINT、REAL 或 TIME 的表达式、数值、变量或地址
描述	加法 (+) 运算时，将用第一个操作数的值加上第二个操作数的值。 示例：本示例中如果 IN1 为 7，IN2 为 2，则 OUT 为 9，OUT：= IN1 + IN2

表 4-39	操作符<=详述
含义\优先级	小于或等于比较\7
适用的操作数	数据类型为 BOOL、BYTE、INT、DINT、UINT、UDINT、REAL、TIME、WORD、DWORD、STRING、DT、DATE 或 TOD 的表达式、数值、变量或地址
描述	使用 <= 将第一个操作数的值与第二个操作数的值进行比较。如果第一个操作数的值小于或等于第二个操作数的值，则结果为布尔 1。如果第一个操作数的值大于第二个操作数的值，则结果为布尔 0。 示例：本示例中如果 IN1 小于或等于 10，则 OUT 为 1，否则为 0。OUT：= IN1 <= 10

表 4-40	操作符>详述
含义\优先级	大于比较\
适用的操作数	数据类型为 BOOL、BYTE、INT、DINT、UINT、UDINT、REAL、TIME、WORD、DWORD、STRING、DT、DATE 或 TOD 的表达式、数值、变量或地址
描述	使用 > 将第一个操作数的值与第二个操作数的值进行比较。如果第一个操作数的值大于第二个操作数的值，则结果为布尔 1。如果第一个操作数的值小于或等于第二个操作数的值，则结果为布尔 0。 示例：本示例中，如果 IN1 大于 10，则 OUT 为 1，如果 IN1 小于 10 则为 0。 OUT：= IN1 > 10

表 4-41	操作符<详述
含义\优先级	小于比较\7
适用的操作数	数据类型为 BOOL、BYTE、INT、DINT、UINT、UDINT、REAL、TIME、WORD、DWORD、STRING、DT、DATE 或 TOD 的表达式、数值、变量或地址
描述	使用 < 将第一个操作数的值与第二个操作数的值进行比较。如果第一个操作数的值小于第二个操作数的值，则结果为布尔 1。如果第一个操作数的值大于或等于第二个操作数的值，则结果为布尔 0。 示例：本示例中，如果 IN1 小于 10，则 OUT 为 1，否则为 0。OUT：= IN1 < 10

表 4-42	操作符=详述
含义\优先级	等于\8
适用的操作数	数据类型为 BOOL、BYTE、INT、DINT、UINT、UDINT、REAL、TIME、WORD、DWORD、STRING、DT、DATE 或 TOD 的表达式、数值、变量或地址
描述	使用 = 将第一个操作数的值与第二个操作数的值进行比较。如果第一个操作数的值等于第二个操作数的值，则结果为布尔 1。如果第一个操作数的值不等于第二个操作数的值，则结果为布尔 0。 示例：本示例中，如果 IN1 等于 10，则 OUT 为 1，否则为 0。OUT：= IN1 = 10

表 4-43	操作符>=详述
含义\优先级	大于或等于比较\7
适用的操作数	数据类型为 BOOL、BYTE、INT、DINT、UINT、UDINT、REAL、TIME、WORD、DWORD、STRING、DT、DATE 或 TOD 的表达式、数值、变量或地址
描述	使用 >= 将第一个操作数的值与第二个操作数的值进行比较。如果第一个操作数的值大于或等于第二个操作数的值，则结果为布尔 1。如果第一个操作数的值小于第二个操作数的值，则结果为布尔 0。 示例：本示例中，如果 IN1 大于或等于 10，则 OUT 为 1，否则为 0。 OUT：= IN1 >= 10

表 4-44   **操作符 & 详述**

含义\优先级	逻辑与\9
适用的操作数	数据类型为 BOOL、BYTE、WORD 或 DWORD 的表达式、数值、变量或地址
描述	对于 &，操作数之间存在逻辑与关联。对于 BYTE、WORD 和 DWORD 数据类型，此关联是逐位进行的。 示例：本示例中，如果 IN1、IN2 和 IN3 均为 1，则 OUT 为 1。 OUT：= IN1 & IN2 & IN3

表 4-45   **操作符 <> 详述**

含义\优先级	不等于\8
适用的操作数	数据类型为 BOOL、BYTE、INT、DINT、UINT、UDINT、REAL、TIME、WORD、DWORD、STRING、DT、DATE 或 TOD 的表达式、数值、变量或地址
描述	使用 <> 将第一个操作数的值与第二个操作数的值进行比较。如果第一个操作数的值不等于第二个操作数的值，则结果为布尔 1。如果第一个操作数的值等于第二个操作数的值，则结果为布尔 0。 示例：本示例中，如果 IN1 不等于 10，则 OUT 为 1，否则为 0。 OUT：= IN1 <> 10

表 4-46   **操作符 AND 详述**

含义\优先级	逻辑与\9
适用的操作数	数据类型为 BOOL、BYTE、WORD 或 DWORD 的表达式、数值、变量或地址
描述	对于 AND，操作数之间存在逻辑与关联。对于 BYTE、WORD 和 DWORD 数据类型，此关联是逐位进行的。 示例：本示例中如果 IN1、IN2 和 IN3 均为 1，则 OUT 为 1。OUT：= IN1 AND IN2 AND IN3

表 4-47   **操作符 XOR 详述**

含义\优先级	逻辑异或\10
适用的操作数	数据类型为 BOOL、BYTE、WORD 或 DWORD 的表达式、数值、变量或地址
描述	对于 XOR，操作数之间存在逻辑异或关联。对于 BYTE、WORD 和 DWORD 数据类型，此关联是逐位进行的。 示例：本示例中，如果 IN1 和 IN2 不相等，则 OUT 为 1。如果 A 和 B 的状态相同（均为 0 或均为 1），则 D 为 0。OUT：= IN1 XOR IN2； 如果将两个以上的操作数进行关联，当状态为 1 的操作数个数不是偶数时，结果为 1，而当状态为 1 的操作数个数是偶数时，结果为 0。 示例：本示例中，如果有 1 个或 3 个操作数为 1，则 OUT 为 1，如果有 0、2 或 4 个操作数为 1，则 OUT 为 0。OUT：= IN1 XOR IN2 XOR IN3 XOR IN4

表 4-48   **操作符 OR 详述**

含义\优先级	逻辑或\11（最低）
适用的操作数	数据类型为 BOOL、BYTE、WORD 或 DWORD 的表达式、数值、变量或地址
描述	对于 OR，操作数之间存在逻辑或关联。对于 BYTE、WORD 和 DWORD 数据类型，此关联是逐位进行的。 示例：本示例中，如果 IN1、IN2 或 IN3 为 1，则 OUT 为 1。 OUT：= IN1 OR IN2 OR IN3

（4）ST 指令

ST 指令用于将表达式返回的值赋给实际参数，并构造和控制表达式。

4．顺序功能图 SFC

顺序功能图 SFC 可以实现多个令牌、多个初始步骤、在并行字符串之间跳转等功能。SFC 语言适合于流程特别严格的应用场合，即在执行下一步的时候，必须要满足一定的条件。例如装配车间的流水线、化工行业的生产设备等。

使用顺序功能图 SFC 的技术人员必须熟悉其他四种编程语言中的至少一种编程语言，因为每一步的编程还是需要使用其他的编程语言才能够完成。

顺序功能图 SFC 段创建程序对象的步骤，即：宏步骤（嵌入的子步骤序列）、转换（转换条件）、转换段、操作段、跳转、链接、替代序列、并行序列和对逻辑进行注释的文本对象，顺序功能图如图 4-106 所示。

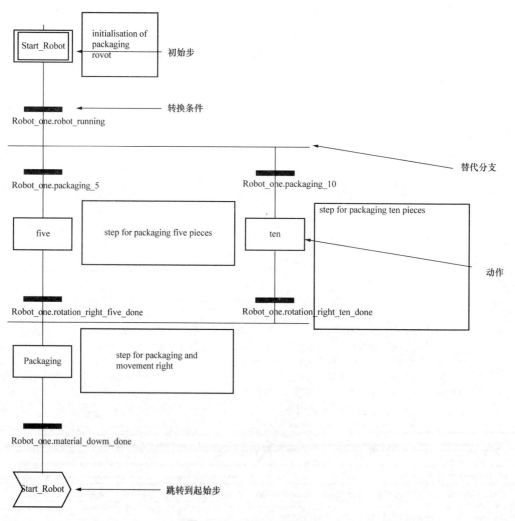

图 4-106　顺序功能图 SFC

顺序功能图 SFC 编辑器有一个背景网格，可将段分成 200 行和 32 列。编程时读者可以使用鼠标或键盘输入项目中的程序。SFC 只能在主任务段中使用，但使用 SFC 编写的段数是没有限制的。

在 Unity Pro 软件中编程的顺序功能图 SFC，与每一个步相链接的每一个动作都必须有一个标识符。

在动作的标识符中，标识符为 P1 和 P0 的动作，执行情况与其他动作不同，具体说明如下：动作的标识符一旦被定义为 P1，该动作就不再受它在动作列表栏中的位置影响，将总是被最先进行处理。此外，动作的标识符一旦被定义为 P0，该动作就不再受它在动作列表栏中的位置影响，总是会被最后进行处理。

5．指令列表 IL

IL 编辑器用于编写符合 IEC 61131-3 的指令列表程序，实际上使用 IL 编程的程序最接近机器语言，执行效率也最高。指令列表 IL 编程，如图 4-107 所示。

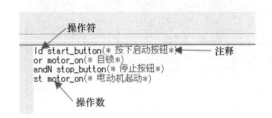

图 4-107　指令列表 IL

指令列表由一系列指令组成，每个指令都从新的一行开始，包括一个操作符、一个修饰符（如果需要）、一个或多个操作数（如果需要）、作为跳转目标的标签（如果需要）、有关逻辑的注释（如果需要）。

三、Unity Pro 的编程方法

（一）创建和配置任务

使用 Unity Pro 编程软件创建应用程序时，首先要定义任务，在【项目浏览器】中，双击程序目录，此时，MAST 目录会显示在任务目录中，鼠标右键单击【任务】目录，然后从上下文菜单中执行【新建任务】命令。这时将显示新建任务对话框，如图 4-108 所示。

读者可以在新建任务对话框里的【名称】下选择【任务】，即 FAST 快速任务或 AUX0、AUX1、AUX2、AUX3 辅助任务，还可以在【配置】里勾选周期性或循环的执行模式，注意，循环执行模式仅在主任务时才能选择。另外，在【配置】里还可设置任务周期和警戒时钟值，该值必须大于周期值。

最后可以在【注释选项卡】中对所选任务添加注释，单击【OK】按钮，创建任务完毕。

（二）创建一个新段的方法

每个任务都可以由很多段组成，在任务中对段的数目是不进行限制的，创建新段时首先选择【程序】→【任务】→【MAST】→【段】的文件夹，然后右击选择【新建段】，如图 4-109 所示。

图 4-108　新建任务对话框

图 4-109　新建段

在弹出的【新建】对话框里填写段的名称、选择此段的编程语言并选择是否加访问保护，设置完毕后单击【确定】按钮进行确认，如图 4-110 所示。

（三）显示和修改任务属性

显示或修改程序中的任务属性时，首先在项目浏览器中，双击程序目录，那么 MAST 和 FAST 目录将显示在任务目录中，如果程序中已经创建了 Aux 目录，则 Aux 目录也会显示在任务目录当中。鼠标右击 MAST、FAST 或 AUX 目录，然后从上下文菜单中执行属性命令。单击属性，此时将显示如图 4-111 所示的对话框。

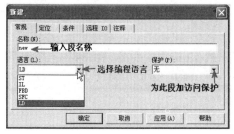

图 4-110　新建段设置对话框

图 4-111　新建对话框

在这个对话框中可以修改任务属性、注释、配置等属性参数，修改完成确认正确后，单击【OK】按钮即可。

（四）基本逻辑的编程

1．AND 指令

AND 功能可以对两个布尔或两个字节、字、双字进行【与】操作，将【IN1】端口的变量和【IN2】端口的变量相与的结果放入【Result】中，特别注意的是【IN1】与【IN2】两个输入端和【Result】输出端连接的三个变量的变量类型要一致。

Unity Pro 软件指令中的 AND 指令的【IN】端口可以最大扩展到 32 个输入，也就是说通过简单的设置可以最多将 32 个输入的数进行相与，而不用反复输入指令命令，使编程变得简单易用。

另外，两个字节进行的【与】操作，实际上是将两个相关字节的每个对应的位进行逻辑与，结果放到【OUT】处的变量当中。只有两个字节对应的位都为 1 时，计算结果对应的位才为 1。字和双字的或操作与字节操作类似。AND 指令的三种编程语言的应用见表 4-49。

表 4-49　　　　　　　　　　AND 指令的三种编程语言的应用

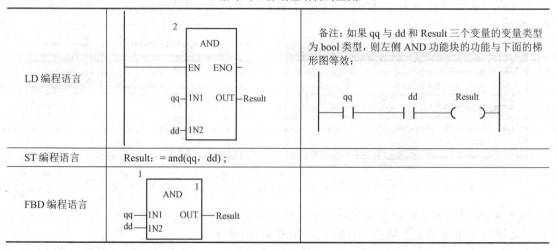

LD 编程语言	（AND功能块图：2 AND，EN ENO，qq—1N1 OUT—Result，dd—1N2）	备注：如果 qq 与 dd 和 Result 三个变量的变量类型为 bool 类型，则左侧 AND 功能块的功能与下面的梯形图等效：（梯形图：qq — dd — Result）
ST 编程语言	Result：= and(qq, dd)；	
FBD 编程语言	（AND功能块图：1 AND 1，qq—1N1 OUT—Result，dd—1N2）	

【例 4-11】 两个字节 IN1=16#83=01010011、IN2=16#102=01100110 进行【AND】操作。

    IN1= 16# 83 = 01010011
    IN2= 16#102 = 01100110

按位【与】的结果为 01000010

2．OR 指令

OR 功能可以对两个布尔变量或两个字节、字、双字进行【或】操作，将【IN1】端口的变量和【IN2】端口的变量相或的结果放入【OUT】中，特别要求的是【IN1】与【IN2】和【OUT】三个变量的变量类型要一致。

OR 指令与 AND 指令一样，【IN】端口可最大扩展到 32 个输入。

另外，两个字节进行的【或】操作，实际上是将两个相关字节的每个对应的位进行逻辑或，结果放到【OUT】处的变量当中。只要两个字节对应的位有一个为 1，计算结果对应位就为 1。字和双字的或操作与字节操作类似。OR 指令的三种编程语言的应用见表 4-50。

表 4-50　　　　　　　　　　　　OR 指令的三种编程语言的应用

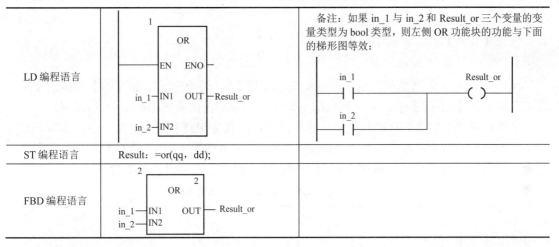

【例 4-12】 两个字节 IN1=16#83 =01010011、IN2= 16#102=01100110 进行【或】操作。

IN1=16#83 =01010011

IN2= 16#102 =01100110

按位【或】的结果 01110111

3．XOR 指令

异或功能 XOR 指令可以对两个布尔变量或两个字节、字、双字进行【异或】操作，将【IN1】端口的变量和【IN2】端口的变量异或的结果放入【Result】中，特别要求的是【IN1】与【IN2】和【OUT】三个变量的变量类型要一致。

XOR 指令与 AND 指令一样，【IN】端口可最大扩展到 32 个输入。

另外，两个字节进行的【异或】操作，实际上是将两个相关字节的每个对应的位进行逻辑异或，结果放到【OUT】处的变量当中。只有两个字节对应的位不相同，计算结果对应位才为 1。字和双字的或操作与字节操作类似。XOR 指令的三种编程语言的应用见表4-51。

表4-51　　　　　　　　　　　　异或功能 **XOR** 的三种编程语言的应用

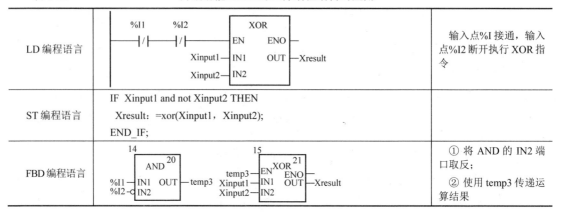

LD编程语言	（梯形图）	输入点%I接通，输入点%I2断开执行 XOR 指令
ST编程语言	IF Xinput1 and not Xinput2 THEN　Xresult: =xor(Xinput1，Xinput2);　END_IF;	
FBD编程语言	（功能块图）	① 将 AND 的 IN2 端口取反；② 使用 temp3 传递运算结果

【例4-13】　两个字节 IN1=16#83=01010011、IN2=16#102=01100110 进行【异或】操作。

　　　　IN1= 16#83 = 01010011

　　　　IN2= 16#102= 01100110

按位【异或】的结果 00110101

4．NOT 指令

NOT 取反操作数功能可以对一个变量进行按位【取反】的操作，将【IN】端口的变量取反的结果放入【Result】中，特别要求的是输入值和输出值的数据类型必须是相同的。

另外，将单个字节进行取反操作，并将结果存放到【OUT】处的变量当中。实际上是将单个字节对应的每个位取反，也就是说将 1 变为 0，将 0 变为 1，即得到计算结果。字和双字的或操作与字节操作类似。NOT 取反指令的三种编程语言的应用见表4-52。

表4-52　　　　　　　　　　　**NOT** 取反指令的三种编程语言的应用

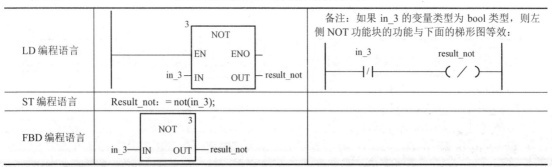

LD编程语言	（梯形图）	备注：如果 in_3 的变量类型为 bool 类型，则左侧 NOT 功能块的功能与下面的梯形图等效：
ST编程语言	Result_not: = not(in_3);	
FBD编程语言	（功能块图）	

【例4-14】　将 IN1=16#83= 01010011 进行【取反】操作。

IN1=16#83= 01010011，按位【取反】的结果是 10101100。

5．边沿检测指令

Unity Pro 的边沿检测指令有 F_TRIG 检测下降沿指令、FE 下降沿检测指令、R_TRIG 检测上升沿指令和 RE 上升沿检测指令。

（1）R_TRIG 检测上升沿指令

R_TRIG 检测上升沿指令检测端口【CLK】布尔变量从断开到接通（从 0 到 1）上升沿的变化过程。

P2 逻辑输入由断开转为接通，输出变量接通一个扫描周期。R_TRIG 检测上升沿指令三种编程语言的程序应用如表 4-53 所示。

表 4-53   **R_TRIG 检测上升沿指令的三种编程语言的应用**

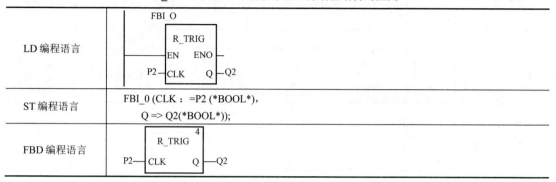

LD 编程语言	FBI O R_TRIG EN ENO P2—CLK Q—Q2
ST 编程语言	FBI_0 (CLK：=P2 (*BOOL*), Q => Q2(*BOOL*));
FBD 编程语言	R_TRIG ⁴ P2—CLK Q—Q2

（2）RE 上升沿检测指令

RE 上升沿检测指令功能用于检测逻辑位从 0 到 1（上升沿）的跳变过程。RE 上升沿检测指令三种编程语言的程序应用如表 4-54 所示。

表 4-54   **RE 上升沿检测指令的三种编程语言的应用**

LD 编程语言	push_button start_pulse —|P|— —( )—	备注：如果在 LD 使用上升沿指令，建议将上升沿检测的变量设为 bool 型变量而不是 Ebool 变量，这样即使在 Unity Pro 较低版本 V5.0 及以下—|P|—也能正常工作
ST 编程语言	start_pulse：=RE(push_button);	
FBD 编程语言	RE ² push_button —IN OUT— start_pulse	

（3）F_TRIG 检测下降沿指令

F_TRIG 检测下降沿指令检测端口【CLK】布尔变量从接通到断开（从 1 到 0）下降沿的变化过程。

P3 由 1 变为 0，由接通转换为断开，输出变量接通一个扫描周期。F_TRIG 下降沿检测指令三种编程语言的程序应用见表 4-55。

表 4-55   **F_TRIG 检测下降沿指令的三种编程语言的应用**

LD 编程语言	FBI_6 F_TRIG EN ENO P3—CLK Q—Q3
ST 编程语言	FBI_6 (CLK：= P3(*BOOL*), Q => Q3(*BOOL*));
FBD 编程语言	F_TRIG ³ P3—CLK Q—Q3

（4）FE 下降沿检测指令，三种编程语言的程序应用见表 4-56。

表 4-56　　　　　　　　　　　　FE 下降沿检测指令的三种编程语言的应用

LD 编程语言		备注：如果在 LD 使用下降沿指令，建议将下降沿检测的变量设为 bool 型变量而不是 Ebool 变量，这样即使在 Unity Pro 较低版本 V5.0 及以下 ─│N│─ 也能正常工作
ST 编程语言	Q4: =FE(P4);	建议在 Unity Pro 6.0 下使用此功能块
FBD 编程语言		建议在 Unity Pro 6.0 下使用此功能块

6．SET 指令和 RESET 指令

（1）SET 指令

SET 指令是将位设置为 1 的操作。将功能块输出的位置为 1，表 4-57 中的程序使用三种编程语言，用示例的形式实现了三线控制的电动机起动，按下【start_button】按钮，在停止按钮【stop_button】动断点没有动作的前提下，电动机【motor_on】将起动，即使【start_button】按钮断开，电动机【motor_on】仍然为 1。SET 指令三种编程语言的程序应用见表 4-57。

表 4-57　　　　　　　　　　　　SET 指令的三种编程语言的应用

LD 编程语言	
ST 编程语言	IF (start_button and not stop_button)THEN SET (OUT => motor_on(*BOOL*)); END_IF;
FBD 编程语言	

（2）RESET 指令

RESET 指令是将位设置为 0 的操作。将功能块输出的位置为 0，表 4-58 中的程序使用三种编程语言用示例的形式实现按下停止按钮【stop_button】，电动机【motor_on】将停止。RESET 指令三种编程语言的程序应用见表 4-58。

表 4-58　　　　　　　　　　　　RESET 指令的三种编程语言的应用

LD 编程语言	
ST 编程语言	IF stop_button THEN RESET (OUT => motor_on(*BOOL*)); END_IF;
FBD 编程语言	

7．双稳功能块 SR 指令和 RS 指令

双稳功能块 SR 指令的功能【S】端口是置位功能，【R】端口是复位功能，当【S】和【R】端口的布尔变量同时接通时，置位操作优先。双稳功能块 SR 指令的三种编程语言的程序应用见表 4-59。

表 4-59　　　　　　　　　双稳功能块 SR 指令的三种编程语言的应用

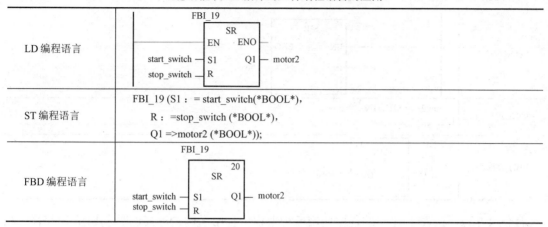

LD 编程语言	(图见上)
ST 编程语言	FBI_19 (S1 : = start_switch(*BOOL*), 　　　R : =stop_switch (*BOOL*), 　　　Q1 =>motor2 (*BOOL*));
FBD 编程语言	(图见上)

双稳功能块 RS 指令的功能【S】端口是置位功能，【R】端口是复位功能，当【S】和【R】端口的布尔变量同时接通时，复位操作优先。程序与 SR 类似，双稳功能块 RS 指令的三种编程语言的应用见表 4-60。

表 4-60　　　　　　　　　双稳功能块 RS 指令的三种编程语言的应用

LD 编程语言	(图：FBI_11 RS，EN ENO，start_switch—S，stop_switch—R1，Q1—motor2)
ST 编程语言	FBI_11 (S : = start_switch(*BOOL*), 　　　R1 : =stop_switch (*BOOL*), 　　　Q1 =>motor2 (*BOOL*));
FBD 编程语言	(图：FB1_11 RS 12，start_switch—S，stop_switch—R1，Q1—motor2)

8．移位指令

Unity Pro 的移位指令包括 SHL 向左移位、SHR 指令向右移位、ROL 向左循环移位、ROR 向右循环移位。

（1）SHL 向左移位指令和 SHR 向右移位指令

SHL 向左移位指令的功能是将【IN】输入处二进制数字左移 n 位（输入 N 处的值）。将移出最左侧的 n 位丢弃，在右侧 n 个位填写零。这个指令可以对位（一般不用）、字节、字、双字等变量类型进行操作。另外，【IN】输入和【OUT】输出的数据类型必须相同。SHL 向左移位指令的三种编程语言的应用见表 4-61。

SHR 向右移位指令的功能将【IN】输入处的位模式右移 n 位（输入 N 处的值）。将移出最左侧的 n 位丢弃，在左侧 n 个位填写零。这个指令可以对位（一般不用）、字节、字、双字等变量类型进行操作。另外,【IN】输入和【OUT】输出的数据类型必须相同。

表 4-61　　　　　　　　　SHL 向左移位指令的三种编程语言的应用

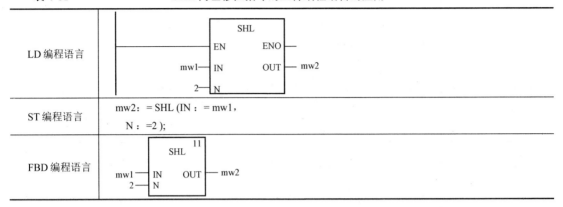

LD 编程语言	
ST 编程语言	mw2：= SHL (IN：= mw1, 　　　　N：=2);
FBD 编程语言	

【例 4-15】　在表 4-61 中的程序使用三种编程语言用示例的形式说明了 SHL 向左移位指令在程序中的应用,IN1=16#E001=2#1110 0000 0000 0001 左移 2 位后的结果,即 OUT=1000 0000 0000 0100。SHL 向左移位指令如图 4-112 所示,SHR 向右移位指令如图 4-113 所示。

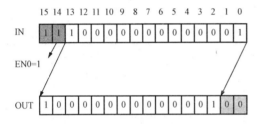

图 4-112　SHL 向左移位指令的二进制说明

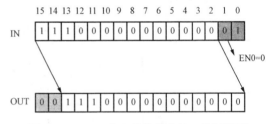

图 4-113　SHR 向右移位指令的二进制说明

如果在程序中使用 SHR 指令对 IN1=16# E001=2#01010011 进行右移 2 位的操作,其操作的结果为 OUT= 1110 0000 0000 0000。

（2）ROL 向左循环移位指令和 ROR 向右循环移位指令

ROL 向左循环移位指令功能是将【IN】输入处的位左移 n 位（输入 N 处的值）。将移出最左侧的 n 位放到最右侧 n 个位。该指令可以对位（一般不用）、字节、字、双字等变量类型进行操作。另外,【IN】输入和【OUT】输出的数据类型必须相同。

ROR 向右循环移位指令的功能是将 IN 输入处的位右移 n 位（输入 N 处的值）。将移出最右侧的 n 位丢弃方道最左侧 n 个位。该指令可以对位（一般不用）、字节、字、双字等变量类型进行操作。另外,【IN】输入和【OUT】输出的数据类型必须相同。ROL 向左循环移位指令的三种编程语言的应用见表 4-62。

表 4-62　　　　　　　　ROL 向左循环移位指令的三种编程语言的应用

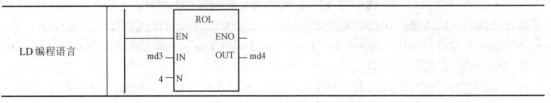

LD 编程语言	

续表

ST 编程语言	md4：= ROL (IN：= md3, 　　　　　　N：= 4);
FBD 编程语言	md3 — IN　OUT — md4 4 — N　（ROL 14）

由于 ROR 指令与 ROL 指令非常相似，此处略。

【例 4-16】　将 IN1=2#1011 0000 0000 0000 0000 0000 0000 0011 使用 ROL 左移 4 位的结果为 OUT= 2# 0000 0000 0000 0000 0000 0000 0011 1011。ROL 向左循环移位 4 位的指令应用如图 4-114 所示。

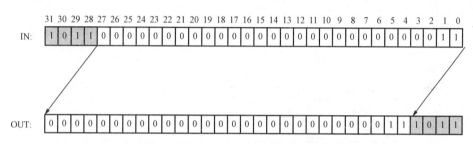

图 4-114　ROL 向左移位指令的二进制说明

如果将 IN1=2#0101 0011 0011 1101 使用 ROR 右移 4 位的结果为 OUT= 2#1101 0101 0011 0011。

9．比较指令

（1）EQ 等于指令和 NE 不等于指令

EQ 等于指令的功能是在程序中判断两个字节、字或双字是否相等的一种操作，即【IN1】和【IN2】的输入端连接的变量，若判断相等，则【OUT】的结果为 1，若判断不相等，则【OUT】的结果为 0。EQ 等于指令的三种编程语言的应用见表 4-63。

NE 不等于指令的功能是判断两个字节、字或双字是否相等的一种操作，即【IN1】和【IN2】的输入端连接的变量，若判断相等，则【OUT】的结果为 0，若判断不相等，则【OUT】的结果为 1，NE 与 EQ 唯一的差别是同样的变量比较，结果相反，NE 的编程举例略。

表 4-63　　　　　　　　　　　　EQ 等于指令的三种编程语言的应用

LD 编程语言	EQ EN　　ENO MD5 — IN1　OUT — eq1 MD6 — IN2
ST 编程语言	eq1：= EQ (IN1：= MD5, 　　　　　IN2：= MD6);
FBD 编程语言	EQ 14 MD5 — IN1　OUT — eq1 MD6 — IN2

【例 4-17】　判断程序中创建的 INT 整型变量 MD5 与 MD6 中的数值，当 MD5=MD6 时，【OUT】的 eq1 为 1，当 MD5≠MD6 时，【OUT】的 eq1 为 0。EQ 等于指令三种编程语言的程

序应用如表 4-63 中所示。

（2）GE 大于等于指令和 GT 大于指令

GE 大于等于指令的功能是判断两个字节、字或双字的大小关系，如果【IN1】大于等于【IN2】，【OUT】的结果为 1，否则【OUT】的结果为 0。GE 大于等于指令的三种编程语言的应用见表 4-64。

GT 大于指令的功能是判断两个字节、字或双字的大小关系，如果【IN1】大于【IN2】，【OUT】的结果为 1，否则【OUT】的结果为 0。

表 4-64　　　　　　　　　　　GE 大于等于指令的三种编程语言的应用

LD 编程语言	GE EN ENO md5─IN1 OUT─ge1 md6─IN2
ST 编程语言	ge1(*BOOL*) : = GE (IN1 : = md5(*ANY_ELEMENTARY*), IN2 : = md6(*ANY_ELEMENTARY*));
FBD 编程语言	GE 15 md5─IN1 OUT─ge1 md6─IN2

【例 4-18】　判断程序中创建的 INT 整型变量 md 5 与 md6 中的数值，当 md 5≥md6 时，【OUT】的 BOOL 型变量 eq1 的值为 1，否则【OUT】的 BOOL 型变量 eq1 的值为 0。

（3）LE 小于等于指令和 LT 小于指令

LE 小于等于指令的功能是判断两个字节、字或双字的大小关系，当【IN1】连接的变量小于等于【IN2】连接的变量时，【OUT】的结果为 1，否则【OUT】的结果为 0。LE 小于等于指令三种编程语言的程序应用见表 4-65 中。

LT 小于指令的功能是判断两个字节、字或双字的大小关系，当【IN1】连接的变量小于【IN2】连接的变量，【OUT】的结果为 1，否则【OUT】的结果为 0。

表 4-65　　　　　　　　　　　LE 小于等于指令的三种编程语言的应用

LD 编程语言	LE EN ENO md5─IN1 OUT─le1 md6─IN2
ST 编程语言	le1(*BOOL*) : = LE (IN1 : = md5(*ANY_ELEMENTARY*), IN2 : = md6(*ANY_ELEMENTARY*));
FBD 编程语言	LE 14 md5─IN1 OUT─le1 md6─IN2

【例 4-19】　判断程序中创建的 INT 整型变量 md5 与 md6 中的数值，当 md5≤md6 时，【OUT】的 BOOL 型变量 lel 的值为 1，否则【OUT】的 BOOL 型变量 le1 的值为 0。

10．定时器指令

（1）TON 延时闭合指令

当输入引脚【IN】接通时，**TON 延时闭合**定时器启动，如果在【PT】设置的时间内输入点【IN】断开，TON 功能块的时间被复位为 0，并且 Q 输出始终为 0。

如果输入引脚【IN】接通的时间超过在 PT 所设置的时间，则输出【Q】变为 1，在接通后如果【IN】输入变为 0，则【Q】变为 0，同时复位 TON 的内部时间为 0。

TON 延时闭合指令的时序图如图 4-115 所示。TON 延时闭合指令的三种编程语言的应用见表 4-66。

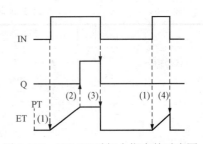

图 4-115　TON 延时闭合指令的时序图

表 4-66　　　　　　　　　　**TON 延时闭合指令的三种编程语言的应用**

LD 编程语言	FBI_14 TON EN　　ENO TONIN1 — IN　　Q — QTon T#10S — PT　　ET — ETime
ST 编程语言	FBI_14 (IN：= TONIN1(*BOOL*), 　　　　PT：= T#10S(*TIME*), 　　　　Q => QTon(*BOOL*), 　　　　ET =>ETime (*TIME*));
FBD 编程语言	FBI_14 TON 15 TONIN1 — IN　Q — QTon T#10S — PT　ET — ETime

【例 4-20】 本例中的【PT】端口定义了延时的时间，这里是 10s。当【IN】输入端口的 TONIN1 接通电后，定时器 TON 延时 10s 后，QTon 输出为 1，TONIN1 输入断开，QTon 为 0。计时器的当前值 ETime 复位为 0。

（2）TOF 延时断开指令

当输入引脚【IN】接通时，TOF 定时器的输出【Q】立即为 1，TOF 在延时 10s 后，如果输入点 IN 断开，在 PT 设置的时间后【Q】输出变为 0。

如果输入引脚【IN】断开的时间没有超过在 PT 所设置的时间，则输出【Q】始终为 1，TOF 延时断开指令的时序图如图 4-116 所示。其三种编程语言的应用见表 4-67。并且在第二次接通时定时器 TOF 的时间复位为 0。

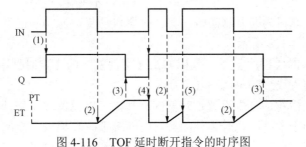

图 4-116　TOF 延时断开指令的时序图

表 4-67   TOF 延时断开指令的三种编程语言的应用

LD 编程语言	FBI_15 TOF EN ENO TOFIN1—IN Q—QTof T#10S—PT ET—ETof

ST 编程语言	FBI_15 (IN： = TOFIN1(*BOOL*),
	           PT：= T#10S(*TIME*),
	           Q => QTof(*BOOL*),
	           ET => ETof(*TIME*));

FBD 编程语言	FBI_15 TOF 16 TOFIN1—IN Q—QTof T#10S—PT ET—ETof

【例 4-21】 当 TOFIN1 接通电后，QTof 输出为 1，当 TOFIN1 输入断开后 10s 后，QTof 输出为 0。QTof 计时器的当前值 ETime 复位为 0。

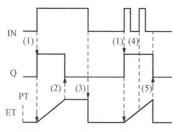

图 4-117　TP 脉冲指令时序

（3）TP 脉冲指令

当输入引脚 IN 接通时，定时器 TP 的输出 Q 为 1，且内部时间（ET）启动。

如果 ET 内部时间达到 PT 的值，则 Q 变为 0。在定时器内部时间达到定时器时间后，如果 IN 变为"0"，则定时器 TP 时间复位为 0。

TP 脉冲指令时序如图 4-117 所示。在图 4-117 中的 4 点如果内部时间尚未达到 PT 的值，则内部时间不受 IN 处通断的影响。如果内部时间已经达到 PT 的值且 IN 为"0"，则定时器 TP 时间复位为 0，且 Q 变为"0"。

（4）定时器事件

TIMER 定时器事件处理使用 ITCNTRL 功能来触发的一个事件处理过程。当【ENABLE】端口为接通状态时，在定时器事件设置的时间（【预设值】乘以【时基】，这两个参数见定时器属性页的设置）到达后，执行一次定时器事件，如果此时【ENABLE】端口仍为接通状态，计时器自动复位为 0，开始下一次计时，进入下一个时间周期。

如果【RESET】端口上升沿到来，计时器的值清零。

如果【HOLD】端口为 1，则当前计时值被冻结，不变化。

当【ENABLE】端口为断开状态时，将计时器自动复位为 0，也不再触发计时器事件。定时器事件时序如图 4-118 所示。

在项目浏览器中的【程序】下，鼠标右击【事件】下的【定时器事件】，在弹出的快捷菜单中选择【新建事件段...】，如图 4-119 所示。

在随后弹出的属性对话框中设置定时器的时基，可以设置成 1 毫秒、10 毫秒、100 毫秒或 1 秒四种时基。由于最终的定时事件的触发时间等于时基乘以预设值，所以，如非必要，尽量使用较大的时基，尤其是使用 1 毫秒时基时要慎重，因为过短的时基会加大 CPU 的工作负荷，如图 4-120 所示。

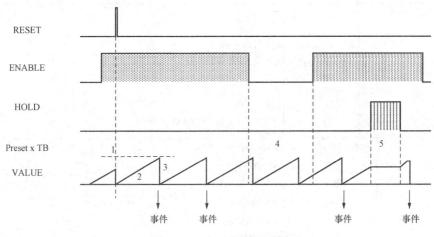

图 4-118　定时器事件时序

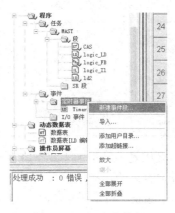

图 4-119　新建事件段

图 4-120　属性对话框

定时器事件触发后，需要做的事情是在定时器事件 0 中进行程序编写，也可以选择不同的编程语言；另外，还可设置事件的访问权限。ITCNTRL 指令的梯形图编程示例如图 4-121 所示。

11. 计数器指令

（1）CTUD 指令

CTUD 可以用于加计数和减计数。在【CU】

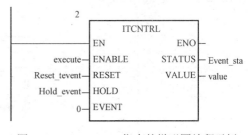

图 4-121　ITCNTRL 指令的梯形图编程示例

端口处布尔变量的每一个上升沿计数器的值加 1，【CD】端口处布尔变量的每一个下降沿计数器的值减 1，【LD】端口处为 1 时，将 PV 值装入计数器当前值。【R】输入为 1 时，将计数器的当前值清零。

若【R】和【LD】同时为 1，【R】端口的复位功能优先。

当 CV≥PV 时，【QU】输出端口变为"1"。当 CV≤0 时，【QD】输出端口将变为"1"。CTUD 加减计数器三种编程语言的应用见表 4-68。

表 4-68	CTUD 加减计数器三种编程语言的应用
LD 编程语言	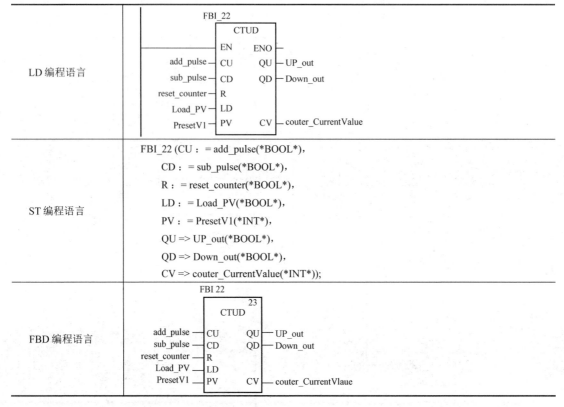
ST 编程语言	FBI_22 (CU： = add_pulse(*BOOL*), 　　　CD： = sub_pulse(*BOOL*), 　　　R： = reset_counter(*BOOL*), 　　　LD： = Load_PV(*BOOL*), 　　　PV： = PresetV1(*INT*), 　　　QU => UP_out(*BOOL*), 　　　QD => Down_out(*BOOL*), 　　　CV => couter_CurrentValue(*INT*));
FBD 编程语言	

【例 4-22】 由于累加器的【CU】、【CD】输入端口要求是上升沿加 1 或下降沿减 1，这样就可以结合 Quantum 的系统定时脉冲，用累加器实现定时器的功能。

如图 4-122 所示，这个功能块是一个 10s 的延时，当 enable 为 1 开始计时，为 0 停止计时。%S 5 是系统定义的 100ms 脉冲，counter_value 存储的是当前延时值。通过计 100ms 脉冲的个数来完成延时。

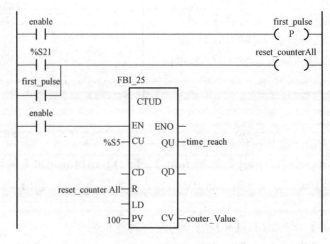

图 4-122　CTUD 用作计时器的梯形图示例

如表 4-69 中所示，QuantumPLC 内部的系统位%S 4～%S7，对应的时基从 10ms～1min。

表 4-69　　　　　　　　QuantumPLC 内部的系统位%S4～%S7 详述

系统位	时　基	描　　　　　　　述
%S4	10ms	此方波在 CPU 内部定时器，5ms 为 1，5ms 为 0，扫描周期对此时基的时间无影响
%S5	100ms	50ms 为 1，50ms 为 0
%S6	1 s	500ms 为 1，500ms 为 0
%S7	1 min	30s 为 1，30s 为 0

此程序段同时使用 CTUD 的【EN】端口上升沿以及 PLC 每次启动的第一个周期% S21 来复位计数器脉冲的值，这样可以保证功能块计时的准确性。如果在 10s 时间没有到达就断开 enable 变量，再次接通 enable 变量后，计数器将从上次停止的时间开始，而不是从 0 开始。

（2）CTU 指令

CTU 可以用于加计数。在【CU】端口处布尔变量的每一个上升沿计数器的值加 1。【R】输入为 1 时，将计数器的当前值清零。如果计数器增加至所用数据类型的最大值时，就不会再增加了，所以不会发生溢出。

当 CV≥PV 时，【QU】输出端口变为"1"。

（3）CTD 指令

CTD 用于减计数。【CD】端口处布尔变量的每一个下降沿计数器的值减 1，当【R】输入为 1 时，将计数器的当前值清零。

当 CV≤0 时，【QD】输出端口将变为"1"。

12．IO 配置功能块指令及模拟量工程量转换功能块

编程时读者可以使用【IO 配置功能块指令】配置 Quantum 模块 ACI 030 00，即 ACI030。

这个功能块 ACI030 是用来配置 8 路模拟量模块 ACI 030 00 的，编程时应将这个功能块连接到 Quantum（如果模拟量模块安装在本地机架）或使用 DROP（如果模拟量模块安装在远程 IO、或分布 IO）功能块的相应 Slot 槽输出。自动将在 I/O 映射中指定的 %IW 地址从内部分配给单独的通道，可以使用 I_NORM（将模拟量转换为标准化的浮点数）、I_RAW（将模拟量输入值作为 WORD 数据类型提供读者用于进一步的数据处理）和 I_SCALE（最常用的模拟量处理功能块，把模拟量转换为设置范围内的浮点数）功能块，这些功能块进一步把模拟量值转为工程量，详见【例 4-23】的编程示例。

【例 4-23】 配置本地模块 3 槽的电流模拟量模块 ACI03000，并将第一路模拟输入 4～20mA 的信号转换为液位高度变量为 height，其中 4mA 模拟信号对应 0m，20mA 对应液位最高为 60m。

图 4-123 中所示的程序，首先调用 Quantum 配置功能块，然后调用 ACI030 模块，最后调用 I_SCALE 将模拟量转换为液位。

其余模拟量模块的配置功能块与此模块类似。

ACI040 用于配置 Quantum 模块 ACI04000；

ACO020 用于配置 Quantum 模块 ACO02000；

ACO130 用于配置 Quantum 模块 ACO13000；

AII330 用于配置 Quantum 模块 AII33000；

AII33010 用于配置 Quantum 模块 AII33010；

AIO330 用于配置 Quantum 模块 AIO33000；

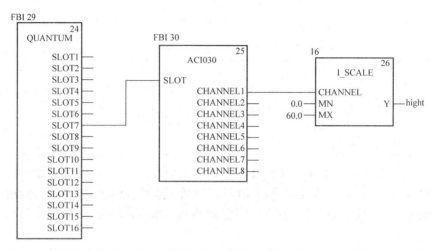

图 4-123　调用 ACI030 的程序应用

AMM090 用于配置 Quantum 模块 AMM09000；

ARI030 用于配置 Quantum 模块 ARI03010；

ATI030 用于配置 Quantum 模块 ATI03000；

AVI030 用于配置 Quantum 模块 AVI03000；

AVO020 用于配置 Quantum 模块 AVO02000。

另外，DROP 用于配置 I/O 工作站机架，该功能块用于编辑远程 IO 或分布式 IO 站的配置数据，然后再调用模块配置功能块，对模块的数据进行处理。

使用时要将功能块 DROP 连接到功能块 QUANTUM 的相应远程通讯模块或分布 IO 通讯模块的 SLOT 槽进行输出，并且远程 IO 或分布 IO 的站号也必须输入到 DROP 功能块的【NUMBER】端口中。

Quantum 配置主机架时，该功能块用于编辑 Quantum 主机架的配置数据，随后由比例调整 EFB 使用这些数据。配置 Quantum 主机架的操作是将 Quantum 功能块插入配置段，并且将模拟量模块配置的功能块或 I/O 站的 DROP 功能块连接在其 SLOT 的输出上。

XBE 是用于配置模块机架扩展的，读者调用此功能块能对 Quantum 模块的本地扩展机架进行配置。而 XDROP 是用于配置功能模块机架扩展的，它是用于通过模块 XBE 扩展的远程或分布式模块机架扩展进行配置的。

13．类型转换指令

Unity Pro 提供了非常丰富的类型转换指令，包括位、字节、字、双字之间的相互转换，包括 DATE 变量与整数数组的相互转换，还包括 BCD 转为二进制，DT 变量转换为整数数组、字符串，整数和实数的相互转换，角度弧度的互相转换等。

部分类型转换指令如下。

BCD_TO_INT 指令：将 BCD 整数转换为纯二进制；

BIT_TO_BYTE 指令：类型转换；

BIT_TO_WORD 指令：类型转换；

BOOL_TO_***指令：布尔类型转换；

BYTE_AS_WORD 指令：类型转换；

BYTE_TO_BIT 指令：类型转换；

BYTE_TO_***指令：类型转换；

DATE_TO_ARINT 指令：将 DATE 变量转换为整数数组；

DATE_TO_STRING 指令：将 DATE 格式的变量转换为字符串；

DBCD_TO_***指令：将双 BCD 整数转换为二进制；

DEG_TO_RAD 指令：由度转换为弧度；

DINT_AS_WORD 指令：类型转换；

DINT_TO_***指令：双整数类型转换；

DINT_TO_DBCD 指令：将双精度二进制编码的整数转换为双精度二进制编码的十进制整数；

DT_TO_ARINT：将 DT 变量转换为整数数组；

DT_TO_STRING：将 DT 格式的变量转换为字符串；

DWORD_TO_***：双字类型转换；

GRAY_TO_INT：将格雷码整数转换为二进制编码的整数；

INT_AS_DINT 指令：连接两个整数以构成双精度整数；

INT_TO_***指令：INT 类型转换成其他类型；

INT_TO_BCD 指令：将二进制编码的整数转换为二进制编码的十进制整数；

INT_TO_DBCD 指令：将二进制编码的整数转换为双二进制编码的十进制整数；

RAD_TO_DEG 指令：由弧度转换为度；

REAL_TO_***指令：实数类型转换；

REAL_TRUNC_***指令：实数类型转换；

STRING_TO_ASCII 指令：字符串转 ASCII 码；

STRING_TO_***指令：将字符串转换为 INT、DINT 或 REAL 类型的数；

TIME_AS_WORD 指令：时间变量类型转换为 WORD；

TIME_TO_***指令：类型转换；

TIME_TO_STRING 指令：将 TIME 格式的变量转换为字符串；

TOD_TO_ARINT 指令：将 TOD 变量转换为整数数组；

TOD_TO_STRING 指令：将 TOD 格式的变量转换为字符串。

【例 4-24】 从类库中调用 WORD_AS_BYTE，将 16 位的字转换为低字节和高字节。如图 4-124 所示。

14．数学运算指令

Unity Pro 软件的数学运算指令包括加运算 ADD、减运算 SUB、乘运算 MUL、除运算 DIV、赋值指令 MOVE 等。

（1）加运算 ADD

加运算 ADD 的功能在程序中是用于实现同类型的最多 32 个输入值的相加，并将结果分配给输出【OUT】。加运算 ADD 的程序如图 4-125 所示，使能端【EN】使能后，端子【IN1】和【IN2】

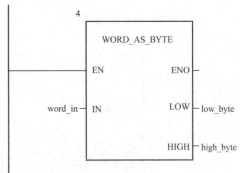

图 4-124 字转化为字节

连接的值相加，输出到【OUT】的变量中。特别要求的是，【IN1】与【IN2】和【OUT】三个变量的变量类型要一致。

按照图 4-125 中下方黑点，向下拖动，然后就会出现 IN3、IN4，这样就实现了 4 个变量的加法，更多变量加法也可采用这种方法实现。完成的程序如图 4-126 所示。

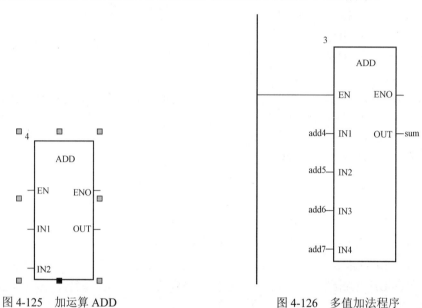

图 4-125　加运算 ADD　　　　　　　　　　　　图 4-126　多值加法程序

（2）减运算 SUB

减运算 SUB 在程序中用于实现同类型的最多 32 个输入值相减的功能，并将结果分配给输出【OUT】。减运算 SUB 的程序如图 4-127 所示，使能端【EN】使能后，端子【IN1】和【IN2】连接的值相减，输出到【OUT】的变量中。特别要求的是，【IN1】与【IN2】和【OUT】三个变量的变量类型要一致。

（3）乘运算 MUL

乘运算 MUL 在程序中用于实现同类型的最多 32 个输入值相乘的功能，并将结果分配给输出【OUT】。乘运算 MUL 的程序如图 4-128 所示，使能端【EN】使能后，端子【IN1】和【IN2】连接的值相乘，输出到【OUT】的变量中。特别要求的是，【IN1】与【IN2】和【OUT】三个变量的变量类型要一致。

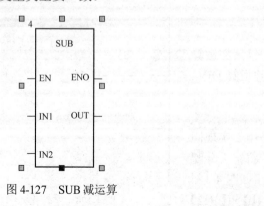

图 4-127　SUB 减运算

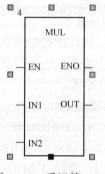

图 4-128　乘运算 MUL

（4）除运算 DIV

除运算 DIV 在程序中用于实现同类型的最多 32 个输入值相除的功能，并将结果分配给输出【OUT】，值得注意的是除数不能为 0。除运算 DIV 的程序如图 4-129 所示，使能端【EN】使能后，端子【IN1】和【IN2】连接的值相除，输出到【OUT】的变量中。特别要求的是，【IN1】与【IN2】和【OUT】三个变量的变量类型要一致。

【例 4-25】 使用程序实现 x=(a+b+c-d)·e·d/f 公式的计算。加减乘除混合运算的程序实现如图 4-130 所示。

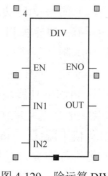

图 4-129　除运算 DIV

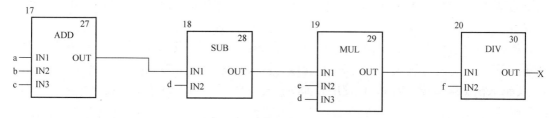

图 4-130　加减乘除混合运算的程序实现

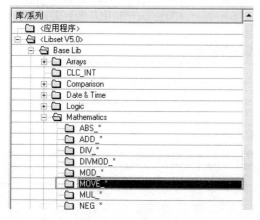

图 4-131　MOVE 指令

（5）赋值指令 MOVE

赋值指令 MOVE 在程序中执行的是将输入值分配给输出的功能，赋值指令的输入值和输出值的数据类型必须是相同的。

赋值指令 MOVE 在 Unity Pro 中的位置是 在 库 文 件 → Base Lib → Mathematics → MOVE，如图 4-131 中的框选所示。

15．PID 控制模块

施耐德 Quantum PLC 的 PID 功能模块位于 Libeset V5.0→CONT_CTL→Controller，如图 4-132 所示，有 PI_B 简易 PI 功能块和完整 PID 功能块 PIDFF。

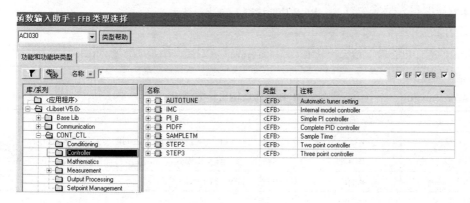

图 4-132　FFB 类型选择

（1）简易 PID 功能块 PI_B 是完整 PID 功能块 PIDFF 的简化版，不包括微分环节和 FF 前馈环节；功能块 PI_B 具有混合结构（串行/并行）的 PI 算法。这个功能块简化了输入管脚，使程序编制变得简单方便了。

功能块 PI_B 应用于最典型的工业控制，能实现大多数的工业控制任务，占用的系统资源相比 PIDFF 功能块来说要小一些，但 PI_B 不适用于特别复杂和特殊的控制任务。

在 PI_B 的功能中，【PV】是现场传感器的实际工程量（浮点数）经过程值上限【pv_sup】和过程值下限【pv_inf】限幅后与设置值【SP】相减，在经过功能块内部的死区然后经过 PI 控制器进行运算，运算结果根据【rev_dir】的设置（乘或不乘-1）来决定是否改变 PI 控制器的控制方向，即是正反馈还是负反馈，此处的值即成为自动 AUTO 的控制量。

如果是自动切换，【MAN_AUTO】端口设置为 1，则使用 AUTO 控制量，否则使用手动设置值。

如果【TR_S】=1，PI_B 功能块处于所谓的跟踪模式，在【TR_I】端口处的输入直接给到输出限幅。三种模式都要经过上限【out_sup】和下限【out_inf】限幅后给到输出。

【en_rcpy】端口设置为 1，可使用外部的积分组件，在【RCPY】输入且此时对输出 OUT 没有限制。

表 4-70 描述了 PI_B 功能块的输入管脚的定义，表 4-71 定义了 PI_B 功能块输入/输出参数，表 4-72 描述了 PI_B 功能块的输出参数，表 4-73 描述了 Para_PI_B 参数的数据类型和定义。

表 4-70   **PI_B 功能块输入管脚的定义**

参　　数	数据类型	定　　　　义
PV	REAL	过程值
SP	REAL	设定点
RCPY	REAL	有效执行器位置的副本
MAN_AUTO	BOOL	控制器操作模式："1"表示自动模式；"0"表示手动模式
PARA	Para_PI_B	参数
TR_I	REAL	初始化输入
TR_S	BOOL	初始化命令

表 4-71   **PI_B 功能块输入/输出参数定义**

参　　数	数据类型	定　　　　义
OUT	REAL	执行器输出

表 4-72   **PI_B 功能块输出参数描述**

参　　数	数据类型	定　　　　义
OUTD	REAL	当前执行和上一次执行的输出之间的差分输出差别
MA_O	BOOL	功能块的当前操作模式："1"表示自动操作模式；"0"其他操作模式
DEV	REAL	偏差值 (PV - SP)
STATUS	WORD	状态字

表 4-73   Para_PI_B 数据结构和定义

元　　素	数据类型	定　　义
id	UINT	为自调节保留
pv_inf	REAL	过程值范围的下限
pv_sup	REAL	过程值范围的上限
out_inf	REAL	输出值范围的下限
out_sup	REAL	输出值范围的上限
rev_dir	BOOL	"0"：PID 控制器的直接动作 "1"：PID 控制器的相反动作
en_rcpy	BOOL	"1"：使用 RCPY 输入
kp	REAL	比例构成（增益）
ti	TIME	积分时间
dband	REAL	

【例 4-26】 将现场压力仪表反馈的压力信号 4～20mA 连接到 7 号槽位的模拟输入 1 通道，20mA 对应 6MPa，本例使用 PI_B 功能块控制，将 PI 控制输出转换为 8 号槽位模拟量 0～10V 输出，从而控制水池的流量阀的开度大小。

程序实现如图 4-133 所示，首先使用 Quantum 模块配置本地机架，在使用 ACIO30 配置模拟量输入模块，然后使用【I_SCALE】将 1 通道的模拟量转为实际工程量，即压力、单位为浮点数，后续使用 PI 功能块实现控制，然后将控制器输出，再使用 O_SCALE 转换为模拟量输出。

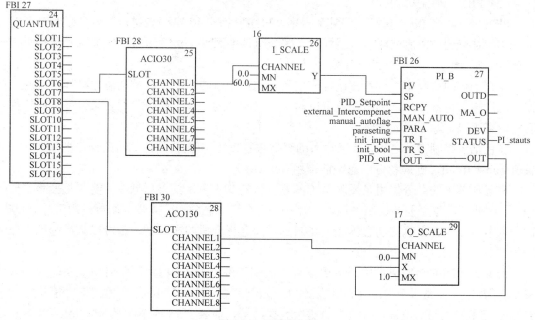

图 4-133　程序实现

在项目浏览器中单击导出的变量，在屏幕的右侧手动设置 PARA 数据结构中各变量的初始值，如图 4-134 所示。

在图 4-135 中编制的程序说明了如何使用变量对结构变量 paraseting 中的变量进行赋值。前一个 Move 语句写入比例系数，后一个语句写入积分时间。

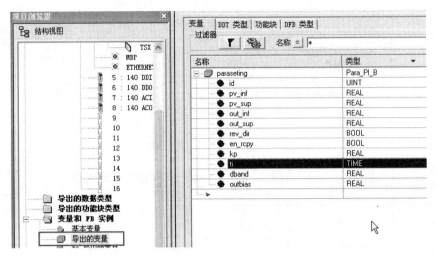

图 4-134 项目浏览器

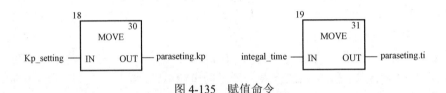

图 4-135 赋值命令

（2）PIDFF 功能块

PIDFF 功能比 PI_B 功能块要复杂很多。PIDFF 相比 PI 模块来说，首先多了微分环节和用于扰动补偿的 FF 前馈环节。另外，在差分组件中添加了传输增益的参数设置和输出信号的梯度限制。

在有干扰的情况下，只有在过程值偏离设定点的值的情况下，控制器才会作出反应。前馈功能意味着可测量干扰一出现就可以对它作出补偿的功能。这个功能被认为是开放的伺服回路，它可以消除干扰的影响。

在包括了控制方向之后，前馈输入的组件被直接/反向更新到控制器的操作变量当中。如果 ff_sup = ff_inf，则读者可以忽略前馈组件的计算。

微分环节中的微分作用是反映系统偏差信号的变化率，具有预见性，能预见偏差变化的趋势，因此能产生超前的控制作用，在偏差还没有形成之前，已被微分调节作用消除。因此，微分环节可以改善系统的动态性能。在微分时间选择合适的情况下，是可以减少超调现象并减少调节时间的。

因此，PIDFF 功能块可以适应更复杂的控制任务。表 4-74 描述了 PIDFF 功能块的输入参数、表 4-75 描述了 PIDFF 功能块的输入/输出参数、表 4-76 描述了 PIDFF 功能块的输出参数、表 4-77 描述了 Para_PIDFF 功能块数据结构，而表 4-78 描述的是 nfo_Info_PIDFF 数据结构。

表 4-74 　　　　　　　　　　　　　　PIDFF 功能块输入参数描述

参　　数	数据类型	描　　述
PV	REAL	过程值

续表

参　　　数	数据类型	描　　　述
SP	REAL	设定点
FF	REAL	干扰输入
RCPY	REAL	当前操作变量的副本
MAN_AUTO	BOOL	控制器操作模式："1"表示自动模式；"0"表示手动模式
PARA	Para_PIDFF	参数
TR_I	REAL	初始化输入
TR_S	BOOL	初始化命令

表 4-75　　　　　　　　　　PIDFF 功能块输入/输出参数描述

参　　　数	数据类型	描　　　述
OUT	REAL	绝对值

表 4-76　　　　　　　　　　PIDFF 功能块输出参数描述

参　　　数	数据类型	描　　　述
OUTD	REAL	增量值输出：当前循环的输出与上一个循环的输出之间的差值
MA_O	BOOL	功能块的当前操作模式："1"表示自动操作模式；"0"表示其他操作模式
INFO	Info_PIDFF	信息
STATUS	WORD	状态字

表 4-77　　　　　　　　　　Para_ PIDFF 功能块数据结构描述

元　　　素	数据类型	描　　　述
id	UINT	为自调节保留
pv_inf	REAL	过程值范围的下限
pv_sup	REAL	过程值范围的上限
out_inf	REAL	输出值范围的下限
out_sup	REAL	输出值范围的上限
rev_dir	BOOL	"0"表示 PID 控制器的直接动作；"1"表示 PID 控制器的相反动作
mix_par	BOOL	"1"表示具有并行结构的 PID 控制器；"0"表示具有混合结构的 PID 控制器
aw_type	BOOL	"1"表示过滤 Anti-windup 暂停
en_rcpy	BOOL	"1"表示使用 RCPY 输入
kp	REAL	比例作用系数（增益）
ti	TIME	积分时间
td	TIME	微分时间
kd	REAL	差分增益
pv_dev	BOOL	差分构成的类型："1"表示相对于系统偏差的差分构成；"0"表示相对于调整变量（过程值）的差分构成
bump	BOOL	"1"表示转换到具有冲击的自动模式；"0"表示无冲击转换到自动模式
dband	REAL	偏差死区
gain_kp	REAL	减少死区 dband 内的比例构成
ovs_att	REAL	减少溢出
outbias	REAL	静态偏差的手动补偿

续表

元　　素	数据类型	描　　　　　述
out_min	REAL	输出的下限
out_max	REAL	输出的上限
outrate	REAL	单元每秒 (≥0) 内输出修改的限制
ff_inf	REAL	FF 范围的下限
ff_sup	REAL	FF 范围的上限
otff_inf	REAL	out_ff 范围的下限
otff_sup	REAL	out_ff 范围的上限

表 4-78　　　　　　　　　　nfo_Info_PIDFF 数据结构描述

元　　素	数据类型	描　　　　　述
dev	REAL	偏差值（过程值减给定值）
out_ff	REAL	前馈组件的输出值

同样，根据 aw_type 元素，等式被分为表 4-79 中划分的类别，表 4-80 中是通过 mix_par 参数进行结构选择的描述。

表 4-79　　　　　　　　　　类 别 及 定 义

元　　素	定　　　　　义
aw_type = 0	正常增量算法
aw_type = 1	具有无冲击 anti-windup 算法

表 4-80　　　　　　　　　　通过 mix_par 参数进行结构选择

如果…	则…
mix_par = 0	存在混合结构，也就是说，在与积分和差分组件连接时设置比例组件。为组件设置的增益 K 对应于 kp
mix_par = 1	结构是并行的，也就是说，比例系数被设置为与积分和差分系数并行。在这种情况下，增益 kp 与积分和差分组件不相关。在此情况下，增益 K 对应于输出区域和范围之间的关系

四、Unity Pro 编程软件的类型库管理器

Unity Pro 软件的类型库管理器能够对【库】中的对象进行编辑，还能对库执行所有的管理功能，即：将对象从【库】里加载到项目中，也可以将项目的对象传输到【库】中，还可以删除【库】对象，更新和管理库版本。

1. 调用类型库管理器

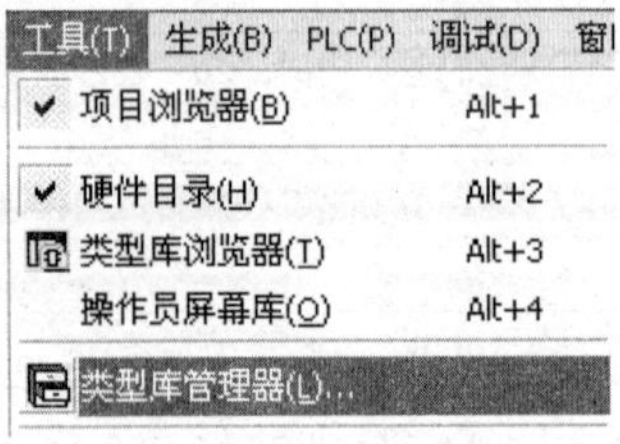

图 4-136　类型库管理器

在主菜单的【工具】下单击类型库管理器即可，如图 4-136 所示。

2. 类型管理库界面介绍

类型管理库界面选项卡可以选择【所有类型】、【变量类型】和【FFB 类型】（功能）几个选项，如图 4-137 所示。左侧子窗口显示项目对象、功能库（按系列划分功能）和 IODDT 的树形结构。右侧子窗口显示在左侧子窗口中选择的内容所

包括的对象的列表。

图 4-137　类型库界面

其中：

【Base Lib】是 Unity Pro 里使用最频繁的库，分为 Arrays 数组、Comparison 比较、Logic 基本的逻辑、Mathematics 数学运算、Date&Time 定时器和计数器、Strings 字符串、Type toType 数据类型转换和 Statistical 数据统计以及 CLC_INT；

【Communication】通信库包含 Modbus、Modbus Plus 和以太网通信的功能块；

【CONT_CTL】工艺控制库包含 PID 控制器、测量和用于工艺控制的复杂的数学运算等；

【I/O Management】可以进行模拟量模块等 I/O 配置、外部交换、立即输入输出、Interbus_S 和 Quantum I/O 配置组；

【Motion】轴控、电子凸轮 CAM 控制和 Modicon Motion Framwork(MMF) 启动组控制；

【Obsolete Lib】Quantum 老的库文件，CLC、CLC_PRO 和扩展/兼容组；

【System】事件、SFCManage、ment 和 SysClock 组。

单击【类型库管理器】的【信息】按钮，可以打开【库信息】窗口对库的信息进行浏览，如图 4-138 所示。

3．将【库】中的功能块等对象加载到项目中的方法

编程时将对象从【库】里加载到项目中，便可以在项目中更快地使用对象，而无须运行库中所有其他对象的列表。另外，读者在首次使用逻辑段时，会自动执行加载。

读者双击打开一个段，如图 4-139 中框选所示。

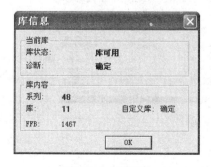

图 4-138　库信息

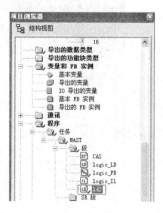

图 4-139　项目浏览器

在弹出的页面中，首先用鼠标单击空白处，然后单击工具栏上的 FFB，具体操作如图 4-140 所示。

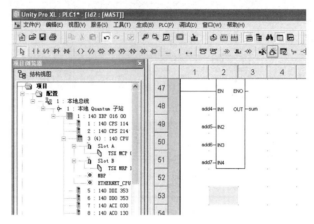

图 4-140　加载功能块

在随后弹出的【函数输入助手】的菜单中读者可以直接输入功能块的名称，也可以通过单击按钮进入类库寻找编程所需要的功能块，函数输入助手中的操作如图 4-141 所示。

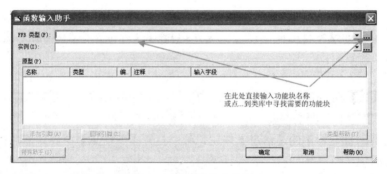

图 4-141　函数输入助手

当单击按钮进入类库后，依次点开【Libset V5.0】→【Base Lib】→【Type to type】→【BOOL_TO_*】，找到 BOOL_TO_WORD 后双击添加，如图 4-142 所示。

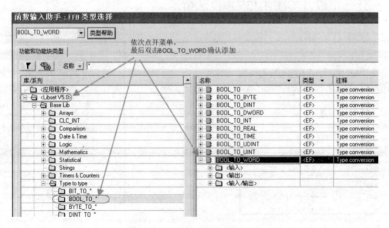

图 4-142　FFB 类型选择

选择完成后的函数输入助手页面如图 4-143 所示。

单击【确定】按钮后，在编程软件中放置这个功能块，操作如图 4-144 中框选的部分所示。

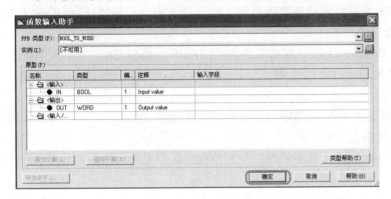

图 4-143　完成图

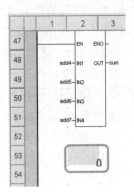

图 4-144　程序一

随后单击鼠标，完成功能块的调用，调用完成后就可以对输入输出管脚【IN】、【OUT】、【EN】、【ENO】进行编程了，如图 4-145 所示。

读者可以用上述的方法加载需要的库中的任何功能块，方便编程。

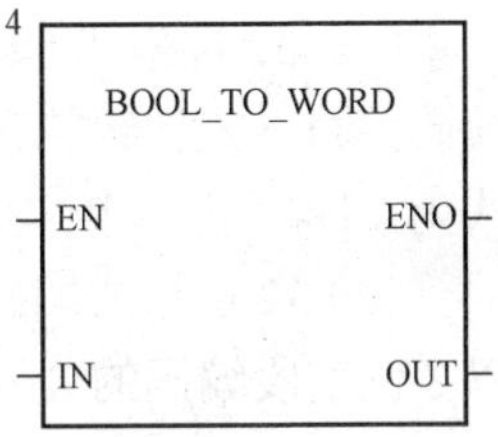

五、Unity Pro 编程软件的数据类型

图 4-145　程序二

Unity Pro 编程软件中的数据类型有二进制格式的基本数据类型（EDT）、BCD 格式的基本数据类型（EDT）、Real 格式的基本数据类型（EDT）、字符串格式的基本数据类型（EDT）、位字符串格式的基本数据类型（EDT）、导出的数据类型（DDT/IODDT）、功能块数据类型（DFB\EFB）、一般数据类型（GDT）和顺序功能图（SFC）数据类型。

1．二进制格式的基本数据类型（EDT）

二进制格式的数据项由一个或多个位组成，每个位都由 2 个基本数字（0 或 1）中的一个表示，其中，数据项的范围取决于所包含的位数。数据项可以是有符号数或无符号数，有符号数的最高序号位是符号位，即 0 代表正值，1 代表负值，值的范围是 $[-2^{<Bits-1>}, 2^{<Bits-1>}-1]$。无符号数的所有位全部是值，值的范围是 $[0, 2^{Bits}-1]$。

二进制格式的数据类型包括布尔型、整数型和时间 Time 类型三种。

（1）布尔类型有两种，一种是 BOOL 类型，另一种是 EBOOL 类型。

BOOL 类型，只包含值 FALSE (=0) 或 TRUE (=1)。

EBOOL 类型，除了包含值 FALSE (=0) 或 TRUE (=1) 之外，还包含与管理下降沿或上升沿和强制有关的信息。

（2）整数类型用于表示使用不同基数的值，有十进制、二进制、八进制和十六进制四种基数类型。

十进制是以 10 为基数的值，缺省值，该值是有符号还是没有符号取决于其整数类型。

二进制以 2 为基数的值，该值没有符号，前缀是 2#。

八进制以 8 为基数的值，该值没有符号，前缀是 8#。

十六进制以16为基数的值，该值没有符号，前缀是16#。

整数类型有四种，分别是INT整数（16位格式有符号类型）、DINT双精度整数类型（32位格式有符号类型）、UDINT无符号双精度整数类型（32位格式无符号类型）和UINT无符号整数类型（16位格式无符号类型）。

（3）Time类型T#或TIME#由无符号双精度整数（UDINT）类型表示，它以毫秒形式表示持续时间，所表示的最大持续时间约为49天。时间单位有天（D）、时（H）、分（M）、秒（S）和毫秒（MS）。

【例4-27】 T#49D_12H_8M_45S_259MS表示天/时/分/秒/毫秒的值。

2．BCD格式的基本数据类型（EDT）

BCD格式的数据类型属于EDT（基本数据类型）系列，这个系列包括单个数据类型，而不是导出的数据类型（表、结构、功能块）。

BCD格式（二进制编码的十进制数）的数据类型有三种，即日期类型（date类型）、时间类型（TOD）和日期和时间（DT）类型。

（1）32位格式Date类型包括以16位字段编码的年（4个最高有效半字节）、以8位字段编码的月（2个半字节）和以8位字段编码的日（2个最低有效半字节）。Date类型的输入格式为：D#<年>-<月>-<日>。

（2）32位格式编码的时间（TOD）类型包括以8位字段编码的时（2个最高有效半字节）、以8位字段编码的分（2个半字节）和以8位字段编码的秒（2个半字节）。TOD类型的输入格式：TOD#<时>：<分>：<秒>。

（3）64位格式编码的DT类型包括以16位字段编码的年（4个最高有效半字节）、以8位字段编码的月（2个半字节）、以8位字段编码的日（2个半字节）、以8位字段编码的时（2个半字节）、以8位字段编码的分（2个半字节）和以8位字段编码的秒（2个半字节）；DT类型的输入格式：DT#<年>-<月>-<日>-<时>：<分>：<秒>。

3．Real格式的基本数据类型（EDT）

二进制格式的数据类型属于EDT（基本数据类型）系列，这个系列包括单个数据类型而不是导出的数据类型（表、结构和功能块）。

Real格式（ANSI/IEEE 754标准浮点）使用32位格式编码，这个格式符合单小数点浮点数。

4．字符串格式的基本数据类型（EDT）

字符串格式的数据类型属于EDT（基本数据类型）系列，这个系列包含单个数据类型，而不是导出的数据类型（表、结构、功能块）。字符串格式用于表示ASCII字符串，其中每个字符均以8位格式编码。缺省情况下，字符串包含16个字符（不算字符串结尾），并且字符串由介于16#20和16#FF（十六进制表示形式）之间的ASCII字符组成，在空字符串中，字符串字符结尾（ASCII代码"零"）是字符串的第一个字符，另外，字符串的最大为65535个字符。

5．位字符串格式的基本数据类型（EDT）

EDT字符串格式的数据类型有Byte类型、Word类型和Dword类型三种。

位字符串格式的数据类型属于EDT（基本数据类型）系列，该系列包含单个数据类型，而不是导出的数据类型（表、结构、功能块）。这个类型的数据用十六进制（16#）、八进制（8#）和二进制（2#）三种基数进行表示。

（1）Byte 类型以 8 位格式进行编码。

（2）Word 类型以 16 位格式进行编码。

（3）Dword 类型以 32 位格式进行编码。

6．导出的数据类型（DDT/IODDT）

导出的数据类型包括表（DDT）和结构，结构包括与输入/输出数据有关的结构（IODDT）和与其他数据有关的结构（DDT）。

7．功能块数据类型（DFB\EFB）

功能块数据类型（DFB\EFB）分用户功能块（DFB）和基本功能块（EFB）。

（1）用户功能块（DFB）

用户功能块类型（导出的功能块）是由用户使用一种或多种语言（根据段数）开发的。这些语言包括梯形图语言、结构化文本语言、指令列表语言和功能块语言 FBD。

DFB 类型可以有一个或多个实例，其中每个实例都按名称（符号）进行引用，并具有 DFB 的数据类型。

（2）基本功能块（EFB）

基本功能块（EFB）由 Unity PLC 的生产厂商提供，用 C 语言编程。同时，用户可以使用软件工具"SDKC"来创建自己的 EFB。

EFB 类型可以有一个或多个实例，其中每个实例都按名称（符号）引用，并具有 EFB 类型的数据。

8．一般数据类型（GDT）

一般数据类型是（EDT、DDT）常规组，是用于确定这些数据类型常规组之间的兼容性的，这些组由前缀"ANY_xxx"标识，但这些前缀是不能用于实例化数据的。

这些组的使用范围与功能块（EFB\DFB）和基本功能（EF）数据类型系列有关，以定义哪些数据类型与输入、输入/输出或输出类型的接口兼容。

Unity Pro 编程软件中可以使用的一般数据类型包括 ANY_ARRAY_WORD、ANY_ARRAY_UINT、ANY_ARRAY_UDINT、ANY_ARRAY_TOD、ANY_ARRAY_TIME、ANY_ARRAY_STRING、ANY_ARRAY_REAL、ANY_ARRAY_INT、ANY_ARRAY_EBOOL、ANY_ARRAY_DWORD、ANY_ARRAY_DT、ANY_ARRAY_DINT、ANY_ARRAY_DATE、ANY_ARRAY_BYTE 和 ANY_ARRAY_BOOL。

9．顺序功能图（SFC）数据类型

顺序功能图（SFC）数据类型系列包含导出的数据类型，如用于存储图形的属性和状态及其组件操作的结构。每步都由 SFCSTEP_STATE 和 SFCSTEP_TIMES 两个结构进行表示。顺序功能图（SFC）数据类型示意图如图 4-146 所示。

SFCSTEP_STATE 结构类型包括链接到步或宏步状态的所有数据类型。

SFCSTEP_TIMES 结构类型包括所有与步或宏步的运行时参数定义链接的数据类型。

六、调试

1．程序的动态显示

Unity Pro 的程序动态显示功能能够对所编辑的程序进行监控和修改，调试时使用【强制功能】能够在动态显示里逻辑地显现出来，使程序的调试和执行情况变得很直观。

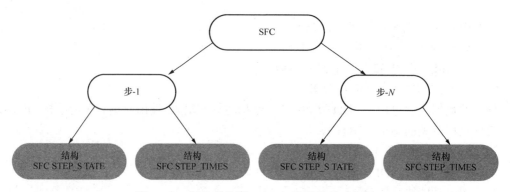

图 4-146　顺序功能图（SFC）数据类型示意图

　　Unity Pro 的程序动态显示有完整在线模式（项目相同）和降级在线模式（项目不同）两种连接模式。在完整在线模式下，只要读者配置的文件许可，并且在选择了编程模式选项后，就可以执行调试和修改程序的操作了。选中使用编程模式选项的方法是首先选择【工具】→【选项】菜单，再选择连接选项卡即可。

　　Unity Pro 有两种类型的动态显示，即标准动态显示和同步动态显示。

　　在标准动态显示中，会在完成主任务后刷新活动段的变量。而在同步动态显示中，活动段的变量与包含观察点的程序中的段的程序元素将同时被刷新，当其中一个变量在几个程序段中同时使用时，读者将会看到这个变量在特定位置的值。

　　缺省情况下，段是动态显示的。单击工具栏中的 按钮可以停止段的动态显示，如图 4-147 所示，要重新开始动态显示，需要再次单击这个 按钮。

图 4-147　工具栏按钮

　　2．强制变量的方法

　　在语言编辑器中强制变量时，首先打开段，在【编辑】→【全选】命令选择所有变量，或选择一个变量。选择【服务】→【初始化动态数据表】命令，动态数据表将会被打开，变量在段中处于选定状态，单击动态数据表中的【强制】，在动态数据表中选择要强制的变量，在动态数据表中，单击所需值旁边的 按钮，或者在上下文菜单中执行强制为 0 或强制为 1 命令即可，这样强制便完成了，如果强制的变量值为真（1），则带绿色的矩形边框，如果值为假（0），则带红色的矩形边框。如图 4-148 中框选所示。

　　（1）实现输入点的强制方法

　　在线连接 PLC 后，先单击【强制】，然后选择要强制的变量，使用上升红箭头强制为 1，下降绿箭头强制变量为 0，带叉图形为【取消强制】，如图 4-149 所示。

　　（2）查看 Unity Quantum 中被强制的点的方法

　　要实现查看 Unity Quantum 中被强制的点这个功能，必须先将 Unity Pro 在线连接 Unity Quantum。在线联机后，如图 4-150 所示，Unity Pro 右下角有一个红色的【F】图标，双击【F】图标，会自动弹出一个【Forced bits】的表格（见图 4-151），里面列出了所有被强制的点。如果需要解除强制点，需要逐个对变量进行解除操作。

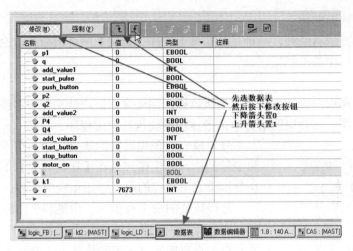

图 4-148　变量修改与强制 1

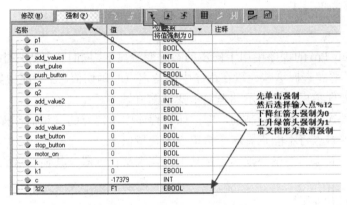

图 4-149　变量修改与强制 2

图 4-150　Unity Pro 软件的强制点的指示

图 4-151　强制点的表格

3．断点

在程序中设置断点的作用就是在调试时，程序运行到设置的断点处将会停止运行，另外一个作用就是能够检查代码的行为，并查看程序中变量的值。

在项目中的给定位置只能设置一个断点，设置的断点是不能进行保存的，也就是说在与PLC 断开连接时在程序中设置的断点将会丢失。

值得注意的是断点是在【在线模式】下实现的，而不管 PLC 是处于运行状态还是停止状态。从菜单中选择【调试】→【显示断点命令】可以定位断点的位置，Unity Pro 在插入新的断点时会自动清除旧的断点。

删除断点的方法有两种，一种是从菜单中选择【调试】→【清除断点命令】即可，另一种是在调试工具栏中单击⬛按钮。

4．分步模式

分步模式在梯形图语言中是指逐梯级执行应用程序，而在结构化文本或指令列表中是逐指令执行应用程序，功能块图语言中是指逐功能块执行应用程序。

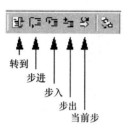

图 4-152 分步模式的工具栏

分步模式由预先设置的断点启动，用于检查代码的行为和变量的值。分步模式是在【在线模式】下实现的，另外，在分步模式下执行的段会停止相应的任务。

分步模式的命令有步入、步进和步出三个命令。

在分步模式下，读者如果要重新启动任务的执行以便返回到以前设置的断点，需要从菜单中选择【调试】→【开始】命令，或者单击工具栏中的【开始】即可。工具栏如图 4-152 所示。

5．程序中的观察点

观察点在 Unity Pro 的程序中用于同步动态的变量显示，同时执行程序中功能块的程序元素，使读者能够了解和掌握这些元素在程序中的特定点的确切值。在程序中如果没有观察点，程序将在主任务处理结束时去显示动态显示变量的值。

观察点操作模式是有一定限制的，即：如果程序中给定点的变量值在程序中的不同段中都被使用过，则观察点将不能查看这个给定点的变量值了。

观察点要同步显示的变量必须属于在其中设置观察点的段，其他变量的显示将与主任务的执行相同步。

（1）观察点的五种属性

观察点只能在在线模式下设置，如果连接断开，观察点也会失效；在给定时刻只能设置一个观察点，观察点与断点是互斥的；在执行设置了观察点的功能块之前，动态显示变量的显示是有效的；每次执行具有观察点的功能块时，计数器都会加 1，达到最大值 9999 后将复位为 0；如果设置了观察点，则不再允许修改段的操作了。

（2）查找现有观察点的方法

从菜单中选择【调试】→【显示观察点】命令，将显示出含有观察点的程序部分。另一种方法是在工具栏中单击按钮⬛即可显示出来。

（3）观察点与动态数据表同步的方法

如果让观察点与动态数据表同步，那么首先要选择动态数据表，方法是从菜单中选择【调试】→【同步动态数据表】，或在工具栏中单击按钮⬛也可。

（4）插入观察点的方法

在段中选择要添加观察点处的指令或功能块，然后从菜单中选择【调试】→【设置观察点】命令，或在工具栏中选择⬛按钮都可以在程序中插入观察点。

（5）删除观察点的方法

从菜单中选择【调试】→【清除观察点】，或在工具栏中选择⬛按钮都可以删除观察点。

值得注意的一点是，SFC 段不支持观察点，但却可以在包含步或转换的处理的段的元素上设置观察点。

6．跟踪任务执行

跟踪任务执行是指要知道在给定时间内（到达的断点，正在进行的分步模式）任务的执行路径。也就是说，已经调用了哪些子程序（SR）、用户功能块（DFB）以及正处于哪一嵌套级别。因此可以使用 Unity Pro 软件的 LIFO 堆栈（后进先出）工具，来监控程序中任务的执行情况。

7．调试期间的任务状态

在调试项目时，需要确定任务的当前状态。包括主任务（MAST）、快速任务（FAST）和辅助任务（AUX0、AUX1、AUX2、AUX3）的状态。

确定任务的当前状态的方法是从菜单中选择【调试】→【任务状态】命令即可。

【例 4-28】　使用梯形图语言进行调试。

梯形图语言中，段的动态显示为编辑器的背景色，即灰色。对于布尔型变量，如果变量为 TRUE（1），则为绿色；如果变量为 FALSE（0），则为红色，数值类型的变量为黄色，如图 4-153 所示。

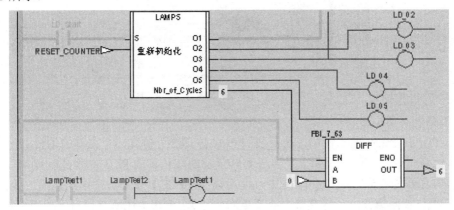

图 4-153　梯形图调试

在 LD 段中不会动态显示基本功能的未连接参数，但会动态显示功能块的未连接参数。

文本表达式的动态显示为布尔表达式，是以绿色和红色显示的，而数值表达式将显示实时的数值。

（1）动态显示梯形图语言中的段的操作方法

首先从菜单中选择【工具】→【项目设置...】命令，此时将会显示项目设置窗口。然后在代码生成区中选中生成并带有 LD 链接动态显示框，单击【确定】按钮将动态显示进行链接即可。有链路动态显示的 LD 程序如图 4-154 所示。

另外，如果在代码生成区中取消选中生成并带有 LD 链接动态显示框时，将禁用链接动态显示。无链路动态显示的 LD 程序如图 4-155 所示。

（2）在梯形图语言（LD）中插入断点

首先，在梯级中选择一个触点，然后从菜单中选择【调试】→【设置断点】命令，再从下拉菜单中选择【设置断点】命令即可。在梯形图语言的程序中插入断点的另外一个方法是单击调试工具栏中的按钮🖑进行断点插入。

在梯形图语言中插入观察点的图例，如图 4-156 所示。

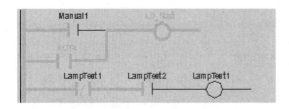 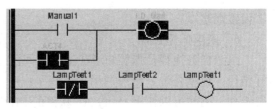

图 4-154　有链路动态显示的 LD 程序图　　　　　图 4-155　无链路动态显示的 LD 程序图

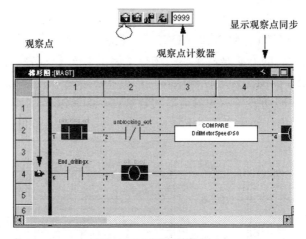

图 4-156　插入观察点

8．PLC 仿真器

Unity Pro 编程软件里随软件自动安装的 PLC 仿真器可仿真一个完整的项目，包括它的用户任务。仿真时读者可以使用断点、步进和转至功能在仿真的 PLC 中测试项目。

启动仿真器时，首先在 Unity Pro 中，使用菜单【PLC】→【仿真模式】或工具栏上的图标，启用仿真器模式。执行菜单命令【重新生成】，重新生成所有项目。使用菜单【PLC】→【连接】创建到仿真器的连接，工具栏上显示仿真器图标，然后执行菜单【PLC】→【将项目传输到 PLC】后，按下弹出的传输对话框中的【传输】按钮将项目加载到仿真器上，此时工具栏上的仿真器图标是，最后选择【PLC】→【启动】，使项目在仿真器上启动，工具栏上的仿真器图标为。

另外，PLC 仿真器只支持基于 TCP/IP 的通信，PLC 仿真器不支持 Modbus、Modbus Plus 或 Uni-TE，也不支持与其他远程或本地 PC 或 PLC 仿真器进行通信，同时 PLC 仿真器不存在通信超时，也不支持通信网络，例如 Uni-Telway、Ethway、Fipway、Modbus、Modbus Plus 等。

在文本语言中执行步骤信息或单步执行调试命令时，PLC 仿真器将会进入暂停状态。

9．Quantum 的冷启动和热启动

读者在进行了一个项目的完全下载后，进行的第一次启动就是 Quantum 的冷启动操作。其他方式的任何 Quantum 启动都是热启动操作，包括 Quantum PLC 的重新上电或 PLC 从 Stop 到 Run 的启动都是 Quantum 热起动。

10．打开关闭的输出窗口

通过单击主菜单【视图】→【输出窗口】即可打开关闭的输出窗口。快捷命令为 Alt+0 组合键，如图 4-157 所示。

七、安全管理

安全管理用于限制和监视软件功能的使用并能够对所有操作员输入的审核进行跟踪。安全管理出【安全性编辑器】工具给出，能够提供审核跟踪的日志文件。

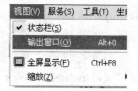

图 4-157 输出窗口

1．访问【安全性编辑器】安全管理工具的方法

可以通过激活【安全性编辑器】图标或 Program /Schneider Electric/SoCollaborfative 进行访问，即单击【SoCollaborfative】下的【Security Editor】，如图 4-158 所示。

在输入用户名和密码的对话框中，输入用户名和密码，有效的用户名将会显示在相应的 User Information 选项卡中，其中 Supervisor 可以访问所有选项卡。

在名称中输入 Supervisor，然后单击【确定】即可，如图 4-159 所示。

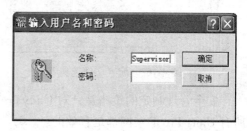

图 4-158 安全编辑器

图 4-159 输入名称完成图

2．用户信息选项卡，用于创建或修改密码

如果 Supervisor 密码丢失，必须重新安装一次【Security Editor】才能重置安全管理，如图 4-160 所示。

用户选项卡只能由超级用户 Supervisor 才能访问，可以预定义五个用户（user_xxx），在 Users 菜单下添加用户和删除用户（除了预定义用户和管理员），并导入/导出用户权限。如图 4-161 所示。

图 4-160 用户信息选型卡

图 4-161 用户选型卡

配置文件选项卡只能由超级用户 Supervisor 才能进行修改，可以设置 5 个预定义用户，

即 Adjust、Debug、Operate、Program 和 ReadOnly 文件。预定义的配置文件是不能修改的，配置文件选项卡如图 4-162 所示。

另外，政策选项卡是用来定义安全策略的，只能由超级用户 Supervisor 进行管理，如果在定义【avoidable login】时，读者首先要选择登录到 Unity Pro 软件的缺省的 Profile，然后可以设置允许、禁止审核和允许、禁止确认几种选项。如图 4-163 所示。

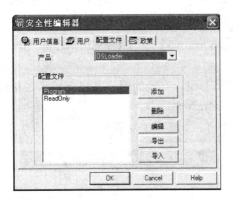
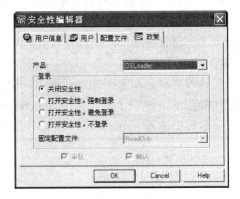

图 4-162　配置文件选型卡　　　　　　图 4-163　政策选型卡

安全管理制定的策略是针对 Unity Pro 编程终端的，而不是针对应用程序的，安全策略对所有 Unity Pro 的实例都是有效的。

八、通信

Unity Pro 编程软件的通信功能是：设备连接到同一总线或网络的不同设备之间，通过【通信】进行数据交换，通信可以应用在具有以太网、Modbus、内置 Fipio 或 CANopen 链路的处理器上，也可应用于安装在机架上的特定通信模块和处理器的终端口上，同时，也能应用于安装在机架上的处理器或模块的 PCMCIA 卡上。

1．通信类型

Unity Pro 编程软件的通信类型包括以下几种：

TCP/IP 或 Ethway 以太网网络；

Fipway 网络；

Modbus Plus 网络；

Fipio 总线（管理器和代理）；

Uni-Telway 总线；

Modbus/JBus 总线；

字符模式串行链路；

CANopen 现场总线；

Interbus 现场总线；

Profibus 现场总线；

USB 标准快速终端口。

2．Unity Pro 编程软件的通信编辑器

使用通信编辑器可以配置项目级别，并对不同的通信实体进行管理。方法是：先打开【项

目浏览器】，然后左击【通信】选项卡就可以访问这些通信实体了，如图 4-164 所示。

3．可用服务

（1）显式消息传递服务：Modbus 消息传递、UNI-TE 消息传递、电报；

（2）隐式数据库访问服务：全局数据、公共字、共享表；

（3）隐式输入/输出管理服务：I/O 扫描、Peer Cop。

其中：

全局数据服务应配置为确定每个通信模块的应用程序变量的位置和数量。在配置模块后，如果 PLC 处于运行模式，则属于同一个组的各通信模块之间的交换会自动执行。

图 4-164　项目浏览器下的通信

IO 扫描器在不需要任何特定编程的情况下，可以定期对以太网网络上的远程输入/输出进行读取或写入。

Peer Cop 服务是连接到同一个 Modbus Plus 段的各工作站之间的一种自动交换机制。

也就是说，消息传递服务可以通过通信功能执行 PLC 之间的数据交换。

4．Quantum PLC 的通信功能

Quantum PLC 具有读取和写入寄存器的通信功能，还可以定义 MSTR Modbus Plus、MSTR Symax、定义 MSTR TCP/IP 地址，处理 Modbus 主站消息和字符串等通信功能，Quantum PLC 的通信功能表如表 4-81 所示。

表 4-81　　　　　　　　　　　　　Quantum PLC 的通信功能表

功　能	用　途
CREAD_REG	读取连续寄存器
CWRITE_REG	写入连续寄存器
ModbusP_ADDR	定义 MSTR Modbus Plus 地址
READ_REG	从 Modbus 从站读取寄存器区域，或者通过 Modbus Plus、TCP/IP 以太网或 SY/MAX 以太网读取
WRITE_REG	将寄存器区域写入 Modbus 从站，或者通过 Modbus Plus、TCP/IP 以太网或 SY/MAX 以太网写入
SYMAX_IP_ADDR	定义 MSTR Symax 地址
TCP_IP_ADDR	定义 MSTR TCP/IP 地址
MBP_MSTR	在 Modbus Plus 上执行操作
XMIT	处理 Modbus 主站消息和字符串
XXMIT	处理 Modbus 主站消息和字符串
ICNT	连接到 IB-S 通信和从 IB-S 通信断开连接
ICOM	与 IB-S 从站传输数据

5．Unity Pro 的网络配置

在项目中所有的 PLC 与其他设备进行通信时，都要在通信前首先对所应用的网络进行配置。同样，Quantum PLC 使用 Unity Pro 软件设置通信前也要对应用的网络进行配置，具体操作是首先进行网络的安装，然后在 Unity Pro 软件的应用程序浏览器里创建逻辑网络和配置逻辑网络，并在硬件配置编辑器里声明模块，将卡或模块与逻辑网络相关联。

（1）创建逻辑网络的方法

➡ **第一步** 首先展开【项目浏览器】中的【通讯】目录，如图 4-165 所示。
右击【网络】，在出现的子目录中选择【新建网络】选项，如图 4-166 所示。

图 4-165 项目浏览器中的通信目录

图 4-166 新建网格

➡ **第二步** 读者从可用的网络列表中选择项目中要使用的网络，然后为添加的网络更改名称。以太网网络示例如图 4-167 所示。

单击按钮【OK】进行确定，新的逻辑网络创建完毕，此处已创建了显示在【项目浏览器】中的以太网网络，如图 4-168 所示。注意，此时的以太网网格前面有一个红色标记。

图 4-167 添加网格对话框

图 4-168 网络显示

这个红色的小图标指示逻辑网络还没有与任何 PLC 硬件相关联。而且，图中小的蓝色"v"记号表示项目需要重新生成才能在 PLC 中使用。

（2）配置逻辑网络的方法

首先，从 Unity Pro 软件的【项目浏览器】里对前面创建的网络进行访问，展开位于树形目录的【通讯】文件夹中的网络子文件夹下的目录树，以显示所有网络。再双击要配置的网络以打开【网络配置窗口】。【网络配置窗口】会随所选网络系列的不同而不同。但是，对于所有网络，都可以从此窗口中配置全局数据、IPO 扫描、Peer Cop 实用程序和公共字等属性。

注意 对于以太网网络，需要有中间步骤，用于选择将在硬件配置中使用的模块系列。

6. 实现模块与逻辑网络相关联

实现通信网络的最后一步是将逻辑网络与网络模块、Modbus Plus 卡或 Fipway 卡关联起来。虽然每种网络设备的屏幕不同，但是过程是相同的。

下面以 CPU65160 为例来说明这个关联的过程。

➡ **第一步** 双击前面选择好的以太网的【ethernet_factory】，如图 4-169 所示。

➡ **第二步** 在型号系列中选择扩展连接，对应于 CPU 本体的以太网口，必须设置成扩展连接才能与通信网络相关联，如图 4-170 所示。

➡ **第三步** 打开【硬件配置编辑器】，双击要与逻辑网络关联的设备（如以太网模块、Fipway PCMCIA 或 Modbus Plus PCMCIA 卡），如图 4-171 所示。

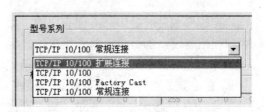

图 4-169　通信网络　　　　　　　　　　　图 4-170　扩展连接

在网络链接字段中，选择要与卡关联的网络实现网络链接，如图 4-172 所示。

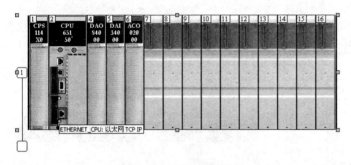

图 4-171　硬件配置图　　　　　　　　　　图 4-172　网络链接对话框

-╫- **第四步**　单击菜单上的按钮☑，如图 4-173 所示，确认所做的连接并关闭该窗口。

此时，逻辑网络已经与设备相关联了，并且与此逻辑网络关联的图标发生了改变，指出了已经存在与 PLC 的链接。此外，在逻辑网络配置屏幕中还更新了机架、模块和通道编号。红色小图标消失了，如图 4-174 所示。

图 4-173　菜单栏　　　　　　　　　　　　图 4-174　浏览器显示

在 Unity Pro 中，其他网络通信也可参照上面的以太网连接的方法进行设置，这里不再赘述。

九、实用的编程技巧

1．项目属性的设定

在【项目管理器】左上角右击 Station 文件夹可以对项目属性进行定义。

其中：

General 选项卡：用来定义项目名称（缺省为 Station 或 Functional Station）。

Protection 选项卡：可以激活程序段的保护，可以改变密码或清除密码，但如果没有设定保护密码，则保护无效。

Identification 选项卡：可以标识项目，应用程序的当前版本，自动增加版本号，创建和生成日期。

Comment 选项卡：项目附带的注释。

2．窗口移动

Unity Pro 编程软件中的仿真表和数据编辑器窗口都是可以定位或移动的，窗口移动的这个功能在程序编制时是十分方便有用的。如将它们固定在应用窗口外的特定位置上，或将移动窗口在所有窗口的最前面显示出来。

另外，所有的编辑器都可以从正常模式转换到全屏模式，这样可以放大编辑空间。

3．在【数据编辑器】中创建超链接的方法

在项目中若需要为一个变量（如"液位低"的变量）链接一个文本或为这个变量链接到因特网地址时，首先打开【数据编辑器】，在已创建好的变量 level_Low 选项卡的注释列中，选择要为其创建超链接的注释。然后右击所选的注释会出现一个下拉菜单，如图 4-175 所示，选择【超链接】。

在弹出的编辑超链接对话框里，输入"液位低"，单击浏览【Browse】按钮选择目标文档，或输入因特网地址即可，如图 4-176 所示。

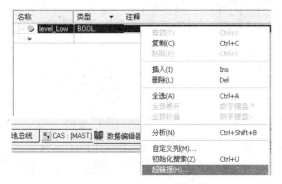

图 4-175　创建超链接

图 4-176　编辑窗口

那么所选注释将会出现在要显示的文本字段，如图 4-177 所示。

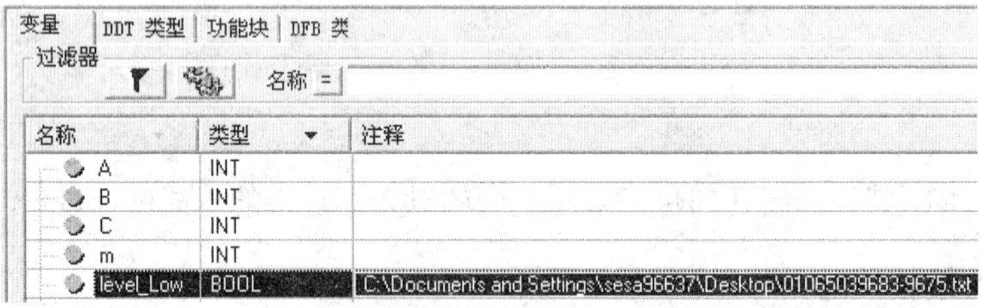

图 4-177　完成图

4．项目设置

读者可以通过【工具】→【项目设置】选择【变量】就可以进行访问了，如图 4-178 所示。

（1）读者在图 4-179 所示的【项目设置】对话框中如果选择了【允许前导数字】，那么在名称（例如段名称、变量名称、步名称等）中就可以使用前导数字，此外，名称中除了前导数字之外至少还必须包含一个字母。

（2）读者在【项目设置】窗口可以选择【直接以数组变量表示】，选中此复选框则可以通过索引地址进行声明参考。

例如，"%MW1[3]"等效为%MW4.%MW4[VAR+2]，当 Var 变量等于 4 时，%MW4[VAR+2] 等效为%MW10，利用此特性可实现指针的效果。

图 4-178 工具菜单

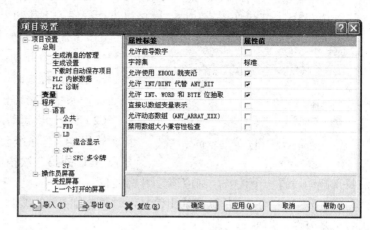

图 4-179 项目设置对话框

例如，"%MW1：16"定义了一个从%MW1到%MW16的一个表，是作为表来引用位和字（数组）的。

（3）读者在【项目设置】窗口如果激活了【允许动态数组】，就可以使用动态数组了，例如使用表类型变量。

ANY_ARRAY_xxx 标识，但这些前缀决不能用于实例化数据。

这些数组的使用范围与 EFB\DFB 功能块和 EF 基本功能的数据类型系列有关。

Unity Pro 中可用的动态数组类型如下：

ANY_ARRAY_WORD、ANY_ARRAY_UINT、ANY_ARRAY_UDINT、ANY_ARRAY_TOD、ANY_ARRAY_TIME、ANY_ARRAY_STRING、ANY_ARRAY_REAL、ANY_ARRAY_INT、ANY_ARRAY_EBOOL、ANY_ARRAY_DWORD、ANY_ARRAY_DT、ANY_ARRAY_DINT、ANY_ARRAY_DATE、ANY_ARRAY_BYTE、ANY_ARRAY_BOOL。

（4）读者在【项目设置】窗口如果选择了【禁用数组大小兼容性检查】，当将某个一维数组分配给其他数组时，是不会对数组执行兼容性检查的。

5．使用 USB 下载线下载程序

第一步 首先在【PLC】下或快捷菜单处选择【标准模式】，如图 4-180 所示。

第二步 在弹出的【设置地址】对话框中的【PLC】地址栏里选择连接设置，然后按图 4-181 所示进行地址和介质的设置。

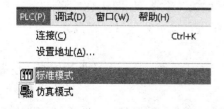

图 4-180 标准模式

图 4-181 地址设置对话框

第三步 连接好外部接线后单击按钮【测试连接】进行连接测试，连接测试没有问题后，单击【确定】按钮进行连接确定。

第四步 选择【PLC】→【连接】，如图4-182所示。

使用USB下载线连接成功后，就可以进行程序的下载和上传并进行监控等操作了。

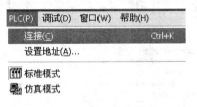

图4-182 PLC连接菜单

6. 在程序中常使用的系统位

（1）%S0冷起动：当PLC在运行或停止模式下处于冷起动过程中时，该位将设置为1。在下一个循环之前，系统会将该位复位为0。

（2）%S1热起动：在第一个完全循环结束且在更新输出之前，系统会将该位复位为0。%S1并不总是在PLC的第一次扫描中设置。如果需要针对PLC的每次起动设置一个信号，则应该改用%S21。

（3）%S4～%S7：是脉冲输出信号，时基分别是10毫秒、100毫秒、1秒和1分钟，输出波形是方波，周期是时基。

（4）%S18：计算溢出位，当运算结果超出一个字或双字或浮点数的范围，或进行正确的运算，例如被零除、负数的平方根，在鼓上强制执行不存在的步、试图占用已满的寄存器，试图清空已空的寄存器等。

（5）%S21：是第一个任务循环，在任务（Mast、Fast、Aux0、Aux1、Aux2、Aux3）中进行了测试，位%S21指示此任务的第一个循环，包括在运行中使用自动起动冷起动后以及热起动后。%S21在循环开始时设置为1，在循环结束时复位为0。

7. 下载程序时需输入保护密码和存储在日志文件的设置方法

Unity是在项目的属性框【Station-properties】的保护对话框中，对项目进行保护的，也可以用【Security Editor】新建一个用户，新建一个权限，在权限的【transfer date to PLC】下，将【Confirm】选定为【YES】，表示操作的过程中需要输入操作员的密码，才能进行下一步的操作，而将【Audit】选定为【YES】时，代表操作会被日志文件记录下来。

8. Unity Pro 5.0窗口的使用技巧

读者在使用Unity Pro 5.0时，如果已经打开了很多窗口，那么在打开新窗口时软件会要求关掉一个旧窗口才能打开新的窗口，解决这个问题的技巧如下：

（1）首先运行Windows注册表编辑器，即：【开始】→【运行】→输入"regedit"回车。

（2）找到HKEY_LOCAL _MACHINE\System\CurrentControlSet\Control\Session Manager\SubSystems。

（3）在右侧窗口里找到【Windows】并使用鼠标双击打开。

（4）在一串文字里找到【SharedSection=1024，3072，512】，如图4-183所示。

（5）将其中的3072改为8192，单击【OK】按钮进行确定并重启计算机。

9. 在不同Unity软件版本间打开*.stu的方法

如果使用*.stu文件在不同的计算机间传递项目，由于不同的Unity软件版本是不能都打开*.stu文件的，这时有两种方法解决这个问题。

第一种：如果只想看程序和硬件设置，可将*.stu格式修改为*.Sta格式，直接双击打开即可。

第二种：通过导出*.XEF文件来实现项目文件在不同Unity版本间的传递。具体实现的方法是在一台计算机的文件菜单下导出项目，如图4-184所示。

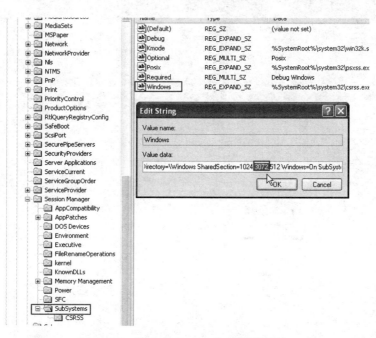

图 4-183 编辑【Windows】的设置页面

填写文件名的后缀为*.XEF，本例填写的文件为 ass.XEF，如图 4-185 所示。

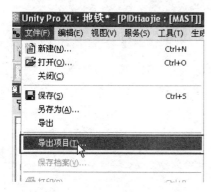

图 4-184 导出项目图示 　　　　　　　　图 4-185 填写文件名

在另外一台计算机上双击打开.XEF 文件即可。

触摸屏

随着科技的进步，以触摸屏技术为交互窗口的公共信息传输系统，通过采用先进的计算机技术，运用文字、图像、录像、解说、动画、音乐等多种形式，直观而又形象地呈现出各种各样的信息，十分方便。

在我们的生活中触摸屏已经得到了广泛的推广和应用，如触摸式手机、银行的交互式存储机、邮局的邮编查询机、学校图书馆的图书阅览器、触摸式平板电脑、工业应用的各种触摸屏等随处可见。其中，工业触摸屏具备易于使用、坚固耐用、反应速度快、节省空间等优点。本书在介绍了触摸屏的原理和分类后，将结合施耐德 HMI 的编程软件说明触摸屏在实际的工控系统中的设计、编程和网络连接。

触摸屏（HMI）的功能和软硬件组成

触摸屏（HMI）是实现人与机器信息交互的数字设备。它用于连接可编程序控制器、直流调速器、变频器、仪表等工业控制设备，使用显示屏进行显示，并通过触摸屏、键盘、鼠标等的输入单元写入工作参数或输入的操作命令。

人机界面产品由硬件和软件两部分组成。硬件部分包括处理器、输入单元、显示单元、通信接口、数据存储单元等。其中处理器是触摸屏的核心单元，它的性能决定了触摸屏产品的性能高低。根据触摸屏的产品等级不同，处理器可分别选用 8 位、16 位、32 位的处理器。触摸屏操作软件一般分为两部分，即运行于触摸屏硬件中的系统软件和运行于 PC 机 Windows 操作系统下的画面组态软件。读者必须先使用触摸屏的画面组态软件制作【工程文件】，再通过 PC 机和触摸屏产品的通信口，把编制好的【工程文件】下载到触摸屏的处理器中才能运行。不同品牌的触摸屏使用的软件也各不相同，根据触摸屏的品牌和型号选配支持的软件即可。

第一节　触摸屏原理、分类和选型

一、触摸屏原理

触摸屏一般包括触摸检测装置和触摸屏控制器两个部分。触摸检测装置安装在显示器屏幕的前面，用于检测用户的触摸位置，接收到信号后送至触摸屏控制器。触摸屏控制器的主要作用是从触摸点检测装置上接收触摸信息，并将它转换成触点坐标，再传送给处理器 CPU，它同时也能接收处理器 CPU 发来的命令并执行这些命令。

触摸屏是一种绝对坐标系统，每次触摸的数据通过校准后直接转化为屏幕上的坐标，其特点是当前定位坐标与上一次定位坐标无关。触摸屏工作时，上下导体层相当于电阻网络，当某一层电极加上电压时，会在该网络上形成电压梯度。如有外力使得上下两层在某一点接触，则在电极未加电压的另一层可以测得接触点处的电压，从而获得接触点处的坐标。

二、触摸屏的分类

触摸屏一般分为四大类：电阻式触摸屏、电容式触摸屏、红外线式触摸屏和表面声波触摸屏。

1. 电阻式触摸屏

电阻式触摸屏的触摸屏体部分是一块多层的复合薄膜，基层一般设计成一层玻璃或有机玻璃，在基层的表面涂有一层透明的导电层 ITO 膜，上面再盖有一层外表面经过硬化处理的塑料层，这个塑料层要做得光滑并且进行防刮处理，它的内表面也要涂有一层 ITO 膜，在两层导电层之间有许多很小的透明隔离点把它们隔开。当手指或操作笔接触屏幕时，电阻将在两层ITO膜发生接触时发生变化，控制器就是根据检测到的电阻值发生的变化来计算接触点处的坐标，再根据这个坐标来进行相应的处理。电阻屏根据引出线数多少，分为四线、五线等类型。五线电阻触摸屏的外表面是导电玻璃而不是导电涂覆层，这种导电玻璃的寿命较长，透光率也较高。

电阻式触摸屏最大的特点是不怕油污、灰尘和水，质量稳定并且具有较高的环境适应能力。尤其在工控领域内，在同类触摸屏产品中市场的占有量达到了90%。

2. 电容式触摸屏

电容式触摸屏的原理是在触摸屏的四个边都镀上了细长的电极，这样在它的内部就形成了一个低电压交流电场。然后在触摸屏上贴上一层透明的特殊的金属导电物质的薄膜层，当用户触摸电容屏时，用户手指和工作面形成一个耦合电容，因为工作面上接有高频信号，于是手指会吸走一个很小的电流，这个电流分别从屏的四个角上的电极中流出、且理论上流经四个电极的电流与手指到四角的距离是成比例的，控制器通过对四个电流比例的精密计算，即可得出接触点的位置。

电容式触摸屏灵敏度极高，能感知轻微快速的触碰（响应时间最快为3ms），即使屏幕上沾有污秽、尘埃或油渍，电容式触摸屏依然能准确算出触摸位置。缺点是外界的强电场对电容式触摸屏有干扰作用，并且因为电容会随温度、湿度或接地情况的不同而发生变化，其稳定性较差，所以往往会产生漂移现象。

3. 红外线式触摸屏

在红外线式触摸屏的四边布满了红外线发射管和红外线接收管，形成了一个一一对应横竖交叉的红外线矩阵。读者在触摸屏幕时，手指会挡住经过该位置的横竖两条红外线，控制器就是通过计算被挡住的红外线来算出触摸点的位置所在的。

红外线式触摸屏是不受电流、电压和静电干扰的，比较适合在较为恶劣的环境中工作。其主要优点是价格低廉、安装方便，可以用在各档次的计算机上。此外，由于没有电容式触摸屏中电容的充放电过程，所以响应速度比电容式的触摸屏要快一些，缺点是它的分辨率较低。

4. 表面声波触摸屏

表面声波是超声波的一种，它是在玻璃或金属等刚性材料的表面浅层传播的机械能量波。通过根据表面波的波长设计出的楔形三角基座，能够做到定向、小角度的表面声波能量发射。表面声波的性能比较稳定、易于分析和处理，在横波传递过程中具有非常尖锐的频率特性，近年来在无损探伤和造影等行业中应用广泛。

这种表面声波触摸屏的显示屏四角分别设有超声波发射换能器及接收换能器，能发出一种超声波并覆盖屏幕表面。当手指碰触显示屏时就会吸收一部分声波能量，使接收波形发生相对变化，即某一时刻波形有一个衰减缺口，控制器依据衰减的信号从而计算出触摸点的位置。

三、触摸屏的基本功能及选型指标

1. 基本功能

设备工作状态显示，包括指示灯、按钮、文字、图形、曲线、数据、文字输入操作，打印输出、生产配方存储，设备生产数据的记录、简单的逻辑和数值运算、多媒体功能、可连接多种工业控制设备组网。

2．选型指标

显示屏尺寸及色彩，分辨率、触摸屏的处理器速度性能、通信口种类及数量，是否支持打印和多媒体功能等。

3．触摸屏的使用方法

确定触摸屏要执行的监控任务的要求，选择最适宜的触摸屏产品，在 PC 机上用画面组态软件编辑【工程文件】，测试并保存已编辑好的【工程文件】，PC 机连接触摸屏硬件，下载【工程文件】到触摸屏中，连接触摸屏和 PLC、仪表等工业控制器，从而实现人机的交互功能。

总之，触摸屏的专业化、多媒体化、立体化和大屏幕化的发展趋势，会使触摸屏的应用领域越来越广，性能也会越来越好。

第二节　触摸屏的开发软件和界面的设计过程

不同品牌的触摸屏开发软件各不相同，施耐德触摸屏的编程软件是 Vijeo-Designer、Vijeo Designer Runtime 和 SoMachine。其中，Vijeo Designer 用于开发面向目标机器的触摸屏用户应用程序，Vijeo Designer Runtime 指在目标机器中运行的触摸屏用户应用程序，而 SoMachine 用于为 M218、M238、M258 PLC 控制器和 XBTGC 控制器开发控制器的应用程序。

Vijeo-Designer Runtime 可支持的目标机器很多，包括 Magelis iPC 系列、Magelis 触摸屏 STO 系列、Magelis 触摸屏 STU 系列、Magelis XBTGTW 系列、Magelis XBTGH 系列、Magelis XBTGK 系列、Magelis XBTGT 系列和 Magelis XBTGC 系列。

一、触摸屏应用界面的设计步骤

1．创建新项目的外部模型

在设计新项目的外部模型时要考虑触摸屏软件的数据结构、总体结构和项目的过程性能要描述的内容，界面设计不是外部模型中最重要的部分，一般只作为附属品；读者要根据终端用户对未来系统提出的期望来设计用户模型，这样才能实现用户的个性化需求。

2．任务制定与分配

任务制定是在外部模型的基础上，制定完成用户的需求要做的工作，也就是要确定为完成项目的系统功能应完成的任务，把这些任务再分配给不同的单元进行操作。具体地说就是，首先要进行任务分析，将其映射为在人机界面上执行的一组类似的任务，然后将任务划分为多个子任务，然后对每个子任务要完成的工作都要进行十分清晰明确的规划，制定出详细的任务描述。

3．项目的界面设计

进行项目界面设计时读者要充分考虑系统的响应时间、用户求助机制、错误信息处理和命令方式几个方面。

（1）一般原则是在交互式系统中要避免系统响应时间过长。

（2）用户求助机制应该尽量避免叠加式系统导致用户求助某项指南而不得不浏览大量无关的信息，建议采用集成式。

（3）错误和警告信息应该选用直观、含义准确的术语进行描述，同时还应该在提示状态下尽可能提供一些有关错误的解决方案。

二、界面设计的方法

1．界面风格的设计

在界面设计中读者应该尽量兼容标准 Windows 界面的特征，因为大多数用户对于标准 Windows 系统都比较熟悉。除非用户有个性化的要求，在设计时就需要采用非 Windows 风格的界面。

界面里使用的对话框、编辑框、组合框等简单对象可选用 Windows 标准控件，对话框中的按钮也尽量使用标准按钮。并且，控件的大小和间距要尽量符合 Windows 界面推荐值的要求，这样会使编程界面更友好。

位图按钮可在操作中实现高亮度、突起、凹陷等效果，从而使界面表现形式更灵活，同时也能够起到方便用户对控件的识别作用。

界面默认窗体的颜色一般选择亮灰色。因为灰色调在不同的光照条件下比较容易被识别。为了区分输入和输出，供用户输入的区域建议使用白色作为底色，能使用户容易看到这是窗体的活动区域；显示区域建议设为灰色或窗体颜色，目的是暗示用户那是不能进行编辑的区域。窗体中所有的控件应该依据 Windows 界面设计标准采用左对齐的排列方式。对于不同位置上的多组控件，建议各组也采用左对齐的方式进行布置。

2．设计界面布局的要点

界面的布局设计应该实现简洁、平衡和风格一致的原则。

典型的工控界面一般分为三部分：标题菜单部分、图形显示区以及按钮部分。根据一致性原则，应该保证设计后的屏幕上的所有对象（如窗口、按钮、输入输出域、菜单等）的风格一致。各级按钮的大小、凹凸效果和标注字体、字号都保持一致，按钮的颜色和界面底色也要保持一致。

如果项目中按照工艺的要求有大量界面穿插其中时，必须设计一个合理的结构体系来打开这些界面。读者可以将界面设计为循环方式，一般要选择简单永久的结构，这样可以方便操作员快速了解和掌握打开界面的技巧。

界面的布局设计还应该尽可能使界面变得亲切友好，设计时要避免大量信息堆积在屏幕上，因为用户一次处理的信息量是有限的。

另外，在设计上采用控件分级和分层的布置方式可以在提供足够的信息量的同时又保证了界面的简明。分级是指把控件按功能划分成多个组，每一组按照其逻辑关系细化成多个级别。可以用一级按钮控制二级按钮的弹出和隐藏，来保证界面的简洁。分层是把不同级别的按钮纵向展开在不同的区域，区域之间也要有明显的分界线。在使用某个按钮弹出下级按钮的同时对其他同级的按钮最好使用隐藏设置，使逻辑关系变得更加清晰起来。

3．界面上的文字、色彩和图形的规划

字体选用的原则是容易辨认、可读性好。界面设计中中文常用宋体、楷体等字体。

控制台人机界面中应用的文本有标注文本和交互文本两类。

标注文本是写在按钮等控件上面的，表示控件功能的文字，所以尽量使用描述操作的动词如【权限设置】等。

交互文本是人与计算机以及计算机与总控制台等系统交互信息所需要的文本，包括输入

文本和输出文本。交互文本使用的语句要简洁，同时表达清晰完整，尽量采用用户熟悉的语言方式和礼貌的表达如"请检查燃油压力"、"系统温度超限"。另外，对于信息量大的情况，采用上下滚动而不用左右滚屏，这样更符合常规的计算机操作习惯。

界面设计中色彩的选择原则是在同一界面同时显示的颜色数一般不要大于 4 到 5 种，可用不同层次及形状来配合颜色增加的变化。

界面中的活动对象颜色应对比鲜明，非活动对象应该暗淡点，对象颜色也应该不同，前景色可以鲜艳一些，背景色暗淡一点比较好。经验表明，红色、黄色、草绿色等耀眼的色彩不该应用于背景色中，而往往选择中性颜色的浅灰色做背景颜色。另外，底色调应该选用蓝色和灰色，这两种颜色是人眼不敏感的色彩，很适合界面的底色调；而红色和黄色却很醒目，因此提示和警告等信息的标志宜采用红色和黄色。除了对比的应用，用户配色时应该避免不兼容的颜色放在一起，如黄与蓝、红与绿等。

在界面设计时为了展示画面的直观和形象，可以添加图形和图标这两个元素。方法是在项目设计中，让界面通过可视化技术将各种数据转换成图形、图像信息显示在图形区域里即可。

第三节　触摸屏开发软件的通用知识

一、项目窗口

一般情况下，触摸屏的项目是项目数据以对象的形式进行存储，在项目中的对象以树形结构进行排列。项目窗口显示属于项目的对象类型和所选择的操作单元要进行组态的对象类型。项目窗口的结构中的标题栏包含的是【项目名称】，在画面中将显示依赖于操作单元的【对象类型】和所包含的对象。

二、画面

画面是触摸屏项目的中心要素，是过程的映像，通过画面可以将项目的实时状态和过程状态可视化，在项目中可以创建一些带有显示单元与控制单元的画面，用于画面之间的切换。

读者还可以在画面上显示过程并且指定过程值，即可以进行过程数据的输入与传送，例如组态输入/输出域，如果是输入域可以用来设定项目的工艺数据，而输出域则可以用来显示工艺数据。

另外，画面中的过程状态报表是为在操作单元上输入、记录或归档过程与操作状态、组态信息而设置的。

1．画面组件

画面可以由静态和动态组件组成，静态组件包括文本和图形，动态组件与 PLC 链接，并且通过 PLC 存储器上的当前值可视化。可视化可以通过字母数字显示、趋势和棒图形式来实现。动态组件也可以在操作单元上由操作员进行输入，并写入 PLC 存储器，与 PLC 的链接通过变量来建立。

2．画面编辑器

画面编辑器用来创建、删除和组态画面，在编辑、引用或删除画面时，必须指定将要操作的画面名称。

3．启动画面

在每个创建的项目中都要定义一个【启动画面】，启动画面是触摸屏启动后第一个要显示的画面，在画面属性中定义和识别启动画面。

4．固定窗口

固定窗口是始终与触摸屏画面上边框齐平的窗口，通过编程软件上的菜单选项可以打开和关闭固定窗口，也可通过鼠标来调整固定窗口的高度。由于固定窗口的内容不依赖于当前画面，一般可以将重要的过程变量、日期和时间编辑到固定窗口中，避免在每个画面中进行重复设置同时，也能节省空间资源。

5．开关按钮和功能键

开关按钮是触摸敏感区域上的虚拟键。

功能键是操作单元上用于组态功能分配的键，可以分配一个或几个功能给功能键，当功能键被按键时，将立即触发设置的所有功能。功能键分配可以是局部有效，也可以是全局有效。其中，全局分配时，不论当前为何种控制状态，全局分配的功能键总是触发相同的功能，例如，可以利用它们打开指定的画面、显示排队的报警信息等。而局部分配是基于画面的，局部分配的功能键触发操作单元上不同的动作。全局分配在所有画面上都是激活的。

按钮和功能键都可以用来打开其他画面、起动和停止风机、变频器等。

6．域

画面是由多个单独域组成的。域有不同的类型，可以在组态画面时任意放置它们在画面中的位置、拖拽大小、编辑名称和编号等操作。

域的类型很多，常见的有输入/输出域、文本、图形、趋势图、棒图、按钮、指示灯等。

三、变量

在 Vijeo-Designer 中一个目标最多可以设置 8000 个变量，数组和结构变量拥有者（根节点）也计作变量，一个数据块变量计作一个变量，一个画面上最多可以配置 800 个变量。

每个变量都有一个符号名与一个定义的数据类型。执行 PLC 程序时，变量值会跟随改变。

变量分全局变量和局部变量（内部变量），全局变量是带有 PLC 链接的变量，全局变量在 PLC 上占据一个定义的存储器地址，并且，从操作单元与 PLC 上都可以对这个变量进行读写访问。而局部变量（内部变量）不连接到 PLC 上，仅在操作单元上使用。

1．变量类型

变量类型有字符串型变量、布尔型变量、数字型变量数组变量等，不同的 PLC 支持的变量类型也不同，读者在项目中能够使用的变量类型要根据实际使用的 PLC 而定。

2．变量属性

在项目中创建变量的同时也必须为这个变量设置属性。其中，变量地址确定全局变量在PLC 上的存储器位置。因此，地址也取决于读者在使用何种 PLC。变量的数据类型或数据格式也同样取决于项目中所选择的 PLC。

3．设置限制值

可以为变量组态一个上限值和一个下限值。这个功能很有用，例如在【输入域】中输入一个限制值外的数值时，输入会被拒绝；也可以利用上、下限值来触发报警系统等。读者可以根据项目的实际需要进行发挥利用这个功能。

4．组态带有功能的变量

读者可以为输入/输出域的变量分配功能，例如跳转画面功能，只要【输入/输出域】的变量的值改变，就跳转到另一个画面去。

5．设置起始值

变量设置了起始值后，下载项目后，变量被分配起始值。起始值将在操作单元上显示，不存储在 PLC 上。例如用于棒图和趋势的变量。

四、控制单元的组态

1．输入域

在控制单元中创建【输入域】后，可在操作单元上输入传送到 PLC 上的数值，这个数值可以以数字、字母数字或符号形式输入数值。另外，如果为【输入域】变量定义了限制值，超出指定范围的数值将被拒绝输入。

2．输入/输出域

组合的输入/输出域在操作单元上显示来自 PLC 的当前数值。同时，也可以输入传送到 PLC 的数值。数值可以是数字、字母或符号形式输入和输出。输入时，希望输出的数值并没有在操作单元上被更新。另外，如果为【输入/输出域】变量定义了限制值，超出指定范围的数值将被拒绝输入。

3．输出域

输出域在操作单元上显示来自 PLC 的当前值。这个数值可以以数字、字母数字或符号形式输出数值。

用于符号值的输出域不显示真正的数值，但可以是来自文本或图形状态列表的文本字符串或图形。

4．静态文本

静态文本是没有链接到 PLC 的文本，运行中，不能在操作单元上对其进行改变。静态文本的作用是解释组态的画面段。它可以是一行或多行表示一个输入域、输出域或棒图的显示含义等。

5．图形

图形和静态文本一样也是没有链接到 PLC 的静态显示单元，同样不能在操作单元上对其进行改变。

6．趋势图

趋势图是一种动态显示单元，在操作单元上可以连续显示过程值的变化；对于缓慢改变的过程，趋势图可以将过去的事件可视化，以便在过程中估计趋势，同时，使快速过程的数据输出可以用简单方法计算大量数据。

在操作单元上，读者可以在一个趋势图中同时显示几种不同的趋势，还可以自由分配趋势的特征，如用于显示的线、点或棒图、颜色，用于模板趋势/实时趋势的类型，用于时钟触发或位触发的触发特征，用于限制值的属性特征等。

7．棒图

棒图是一种动态显示单元，棒图将来自 PLC 的数值作为矩形区域显示；在实际的项目中，用户在操作单元上可以清楚地看到当前数值与限制值之间的距离，或指定的设定值是否到达。读者可以自由定义方向、刻度、棒图和背景颜色，为Y轴设定标签并为指示设定限制值，限制值可以显示上限值或下限值。

8．指示灯

指示灯是触摸面板上的动态显示单元，指示灯指示已经定义的位的状态。例如用不同颜色的指示灯显示阀门的开闭等。

施耐德 Vijeo–Designer 软件的应用

Vijeo-Designer 是一套由 Schneider Electric 开发的用于人机界面（触摸屏）的工程开发软件，使用 Vijeo-Designer 软件可以为 iPC/XBT、GC/XBT、GT/XBT、GK/XBT、GTW/XBT GH/触摸屏 STO/触摸屏 STU 系列产品的施耐德触摸屏开发和配置应用程序。

第一节 施耐德 Vijeo-Designer 的软件介绍

施耐德 Vijeo-Designer 软件编制的应用程序能够为人机界面（触摸屏）设备创建操作员面板并配置操作参数。这个软件提供了设计人机界面项目所需要的所有工具，包括从数据采集到项目创建等，Vijeo-Designer 还具有创建和显示动画的功能。

Vijeo-Designer 软件由两个应用程序组成，即画面开发软件 Vijeo-Designer 和工程运行软件 Vijeo-Designer Runtime。

在实际的工程应用中，首先使用 Vijeo-Designer 编辑器开发人机界面的应用程序，然后使用 Vijeo-Designer 再把这个应用程序下载到触摸屏当中，运行 Vijeo-Designer Runtime 即可执行并显示画面应用程序了。

为了能够正确运行用户应用程序，必须先在触摸屏硬件上安装 Vijeo-Designer Runtime，该组件在用户第一次下载时将提醒用户，然后自动安装。

一、软件功能

Vijeo-Designer 是一个由 Schneider Electric Industries SAS 开发的人机界面（触摸屏）工程开发软件，采用了类似 Microsoft Studio 的设计环境，拥有高级用户界面，带有许多可配置的窗口，能够迅速地开发项目。

1．Vijeo-Designer 软件基本功能

Vijeo-Designer 软件包括创建新的组态项目、建立与 PLC 的连接、变量的生成与组态、画面的生成与组态、报警信息的组态、项目文件在线测试与下载等基本功能。

2．Vijeo-Designer 软件扩展功能

Vijeo-Designer 软件包括归档、趋势图、报表、配方、用户管理、数据共享和脚本功能等扩展功能。

其中，Vijeo-Designer 软件还为读者提供了各种图形库，仅 Image Library 就包含 4000 多个；此外，Vijeo-Designer 还能提供变量交叉报表，软件的按钮功能支持复杂的表达式等。

另外，Vijeo-Designer 软件的动画制作功能，读者只需要简单地设置一些参数，即可获得流畅的动画效果。

Web Gate ActiveX 的控制功能支持触摸屏系统的多连接、数据共享和声音输出的控制功

能。具有 USB 端口的触摸屏是可以支持 USB 键盘和 USB 鼠标的。

Vijeo-Designer 软件的多媒体功能能够使用软件的 JPEG Viewer 在触摸屏上的视频中进行抓拍图像的操作，同时还可以在屏上录制和播放 MP4 格式的视频文件。

Vijeo-Designer 软件在创建人机界面屏幕的同时，还具有重复使用数据和多 PLC 连接的功能特点，在运行时也可设置变量或运行脚本，Vijeo-Designer 脚本是一些由用户编写的指令，用来制定目标机器如何响应实时事件（例如，单击、切换画面、或者值的改变）。Vijeo-Designer 脚本以 Java 语言为基础。因此可以直接使用某些 Java 类和函数。

图 6-1　图形画面

二、图形画面

Vijeo-Designer 软件编辑项目里可以设置三种类型的图形画面，即基本画面、弹出式窗口和主画面。如图 6-1 所示。

基本画面是项目的标准画面，可以放置开关按钮或者放置各种图形对象，即触摸屏的基本显示页面。

弹出式窗口是基于画面的弹出式窗口，例如在实际的项目运行当中，我们有时需要对寄存器进行写入操作，如果把键盘放在当前窗口上，不但显得键盘呆板，影响美观，而且键盘本身占用太多空间，使得工程当前窗口设计的空间大为缩小，此时，使用一个弹出式窗口就可以解决这个问题，使项目的应用变得实用而又美观。

主画面为页面模板，是触摸屏界面的背景，可以在模板上添加或删除按钮并设置其属性，一般将所有界面上共同需要的功能放到模板上。

第二节　施耐德 Vijeo-Designer 在工程项目中的实战应用

触摸屏在项目中可以通过通信连接 PLC，并使用显示屏进行显示，从而实现信息的交互，触摸屏项目连接 PLC 的示意图如图 6-2 所示。

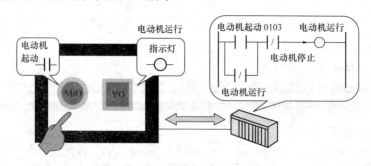

图 6-2　触摸屏项目示意图

使用 Vijeo-Designer 创建触摸屏项目的步骤是：首先创建新项目、配置项目、声明变量、创建不同的面板和屏幕跳转，然后创建数字和文本显示、使用工具箱中的图形对象、创建配方、创建趋势图、创建报警管理、创建脚本操作，最后生成和仿真项目。下面要详细介绍创建项目的关键部分。

一、创建新项目

在 Vijeo-Designer 中创建新项目或打开现有项目时，首先在编程计算机的屏幕上打开 Vijeo-Designer 软件的编程环境，方法是在 Windows【开始】→【程序】→【Schneider Electric】→【Vijeo-Designer】→【Vijeo-Designer】，或双击桌面上的 Vijeo-Designer 图标的 。

  第一步　双击 图标打开 Vijeo-Designer 软件操作系统后，在【导航器】窗口的 Vijeo-Manager 页中，右击【Vijeo-Manager】，并选择【新建工程】，还可以单击【新建工程】图标或单击【文件】菜单中的【新建工程】来创建一个新工程项目，本例是在项目创建向导中选择创建一个新工程，如图 6-3 所示。

创建一个简单的电动机控制回路，项目名称为 Project1，在类型中选择工程用于单个目标还是用于多个目标，当工程中有多个目标时需要指定目标的个数。可以在工程口令中设置口令环节，提高工程项目的安全性，【创建新工程】对话框如图 6-4 所示。

图 6-3　Vijeo-Designer 创建画面

  第二步　在弹出的对话框中选择触摸屏的类型和设定新建工程的目标名称，本例选择 XBTGT5330 型号的触摸屏，如图 6-5 所示，单击【下一步】进入网络配置页面。

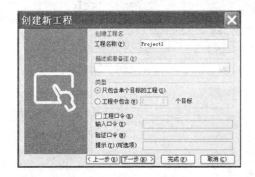

图 6-4　创建新工程对话框 1

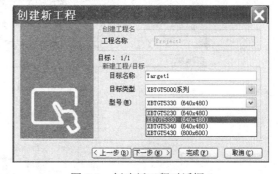

图 6-5　创建新工程对话框 2

在网络配置窗口中，键入目标设备的 IP 地址后单击【下一步】按钮完成操作，如图 6-6 所示。

在设备驱动程序窗口中，单击【添加】打开【新建驱动程序】对话框，在弹出的新建程序窗口中，可以选择 FIPIO、FIPWAY、Jbus（RTO）、Mdobus RTU、Mobus Plus USB、PacDrive-以太网/PacDrive Cx00、Modbus Slave、Mobus TCP/IP、Uni-Telway、XWAY TCP/IP 的驱动程序，添加到新创建的工程中，本例选择以太网的驱动程序，单击【完成】即可。如图 6-7 所示。

新创建的工程项目的编辑画面如图 6-8 所示。

导航窗口：用于创建应用程序。与每个工程有关的信息在文档浏览器中以树型结构列出，如图 6-9 所示。

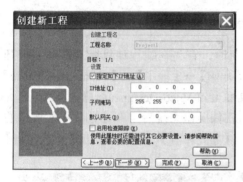

图 6-6 创建新工程对话框 3

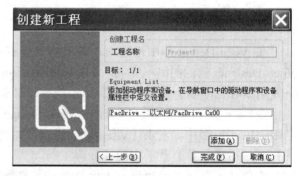

图 6-7 创建新工程对话框 4

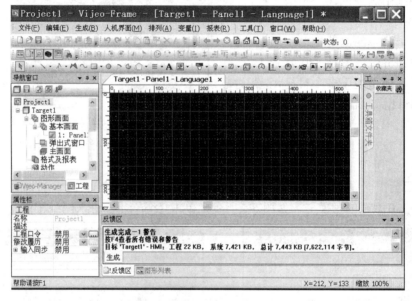

图 6-8 新工程的编辑画面

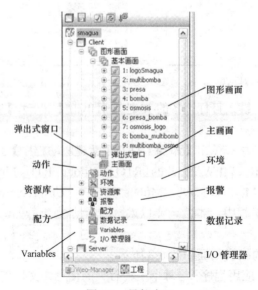

图 6-9 导航窗口

工作区域：项目在显示工作进程的图形屏幕区域中进行编辑，并且鼠标在屏幕上的移动的实时坐标会显示在编辑画面的左下角处。

项目视图：在左侧的树形结构的导航窗口处，包含工程信息和项目管理器两个可切换的窗口。

属性栏：显示所选对象的参数，当选择了多个对象时，将只显示所有对象的共用参数。

工具箱：工具箱中有很多【对象】的选项，读者可以将这些【对象】添加到【画面】当中，例如图形对象或操作员控制元素等。此外，工具箱中还有很多有用的库，【库】是用于存储诸如画面对象和变量等常用对象的中央数据库。这些库包含对象模板和各种不同的面板。【库】是工具箱视图的元素，读者可以通过多次使用或重复使用对象模板来添加画面对象，从而提高编程效率。

Vijeo-Designer 基本绘图工具包括选择工具、基本形状、文本对象工具和图像对象工具。

选择工具是 Vijeo-Designer 的主要编辑工具，用于选择图形对象。

基本形状用于设计、绘制、控制项目的工程结构。【绘制图形对象】对每种形状都进行了描述，包括点、线、矩形、椭圆、圆弧、扇形、多段线、多边形、对称多边形、贝塞尔曲线以及刻度尺等工具。

文本对象工具是用于设计文本标签和消息的。

图像对象工具是用于导入外部图像和将其粘贴到图形画面的。

图形列表：列出了图中出现的所有对象，并提供创建顺序、位置、对象名称、动画、其他关联变量的信息等功能。

反馈区：显示错误检查、编译和加载的进度与结果。当编译发生错误时，系统会显示错误消息或警告消息。读者可以通过双击错误消息来查看发生错误的位置。

工具栏：工具箱是施耐德公司提供的组件库，有图表、指示灯、诊断等，读者也可以自己配置在工具栏创建自己的组件库。应用组件库时，只要在工具箱中选择组件并将其拖动到绘图中即可。读者自己创建的组件是可以任意导入和导出的，十分方便。

第三步 画面创建。在新创建的项目 Project1 中，Vijeo-Designer 会在导航器窗口的【图形画面】下的【基本画面】文件夹下自动创建一个画面。在画面中，读者可以放置开关、指示灯，或者绘制其他对象，并且所创建的画面也将成为目标机器上的屏幕显示。

新建画面时，右击【图形画面】下的【基本画面】，选择【新建画面】即可。

添加画面后，在基本画面里增加了画面_2，单击新添加的画面的图标，更改名称为报警画面，将画面_1 的名称改为工艺画面，在【属性栏】窗口中为新建的画面设置属性，本例中将画面改为主风机控制画面，背景色改为灰色，如图 6-10 所示。

画面包含的对象有：输出域、文本域和用来显示压力、温度、转速等量值的显示域等。

XBT GK 图形终端输入模式默认的设置"画面点击"为"禁用"，读者需要在【导航器】中的项目下的 Target 右击选择【属性】，然后在【属性栏】的输入模式下将键盘的设置的"画面点击"改为"启用"，否则会出现触摸无效的情况。

在 Vijeo-Designer 的软件应用中，为了简便编程可以将已有工程的画面引用到新工程当中，方法是首先在工具箱中新建一个文件夹来放置已有工程中的画面，然后在【导航器】中选择需要在新工程中重复使用的画面，按住并拖曳到工具箱中的新建文件夹里，最后打开新工程，把工具箱中的画面再拖曳到工程导航器的图形画面中即可。

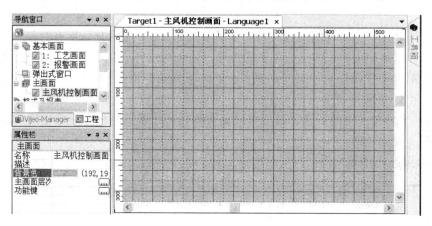

图 6-10　更改新建画面的属性页面

二、Vijeo-Designer 软件的应用

（一）变量的设定和添加

变量是指内存中可以存储数据值的贮存器，是由名称表示的存储器地址。

Vijeo-Designer 软件可以处理离散型、整型、浮点型、字符串、结构、整型块和浮点型块类型的变量。

离散型变量为数字量，即 ON/OFF 数据类型。

整型变量为无小数点的整数。

浮点型变量为实型数字。

字符串就是文本数据。

结构变量是 Vijeo-Designer 提供的另外一种变量类型，结构变量实际上是一个包含多个变量的文件夹，在结构变量中可以存储多个变量，一个结构变量中最多可以添加 200 个变量。数组和结构变量的区别是在数组中的所有变量都是同一数据类型，而在结构变量中可以为每个变量设置不同的数据类型。在变量列表中，结构变量就像是一棵树，可以按照需要展开或者合并。此外，在结构变量中只能编辑名称和描述这两个属性。

整型数据块和浮点型数据块变量是由整型或浮点型外部变量组成的变量组，可以在配方功能中使用。

Vijeo-Designer 能够使用变量与设备进行通信，外部变量是分配给设备地址的变量，内部变量仅被用于 Vijeo-Designer 的内部操作。Vijeo-Designer 可声明的变量类型如表 6-1 所示。

表 6-1　　　　　　　　　　　　　可声明的变量类型表

数据类型	大　小	格　式	数据范围
byte	8 位	二进制补码	−128～+127
short	16 位	二进制补码	−32768～+32767

续表

数据类型	大　小	格　式	数据范围
整型	32 位	二进制补码	−2147483648～+2147483647
long	64 位	二进制补码	−9223372036854775808～+9223372036854775807
float	32 位	IEEE754 标准	±3.40282347E+38～±1.40239846E-45
double	64 位	IEEE754 标准	±1.79769313486231570E+308～±4.94065645841246544E-324
boolean	—		真或假
char	16 位		Unicode 字符

1．创建变量

在导航窗口下的数据记录下右击【Variables】，或单击变量编辑窗口中的 ＊ 和在变量编辑器中任一位置右击都可出现【新建变量】，在【新建变量】下链接的选项中选择要建立的变量类型。本例中选择 BOOL 型变量如图 6-11 所示。

在随后显示的【变量编辑器】窗口中，有名称、数据类型、数据源、扫描组、设备地址、报警组等选项。其中，【扫描组】对与设备间的通信进行组织管理，当读者使用 Vijeo-Designer 创建一个设备驱动程序时，扫描组将会被自动创建。

设备上具有相同扫描速率的变量归属于同一扫描组。扫描速度分快、中、慢以及用户定义速度四种，与设备通信的变量，需要定义扫描组和设备地址。

2．设置变量属性

在【基本属性】页中，设置变量名、描述、数据类型、数组维数和数据源等属性。

本例中创建两个 bool 型的内部变量，变量名更改为【电动机起动】和【电动机停止】，如图 6-12 所示。

图 6-11　新建变量

图 6-12　变量编辑器

在 Vijeo-Desigern 软件的画面中显示 20 位的字符串变量时，首先要在定义变量标签的时候，需要在【数据细节】的【字节长度】的地方输入读者要显示的字符串的长度，并且字符串显示设置里面的显示长度也需要修改成即将显示的长度。

在 Vijeo-Desigern 软件的画面中显示%MW 的正负值时，首先要在变量的属性栏窗口的【符号】中选择【最高有效位】，最高位表示符号位。另外，【二进制补码】在软件中仅用来表示负数。

3．导入变量

导入变量时，可以选择 CSV 文件（逗号分隔）(*.csv)和文本文件（任何分隔符）(*.txt)两种不同的文件类型来导入变量。

导入变量的方法是在【变量】上右击，选择【导入变量】，在【导入变量】对话框中，选择要导入的变量即可。

不能导入与工程中已有的变量相同名字的变量，读者选择【覆盖现有变量】的话是可以覆盖掉已有变量的。另外，如果导入的变量带有与当前工程不匹配的扫描组和设备地址属性，那么这些变量的属性将变为【未指定】。

4．导出变量

导出变量时，可以保存成 ANSI CSV 文件(*.csv)、Unicode CSV 文件(*.csv)、ANSI TXT 文件（任何分隔符）(*.txt)和 Unicode TXT 文件（任何分隔符）(*.txt)四种不同的文件类型格式。

导出变量的方法是右击【变量】并选择【导出变量】，在【导出变量】对话框中，选择【目标变量】，输入文件名，并指定文件类型，单击【保存】即可。

5．创建设备地址

触摸屏与设备进行通信时，添加好设备驱动程序后，还要将变量设置为外部变量，并设置目标机器的设备地址。

6．变量列表

将符号添加到变量列表分为链接设备的 PLC 符号文件和从链接文件中添加符号两个步骤。

当链接设备的 PLC 符号文件时，首先从设备配置软件中导出名称与设备地址的列表，然后将导出的 PLC 符号文件复制到 Vijeo-Designer 编辑器里，或者复制到本机可浏览的网络文件夹下，在【导航器】→【工程】→【I/O 管理器】下面，添加和配置 PLC 设备，鼠标右击【变量】选择【链接变量】后，在【链接变量】对话框的【文件类型】编辑框中，选择从设备配置软件中导出的文件的类型。在【设备】编辑框中，选择读者所需的 PLC 符号文件相关的设备，这个【设备】编辑框罗列了尚未与 PLC 配置文件相对应的设备，当这个文件显示出来时，读者要选择这个文件，然后选择【I/O 管理器】里添加和配置的 PLC 设备，并单击【打开】就已经链接上了这个设备的配置文件了。

当从链接文件中添加符号时，如果已经链接了设备符号文件，将显示【从设备新建变量】对话框，确保所选设备与链接文件相匹配后，在显示配置文件符号的列表框中，选择要添加的符号并单击其前面的复选框，通过创建方式选项来选择变量的命名方式。另外，设备节点中的扫描组定义的是从设备更新数据的间隔时间，读者还可以通过【添加到扫描组】来选择赋给变量的扫描组，方法是单击【添加】，创建所定义的变量，变量被添加后，该按键变为灰色（不可用）。另外，可以对每一个从设备符号文件链接的变量的属性进行编辑，如变量名、报警设置、输入范围等。

Vijeo-Designer 编程时，在需要保持的变量属性中启用数据细节中的保持选项，下载后可以实现内部寄存器的断电保持功能。

另外，Vijeo-Designer 可以使用.stu 文件或者是.xvm 文件导入 Unity 的变量表。从设备新建变量中符合 designer 变量定义规则的变量是可以导入 Unity 的变量表的。首先在 Vijeo-Designer 的 IO 管理器中添加一个施耐德的驱动程序，如 modbusTCPIP，如果 unity 工程里的变量地址为%mw 或%m，还需要将【IO 管理器】的设备设置里的 IEC61131 语法打勾，用鼠标选中 target1 下面的 variable，然后在菜单栏的【变量】进行链接变量，选择.stu 文件或者.xvm 文件即可。

7．系统变量

触摸屏程序中的系统变量以下划线开头(_)，可以提供屏的系统信息。例如，_Day 是一个系统变量，提供当前屏内部时钟的日期值。其他系统变量可以提供当前应用的状态信息，例如 _CurPanelID 整型变量提供的是屏当前应用的画面 ID。

当在项目中创建目标之后，该目标的系统变量会自动添加到变量列表中，系统变量不能被删除、改名或者拷贝。

系统变量的变量名、数据源、数据类型等系统变量的属性都是只读的（大多数系统变量在运行状态都是只读的）。

（二）开关、指示灯和输入输出域在画面中的应用

1．开关的创建

打开前面创建的【主风机控制画面】，在【绘图对象】工具栏里单击开关图标 后，在画面中单击画出开关区域，然后拖曳到合适大小，双击该按钮弹出【开关设置】对话框。此时，可以在【常规】选项卡里为开关定义一个【模式】，然后选择开关的形状，以及选择在单击开关、单击期间和释放开关时运行的操作。

本例中创建电动机起动和停止两个开关，具体操作是选择【点击时】栏下的操作为置位，并在【目标变量】处单击图标，在弹出的【变量列表】中，选择变量【电动机起动】后，单击【添加】确认后就完成了这个开关与变量【电动机起动】的链接，如图 6-13 所示。

开关的颜色在【颜色】选项卡中更改，从【颜色源】库中选择一种颜色源，还可以选择【使用本地设置】进行设置，如果选择的开关是带有指示灯的，那么还可以指定变量的 ON/OFF 状态的颜色。

图 6-13　变量链接

可以将开启状态的前景色设置成红色，而将关闭状态的前景色设置成灰色。本例中的"电动机起动"为绿色按钮，"电动机停止"为红色按钮。

单击【标签】选项卡，设置标签语言为【电动机起动】，类型为静态，在画面中单击"电动机起动"的开关，在 Vijeo-Designer 编辑器显示的属性栏里修改颜色等参数。

同样的方法在画面中添加【电动机停止】按钮的标签，并为这个按钮链接变量【电动机停止】。

2．指示灯

Vijeo-Designer 软件有两种在画面上放置指示灯的方法，一是使用指示灯组件，二是绘制自己的指示灯。

在画面中添加指示灯时，单击【绘图对象】工具栏上的指示灯图标，从下拉列表中选择指示灯。在画面中单击画出指示灯区域然后拖曳到适合大小，双击这个指示灯弹出【指示灯设置】对话框，此时，可以在【类别】中选择指示灯为基本单元、位图或用户自定义的指示灯，并在【风格】选项的下拉菜单里选择一个指示灯的形状。在【变量】处单击图标后，在弹出的【变量列表】中选择变量"电动机起动"后，单击【确定】后就完成了这个指示灯与变量"电动机起动"的链接。在【颜色】中设置指示灯颜色，本例中为绿色，同样的方法为电动机停止按钮配置一个指示灯，颜色为红色。

指示灯的设置对话框如图 6-14 所示。

按钮的复位设置，根据电动机的工艺要求，按下电动机的起动按钮时，电动机停止的指示灯应该熄灭，起动指示灯应该点亮。具体操作是选择【点击时】栏下的操作为"复位"，并在【目标变量】处单击图标💡，在弹出的【变量列表】中，选择变量【电动机停止】后，单击【添加】确认后就完成了这个开关与变量【电动机停止】的链接，如图6-15所示。电动机停止按钮的复位设置与之相同。

图6-14　指示灯设置

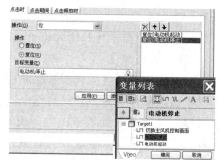

图6-15　变量链接

3．测量计和棒形图

Vijeo-Designer软件集成了各种各样的图形文件，这些图形文件是一些用来衡量变量或表达式值的图形。在集成的图形类型中有测量计和棒图两个组件，工具箱中有棒状图、环形图、水槽图、测量计、饼图和数据图六种图形，读者设计时只要把工具箱里的图形文件（测量计或棒形图）拖放到工程画面中进行一些简单的初始化后便可应用了。

（1）测量计

在Vijeo-Designer软件中，测量计是用图形化的方式，把要测量的变量的当前值用0%～100%的百分比的形式表示出来，测量计连接一个变量或表达式，当变量或表达式的值增加或降低时，测量计的指示器会随着变量值的变化而旋转，指示器在测量计上的位置通过测量计的刻度尺和标签来指示出变量或表达式的当前值，测量计的特性如图6-16所示。

在【绘图对象】工具栏里用鼠标单击图标🔆，在画面中单击画出测量计区域然后拖曳到适合大小，双击这个测量计弹出【测量计设置】对话框，如图6-17所示。

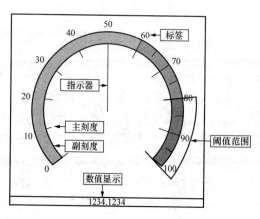

图6-16　测量计特性

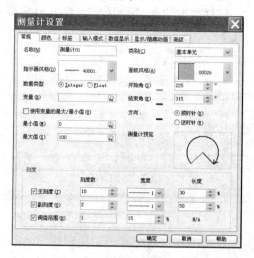

图6-17　测量计设置对话框

在【常规】选项卡中，设置名称要符合命名规则并且不能超过 32 个字符，单击【浏览】打开【风格浏览】选择测量计的面板风格，在数据类型中选择整型和浮点型的数据，在变量选项中定义控制测量计的变量或表达式。当启用了使用变量的最大/最小值的属性时，可以使用常量、变量或表达式作为最小值和最大值。开始角定义了指示器开始旋转的角度，结束角定义了指示器结束旋转的角度。测量计的指针可以选择顺时针或逆时针的旋转方向，还可以在刻度属性栏里定义测量计刻度尺的属性。

测量计有用户定义标签和自动标签两种标签类型，其中，通过用户定义标签类型时，可以为测量计的每个标签配置文本、字体、字形、字宽和字高。而通过自动标签类型时，所配置标签的文本是通过测量计的最大最小值范围与标签数相除计算生成的。

在测量计上定义标签的位置有内部放置刻度标签和外置刻度标签两种，完成图如图 6-18 所示。

（2）棒形图

棒状图是带有填充动画的矩形刻度尺，棒状图连接一个变量或一个表达式。当变量或表达式的值增加或降低时，指示器的大小会伴随着值的变化增大或减小。棒状图的刻度和标签可以测量出指示器的长度，并且可以确定链接到此棒状图的变量或表达式的当前值，棒状图可以是水平的或垂直的，特性如图 6-19 所示。

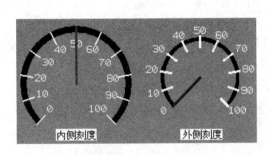

图 6-18　测量计完成图

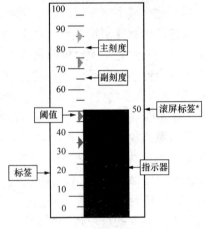

图 6-19　棒图特性示意图

在画面中添加棒图时，单击【绘图对象】工具栏上的棒图图标，从下拉列表中选择垂直棒状图或水平棒状图，如图 6-20 所示。

在画面中单击画出指示灯区域然后拖曳到适合大小，双击这个棒状图弹出【棒状图设置】对话框，如图 6-21 所示。

图 6-20　添加棒图示意图

定义棒状图的【名称】必须保证是目标机器中唯一的名称，要符合命名规则并且不能超过 32 个字符，数据类型可以选择整型和浮点型的显示格式，变量域可以接受 REAL 型和整型变量或表达式。在激活【使用变量的最大值/最小值】后，可以使用常量、变量或表达式作为棒状图显示的最大值和最小值，还可以在【刻度】中定义棒状图刻度尺的属性。

可以从【类别】的下拉列表选择【基本单元】或【用户自定义】来决定棒状图的面板风格。其中，【基本单元】选项可以从面板风格下拉列表中选择预定义的棒状图的面板风格，【用

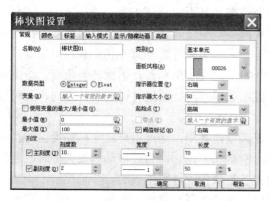

图 6-21　棒状图设置对话框

户自定义】选项可以选择读者自己的图像作为棒状图的面板风格。

【指示器位置】明确的是棒状图上指示器及刻度尺的位置，【指示器大小】则是通过定义所占棒状图宽度的百分比来确定大小。启用【阈值】标记后可以在颜色选项卡中配置阈值标记，并指定阈值标记在棒状图中的位置。

使用颜色选项卡中的【颜色资源】选择棒状图的颜色资源，这些颜色资源是在资源库中创建的，在【常规】中定义当变量值或表达式处于常规状态时棒状图的颜色设置。

使用标签选项卡的【画面定位】选择标签在棒图中的位置。

启用【输入模式】选项卡定义【域 ID】、【键盘类型】、【变量变化根据】和【单击时蜂鸣】。

在显示/隐藏动画选项卡下，设置【闪烁动画】的变量表达式，当启用【显示/隐藏动画】后，可以利用这个属性设置棒图的显示和隐藏。即当在这个域中定义的数值为真时，棒状图显示；当在这个域中定义的数值是假时，棒状图隐藏。

高级选项卡有【启用互锁功能】和【安全性级别】两种属性，【启用互锁功能】是只有当特定的条件发生时，才启用数据输入；而【安全性级别】是为测量计设置安全性级别，读者定义了安全性级别以后，只有符合的安全性级别的用户才可以访问。

4．数据的显示和输入

在 Vijeo-Designer 软件中设置的数值显示器与字符串显示器，可以在图形画面上显示和输入多种类型的数据，这些数据可以是数值数据、日期与时间、字符串以及文本文件(.txt)。除了显示数据，数值显示器与字符串显示器还支持数据输入。在 Runtime 中，数据输入区域使用键盘进行数据输入，读者可以根据不同用途为键盘设置不同的动作与格式。

数据显示对象的选项包括数值显示、字符串显示、日期显示和时间显示，如图 6-22 所示。

图 6-22　棒状图的显示对象

（1）设置数值显示器

设置数值显示器时，首先在绘图对象工具栏中单击数据显示对象的图标，并在列表中选择【数值显示】。在画面上单击鼠标画出【数值显示器】区域，然后拖曳到适合大小，双击画面中新建的【数值显示器】，弹出【数值显示设置】对话框，如图 6-23 所示。

在【常规】选项卡中，【数据类型】选择整型，选择要显示的变量并定义显示格式，本例中在变量例表中添加 Integer 变量，名称为"电动机频率"，并添加为【数值显示器】的变量。在【标签】选项卡中定义字体与字形，在【颜色】选项卡中设置颜色属性后单击【确定】完成【数值显示器】的创建。另外在 Runtime 中，数值显示器能够显示读者所定义的变量值。

（2）文本

在画面中添加文本时，先在绘图对象工具栏中单击文本图标 **A**，在画面上单击鼠标画出【文本】区域，然后拖曳到适合大小，双击画面中新建的【文本】，弹出【文本】编辑框，输入在画面中要显示的文本内容，并按需要设置字宽、字体、字形和字高。本例中设置的文本为"Hz"，文本编辑框如图 6-24 所示。

图 6-23　数值显示设置对话框　　　　　图 6-24　文本编辑框

（三）动画的制作

Vijeo-Designer 可以将八种动画功能添加到创建的对象里，包括能改变对象的颜色动画、以图形方式显示位置变化的填充动画、显示大小的变化的缩放动画、能垂直与水平移对象的位置动画、能在画面中旋转对象的旋转动画、将一个对象用作开关的单击动画、显示/隐藏对象的显示/隐藏动画、通过改变变量的值可以垂直与水平地移动对象的位置动画和在画面上显示数值或者从键盘/键区输入数据的数值动画等。其中常用的有缩放动画、旋转动画和颜色动画。

1．缩放动画

读者可以使用 Vijeo-Designer 制作一个能在 Runtime 中缩放的动画画面。首先在画面上绘制一个对象，双击对象打开【动画属性】对话框。在【动画属性】对话框中单击【缩放】选项卡，选中【启用垂直缩放动画】或【启用水平缩放动画】后，输入变量并定义数值范围，这个变量可以是内部变量也可以是外部变量，例如 PLC 程序中经过计算后的变量。然后在动画属性中的固定点选择动画的固定点，动画的对象将从这个固定点开始调整。接着在【数值范围】字段输入变量的【始】和【至】值，值得注意的是这个数值必须是-2147483648 与2147483647 之间的整数。在 Runtime 中显示的最大值是在【至】中设置的，同样，Runtime 中显示的最小值是在【始】中设置的，显示范围定义动画对象的大小，即定义了将要显示原始图形的最小与最大的百分比，具体操作时读者要在最小值％和最大值％的区域输入百分比，单击【确定】完成动画的设置即可。

利用缩放动画改变卷曲滚轴收卷和放卷的厚度，如图 6-25 所示。

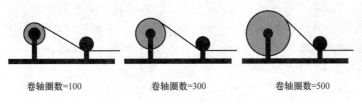

卷轴圈数=100　　　　卷轴圈数=300　　　　卷轴圈数=500

图 6-25　收放卷示意图

2．旋转动画

旋转动画是 Vijeo-Designer 通过改变变量的值来旋转动画对象的，旋转动画只能使用整型变量，如果使用浮点数据类型，那么小数点右边的值将被忽略。

制作旋转动画时，首先在画面上绘制一个要在 Runtime 中旋转的动画对象，这个对象在画面上的位置将成为旋转的起始位置。双击添加对象用以打开【动画属性】对话框，单击【旋转】选项卡，选择【启用旋转动画】复选框，并设置相关属性，即在变量中指定用于旋转动画的变量；在【数值范围】区域输入变量的最小值（始）与最大值（至）值。与缩放动画同样，这些数值也必须是-2147483648 与 2147483647 之间的整数。在旋转角度中，将对象的初始位置作为起始点（0 度），键入【始】和【至】的角度值，这些值必须是-32768 到 32767 之间的整数。正数使对象顺时针旋转，负数使对象逆时针旋转，对象旋转的角度由指定变量的值和该变量的数值范围以及旋转角度范围共同决定的。设定添加的对象的旋转中心是将这个对象中心的初始位置定为起始点相对坐标(0，0)，并指定以像素为单位的旋转轴位置，即如果将相对起点的坐标（X＝0、Y＝0）作为旋转轴，则对象将绕着起始点即对象中心（0，0）旋转。单击【确定】确认修改和设置即可。

利用旋转动画制作风扇叶片旋转的动画时，是根据存储旋转角度的变量（风扇变量）的值变化而旋转，如图 6-26 所示。

风扇变量=0　　　　　风扇变量=30　　　　　风扇变量=60

图 6-26　风扇示意图

3．颜色动画

Vijeo-Designer 中的颜色动画功能能够通过更改变量值来更改图形对象或文本的颜色。Vijeo-Designer 在颜色动画中提供了自由模式和根据状态选项，自由模式根据变量值的变化，可以为单个图形对象创建颜色变化的动画，而根据状态选项则是根据变量的值，为多个图形对象创建相同的颜色更改的动画。

Vijeo-Designer 制作颜色动画时，首先在画面中，绘制图形对象，双击对象打开【动画属性】对话框，单击【颜色】选项卡选择合适的模式，即自由模式或者根据状态模式，设置变量后确定所做的设置即可。

图 6-27　资源剪切操作图

三、Vijeo-Designer 的使用技巧

1．在目标和工程之间复制资源

对于相同工程下的各个目标，可使用复制/粘贴命令来对不同目标的资源进行复制粘贴。

首先在资源编辑器中，右击资源名称，然后单击剪切或复制。如图 6-27 所示。

接着在资源编辑器中，右击资源名称，然后选择粘贴，该资源即以相同的名称被添加了。若同名称的资源已存在，应用程序经确认会添加一个新的资源，新资源会使用默认的名称。另外，复制的资源是可以被粘贴到同一工程中的任何目标中的。

2．导入工程

在 Vijeo-Designer 运行和非运行状态都可以导入和打开工程项目。

当 Vijeo-Designer 处在非运行状态时，可以通过在 Windows 浏览器中双击 Vijeo-Designer 工程文件（.vdz 文件）来导入工程，并且在编辑器中自动打开工程项目。

当 Vijeo-Designer 处于运行状态时，在导航器窗口的【Vijeo-Manager】里，右击【Vijeo-Manager】，单击【导入工程】，如图 6-28 所示。还右击【Vijeo-Manager】下的文件夹，将工程导入到该文件夹中。

在【导入工程】窗口中选择一个文件，然后单击【打开】。这个选中的工程文件将被导入到 Vijeo-Designer 中，并显示在【工程】里。

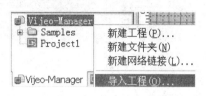

图 6-28 导入工程操作图

另外读者也可以将触摸屏中的数据导入到 U 盘当中，方法是在【导航器】下的 target1 属性下的数据定位的 Runtime 数据位置，选择【可选驱动器】，然后在数据记录组的变量存储器选择 SRAM 和文件即可。

3．导出工程

在导航器窗口的【Vijeo-Manager】里，右击要导出的工程文件，然后单击【导出工程】，在【导出工程】窗口里，指定工程文件保存的位置，单击【保存】，工程文件即保存到指定的文件夹里。另外要注意的是，在导出工程之前，必须先关闭工程文件，否则无法导出。

另外，通过导出功能可以备份工程，并将备份的工程用于新工程当中。方法是右击要导出的工程，然后单击【备份管理器】，在【备份管理器】对话框里，选择工程的备份版本，然后单击【导出】以打开【备份管理器】对话框，在【备份管理器】对话框里，输入工程要导出到的目标文件夹，然后输入或重命名备份工程的文件名，最后单击【保存】，导入该备份工程文件到 Vijeo-Designer 即可。

4．弹出式窗口

Vijeo-Designer 的弹出式窗口的应用非常灵活，可以在项目的当前画面上打开，当使用弹出式窗口作为键盘输入时，可以在需要使用时打开它，输入完成后关闭它。另外，弹出式窗口可以使用开关、单击动画或脚本来打开和关闭，也可用于切换当前画面。

弹出式窗口由文件夹、组和画面三个部件组成。弹出式窗口的文件夹用于创建弹出式窗口组和弹出式窗口画面，这个文件夹不能被复制、删除或重命名；弹出式窗口组用于在同一个弹出式窗口组中添加多个画面。

创建弹出式窗口时，读者首先要创建一个弹出式窗口组，首次创建弹出式窗口时会产生一个默认的弹出式窗口组，然后创建一个弹出式窗口画面，并在画面上绘制图形对象和/或组件，保存弹出式窗口画面，并返回到标准画面，在标准画面上创建一个开关或单击动画来显示/隐藏弹出式窗口，也可用脚本来显示/隐藏弹出式窗口。

创建弹出式窗口画面的方法是：右击弹出式窗口文件夹并选择【新建弹出式窗口】，如图 6-29 所示。

弹出式窗口组的窗口 Window1 和弹出式窗口画面 10001 将会被自动生成，是一个自动分配的编号，如图 6-30 所示。

选择弹出式窗口组来打开弹出式窗口组属性。

在【属性栏】中，可以按照要求更改弹出式窗口的尺寸，这个尺寸是同一个弹出式窗口组中的所有画面公用的。属性栏对话框如图 6-31 所示。

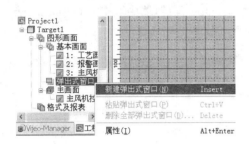 

图 6-29　弹出式窗口的创建　　图 6-30　弹出式窗口的编号图　图 6-31　弹出式窗口的属性栏

如果要将单个画面设置成不同的尺寸，那么读者必须为每个弹出式窗口画面设置独立的弹出式窗口组。

5．设置启动画面

在 Vijeo-Designer 中右击【目标】，然后选择【属性】，在【属性栏】窗口中，从【初始画面 ID】的下拉列表里，选择启动时的初始画面后就完成了设置启动画面的操作了。

另外，读者可以使用下面的方法进入触摸屏系统配置的画面。

（1）在【工具栏】中选择开关（S），将这个开关属性设置为系统并选择【配置】即可。

（2）在启动设备的 10 秒钟内，点击屏幕左上角。

（3）对于 XBTGT2000 或更高级别，在 1 秒钟内顺序按压屏幕的左上角、右下角或者右上角、左下角。

（4）对于 XBTG 以及 XBTGT1000 系列，同时按下右上角、左下角和右下角即可。

（5）单击 target 选择属性，在【进入配置菜单】中选择进入的方式。

6．屏幕保护功能的实现

XBTGT 系列触摸屏实现屏幕保护时可以使用两种方式来实现：第一种方法是按压屏幕对角，进入系统菜单，在背景灯控制菜单下即可修改屏幕的保护时间；第二种方法是在 Vijeo-Designer 软件中，右击左侧文件树型结构中的【target】，选择【属性】，在属性栏中的【背光灯】选项中，勾选【控制】后，选择屏保的时间，单位为分钟。

7．数据共享

数据共享功能用于在同一个工程项目中的目标机器中或 Web Gate 客户端中共享数据。每个目标都有一组变量。只要将其中一个目标机器设置为共享数据，同一网络中的其他目标机器便也可以在 Runtime 中访问这些变量数据。数据共享示意图如图 6-32 所示。

其中，如果 PLC A、PLC B 和 PLC C 的品牌不同，那么数据共享便是 PLC 浏览其他 PLC 上寄存器的值的唯一方式。此时，如果目标机器有两个网卡，那么只有其中一张网卡是可以使用数据共享功能的，读者需要在目标机器的属性中配置它的 IP 地址即可，另外，共享的变量个数和可以共享的目标个数都是受限的。

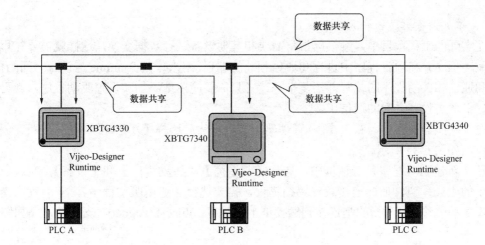

图 6-32 数据共享示意图

四、通信

Vijeo-Designer 的通信系统可以将不同制造商的不同型号、不同类型的连接方式的多个设备连接到一个目标机器上，在创建的触摸屏的工程内简单地添加各种驱动程序即可实现网络通信。

在实际的工程项目中，读者可以使用 MB+或者以太网的方式，也可以通过 Modbus 或者 Unitelway 协议，通过 PLC 做主站、多个屏做从站的方法，实现多个触摸屏与一个 PLC 的通信。使用 MB+时可以将所有设备通过 MB+的网络相连接，每一个设备都作为 MB+链路上的一个节点。如果读者使用以太网时，每一个设备都作为 Modbus TCP/IP 链路上的一个节点。

1．通信的硬件连接

当触摸屏与 PLC、变频器和其他设备通信时，需要将触摸屏与要通信的设备的 RS-232C/RS-422 串行口、以太网端口或通信卡/模块进行连接，然后再添加驱动程序。

COM1 九针串口连接 PLC 的电缆如图 6-33 所示。

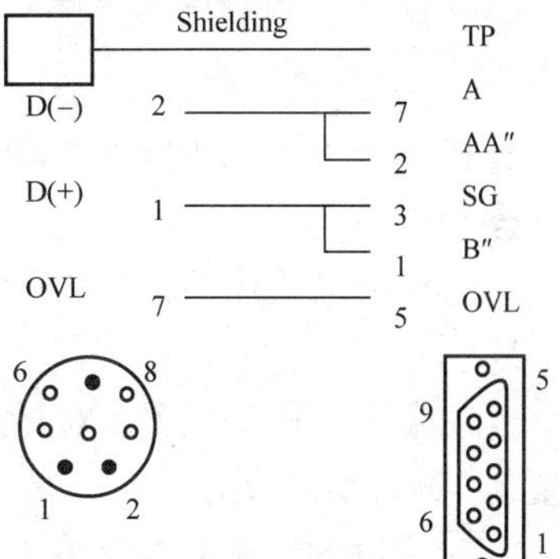

图 6-33 通信电缆连接

2．通信设置的步骤

在【导航器】窗口的【工程】页中，添加一个新的驱动程序。在【新建驱动程序】对话框中，选择制造商、驱动程序以及设备。在【驱动程序配置】对话框中设置通信参数，即对传输速率、数据长度等参数进行设定。在【设备配置】对话框中确定设备。创建一个变量，

图 6-34 触摸屏与 PLC 通信示意图

将驱动程序的相关扫描组赋给该变量，并为其设定设备地址。在动画、组件及其他功能中使用读者创建的变量，将触摸屏和设备通过串行线相连接。同时需保证 Vijeo-Designer 中的设置与设备相匹配。将用户应用程序下载到目标机器，然后启动 Runtime 即可。触摸屏与 PLC 通信示意图如图 6-34 所示。

3．添加设备驱动程序 Runtime

在实际的工程项目中，触摸屏常常需要和其他设备进行数据交换，这样就需要在程序中添加驱动程序并在项目程序中进行和通信相关的编程，用来作为 Runtime 与设备之间的桥梁。当然和通信相关的程序的编写并不复杂。读者只需要简单地添加和设置驱动程序，就可以实现目标机器与设备之间的通信了。

在【导航器】窗口，右击【I/O 管理器】节点，然后选择【新建驱动程序】，新建驱动程序操作图如图 6-35 所示。

在【新建驱动程序】对话框中，选择【制造商】、【驱动程序】和【设备】，制造商指的是设备的生产厂商，如要连接条形码扫描仪，需要选择【通用驱动程序】，驱动程序指的是驱动程序的名称，设备指的是连接到触摸屏上的设备，Vijeo-Designer 所支持的产品如图 6-36 所示。

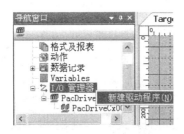

图 6-35　新建驱动程序操作图

图 6-36　Vijeo-Designer 所支持的产品

4．设置通信参数

在工程中添加相应的驱动程序后，需要设置通信参数才能进行通信。通信参数包含驱动程序和设备两部分。

右击驱动程序节点，然后选择【配置】，为新添加的 Modbus TCP/IP 添加驱动程序，如图 6-37 所示。

在【驱动程序配置】对话框中，设置通信参数。单击【确定】，右击设备节点，单击【配置】，如图 6-38 所示。

在【设备配置】对话框中，设置通信参数，设备配置对话框如图 6-39 所示。

图 6-37　配置操作图 1

图 6-38　配置操作图 2

图 6-39　设备配置对话框

5．删除或修改驱动程序

读者在进行删除驱动程序的操作时，首先用鼠标右击驱动程序或设备的节点，然后选择【删除】即可，被删除的驱动程序中定义的扫描组也会在删除驱动程序或设备时自动删除掉，此时，与这个设备相关的变量的扫描组的属性将会变成【未指定】。如果该扫描组的设置为【未指定】，则需要选择【新建驱动程序并指定扫描组】、【将该变量的数据源设置为内部】和【删除该变量】中的任何一种操作。对于还未指定扫描组的变量，可以将其设置为内部变量，也可以重新添加驱动程序并将新增的扫描组赋给这个变量。

6．XBTGT 系列触摸屏通过以太网和多个设备进行通信的方法

首先，在软件的【I/O 管理器】中添加【Modbus TCP/IP】，设备选择【modbus 设备】，鼠标右击【modbusEquipmengt01】，选择【配置】，此时配置第一台设备的 IP 地址即可。然后选择【modbusTCPIP01】，右键选择【新建设备】后，会出现另一个以太网设备【modbusEquipmengt02】，读者需要再次选择【配置】，设定第二台设备的 IP 地址，这样就实现了以太网和多个设备的通信了。

五、报警的应用

在 Vijeo-Designer 中，有多种显示报警的方式，包括报警汇总表显示、报警条和声音报警。

（一）报警结构

为了在报警汇总表中显示报警信息，需要整理报警组中的报警，给变量设置报警，并且将报警组赋予报警汇总表。下列信息介绍了在报警汇总表显示报警信息的步骤和结构。

1．创建报警组

报警组就像是一个文件夹，可以用它对报警进行整理和分类。在设置报警前，需要创建报警组并且添加变量到此报警组。当创建一个工程时，就会自动创建一个缺省的报警组，即报警组 1，如图 6-40 所示。

2．创建变量

创建变量并设置报警属性，读者可以为每个报警设置一个报警信息，这样当变量超出范围时，报警信息就会出现在报警汇总表中，如图 6-41 所示。

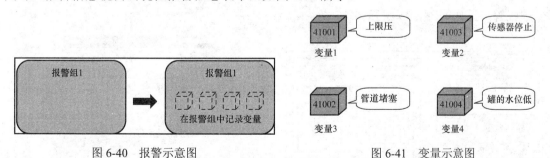

图 6-40　报警示意图　　　　　　图 6-41　变量示意图

分配变量 1 和 2 给同一个报警组，变量链接如图 6-42 所示。

分配报警组给报警汇总表，一旦创建报警组后，就可以用报警汇总表显示某个报警组中的信息。报警汇总表也可以显示报警类中的报警信息，报警类就是一些报警组的集合。报警汇总表将显示与它相联系的报警组中的变量产生的报警信息。

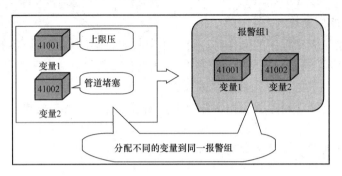

图 6-42 变量链接

（二）创建报警

1．报警汇总表显示

通过报警汇总表在画面上可以显示出一系列的报警信息，可以显示状态、变量名和报警组等信息。这些报警有活动、确认、未确认和返回常规四种状态，报警汇总表可以显示出这四种状态的报警。读者可以打印这些报警信息或把它们保存为一个 .csv 文件。

报警汇总表的三种显示方法为活动、履历和日志。

创建报警汇总表时，首先在 Navigator 窗口的【工程】页中创建一个报警组，创建变量后，在变量属性中启用报警并设置报警，然后在画面上放置一个报警汇总表，给它分配一个报警组，并且设置报警汇总表的其他属性，根据需要，读者可以使用开关用作报警操作。

（1）创建报警组

报警组是报警的集合，当变量启用了报警属性后，需将此变量赋给适当的报警组。在报警汇总表中，选择一个报警组就可以显示所有与此报警组相联系的报警。报警组与报警汇总表的示意图如图 6-43 所示。

报警组就像是一个文件夹，读者可以给它添加变量。当使用软件创建一个新的工程时，会自动创建一个缺省的报警组，即报警组 1。实际上报警组的作用是用于对变量报警及其在报警汇总表中的显示进行组织管理。

诊断报警组，与一般的报警组相似，用于显示存储在 PLC 设备中的报警。

设置报警组的方法是右击【报警】节点并选择【新建报警组】，以创建一个新的报警组。新建报警组操作如图 6-44 所示。

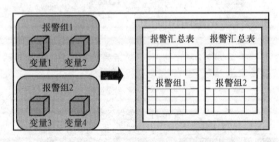

图 6-43 报警组与报警汇总表示意图

图 6-44 新建报警组操作图

右击报警组并选择【报警组设置】命令来显示【报警组设置】对话框，如图 6-45 所示。

其中，在【常规选项卡】中，如果工程中要输出报警信息到.csv 文件，则选中【保存到文件】复选框并单击【配置...】按键来显示【保存到文件】对话框,如图 6-46 所示。

图 6-45　报警组设置对跨框

图 6-46　保存到文件

在【报警组设置】对话框里,如果要在工程中打印报警信息,选中【批量打印】复选框并单击【配置...】按键来显示【批量打印】对话框进行设置即可。其中,使用履历编辑框可以设置与这个报警组联系的履历报警汇总表中一次可显示的报警信息的最大数目;使用日志编辑框可以设置与这个报警组联系的日志报警汇总表中一次可显示的报警信息的最大数目;单击动作设置,当报警汇总表中的报警被单击时将运行的动作,而报警数目显示指定的是报警组或报警类中报警的数量。

（2）给变量和报警汇总表分配报警组

在【新建变量】或【变量属性】对话框中,创建变量并在【报警组】属性栏中选择一个报警组。在画面上创建一个报警汇总表。在【报警汇总表设定】对话框中的【报警组】属性栏里选择一个报警组,分配报警组的图示如图 6-47 所示。

（3）设置离散型变量

创建一个离散型变量,接着双击此变量行,打开【变量属性】对话框。单击【报警】选项卡并且选中【启用报警】复选框。变量属性对话框如图 6-48 所示。

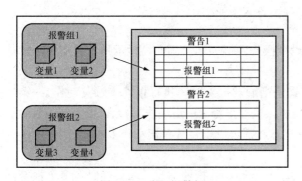

图 6-47　分配报警组

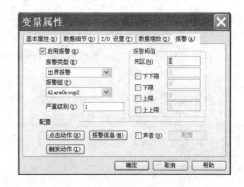

图 6-48　变量属性对话框

在【报警组】栏,选择一个变量要加入的报警组。如果所设置变量的【报警组】为【无】,其报警将不会与某报警组相联系,并且此变量的报警信息也不会被显示在任何报警汇总表中。当变量报警被用于触发一些动作时,可以设置【报警组】为【无】,另外,如果设置报警组为无，将禁用单击动作属性。

设置报警的触发条件：当高于报警值时，变量值等于 1，启动报警；当低于报警值时，变量值等于 0，启动报警。

【严重级别】里定义报警的严重性。严重性高的报警信息总是显示在第一位。请参阅在线帮助报警优先级。

【声音】栏可以指定一个声音文件，当触发报警时播放此文件。

当为报警组分配一个变量后，读者可以在【报警组】展开页中，看到属于此报警组的所有变量的列表。单击【报警组】展开页，能够显示出属于此报警组的所有变量的列表，编辑报警组的属性也是在展开页中进行的，具体设置的方法是单击报警组，显示报警组的展开页。在【报警组】展开页中，选择需要编辑的变量，在【报警组】展开页底部的【设置】区域中将显示出该变量的属性。

字报警在 Vijeo-Designer 中可以监控字地址（整型或浮点型变量），当监控字地址时，字地址上的值超出指定范围就触发报警。

（4）设置报警汇总表

读者设置报警汇总表的方法是：首先打开一个画面，并且在【绘图对象】工具栏中单击【报警汇总表】图标，从下拉列表框中选择【报警汇总表】，在画面上画报警汇总表，双击报警汇总表来显示报警汇总表的设置对话框。然后按照工程的需要，用报警汇总表选项卡来设置报警汇总表。

图 6-49　常规选项卡

在【常规选项卡】中，读者可以定义报警汇总表的显示和操作属性。常规选项卡如图 6-49 所示。

其中，使用报警组的下拉列表来给报警汇总表分配一个报警组或报警类。Runtime 期间，选中的报警组或报警类中的报警将会在报警汇总表中显示。

报警列表可以从【活动】、【履历】或【日志】中选择，当选择【履历】或【日志】时，即使报警返回常规（复归），报警仍旧在报警汇总表中显示。

（5）设置报警响应

在报警汇总表中，可以为每一个报警设置操作，例如切换画面，显示弹出式窗口，运行脚本等。

执行报警操作有两种方式：第一种方式是当触发报警时，执行报警【触发动作】；第二种方式是报警单击动作，即当选中报警信息时，执行报警【单击动作】。无论报警是【活动】、【确认】、【未确认】或【返回常规】的何种状态，都可以执行【单击动作】。

2．报警条

工程中可以在画面上通过报警条显示活动和未确认的报警信息。如果同时有多个报警被激活，报警条将按报警被激活的顺序来显示报警信息。在目标节点设置报警条的【显示信息】属性，这样可以停止报警信息的显示。

单行报警条信息将从画面右侧向画面左侧滚动，穿过画面。双行报警条信息将固定在屏幕中央，不作滚动。

（1）报警条特性

可以通过【全局显示】和【局部显示】两种显示方式来显示报警条信息。【全局显示】允许在所有的画面上显示报警信息，而【局部显示】仅允许在特定的某个画面上显示报警信息。报警设计时可以同时使用【全局显示】和【局部显示】。

使用【全局显示】时将在所有的画面上显示报警条信息，而使用【局部显示】时是在某个特定的画面上显示报警条信息。

在【目标】属性栏中，配置【报警条】，这样报警信息会在每个画面中都显示，即使在切换画面时也显示。可以设置报警条在画面的顶部、中间或底端的位置来显示。当没有报警条信息显示时，画面正常操作，可以通过报警类来显示多个报警组中的报警信息，报警组可以是本目标中的报警组，也可以是其他目标中的报警组。设置报警条位置等参数的操作如图 6-50 所示。

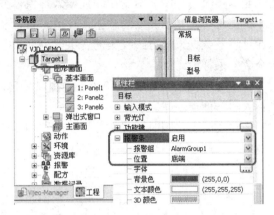

图 6-50　报警条的属性设置

（2）创建全局报警条

创建全局报警条时，首先要创建一个报警条使用的报警组，即在变量编辑器中，双击一个要将报警信息显示在报警条中的变量行，然后在【变量属性】对话框中，选择【报警】选项卡并且选中【启用报警】复选框，指定一个报警组。

在目标节点属性中，设置【报警条】属性为【启用】，并且按需要对此属性进行一些其他设置。如设置报警信息滚动速率，快为 200ms、中为 400ms、慢为 800ms。

在【视图】→【对象信息】里，当选中【显示弹出式窗口&报警条】选项后，可以通过选择【启用对象信息】选项，来启用或禁止全局报警条在 Vijeo-Designer 中显示。另外，【报警条】组件在 Vijeo-Designer 中总是可见的，不能用【启用对象信息】选项来改变其可见性。

（3）局部报警条

局部报警条仅在放置它的画面上显示，并且不会受任何可能弹出的错误窗口的影响。假如局部报警条碰巧在错误窗口的下方，局部报警条将会隐藏，但是它的位置不会改变。对于单行报警条，当没有报警处于活动状态时，单行报警条将不会显示在 Runtime 中。

全局报警条不支持而局部报警条能够支持的功能包括可以在画面上任意移动报警条，可以在同一画面上安放多个局部报警条和可以指定边框的颜色。

创建局部报警条与全局报警条一样，首先创建一个报警组，然后在创建变量并且设置报警信息，给它分配报警组并定义其他一些报警参数，打开将要显示报警条的画面，如果工程中的工艺要求需要在画面中设置单行局部报警条，则从工具箱中将报警条拖放至画面中即可，如果需要的是双行局部报警条，则单击报警汇总表的按键，从下拉列表中，选择报警条，然后绘制在画面中，设置报警条属性即可。

3．声音

声音的使用可以来提醒用户有报警处于活动状态。

（三）趋势

趋势是变量在运行时所采用值的图形表示。为了显示趋势，可以在项目的画面中组态一个趋势视图。

Vijeo-Designer 软件提供了可以在实时趋势图、历史趋势图或采样趋势图中显示数据记录的功能。实时趋势图显示变量的数据采样值，并在规定的时间间隔采样到新数据值时更新图表。历史趋势图显示变量的数据采样值，可以从中查看变量的数据历史。采样趋势图用于显示通过触发数据采样方式收集的变量的当前值。通过块趋势图，读者可以在同一时间点显示多个数据采样值。

Vijeo-Designer 中的工具箱组件中提供了现成的实时趋势图、历史趋势图、采样趋势图及块趋势图，便于创建。

创建实时趋势图时，首先选择趋势图画图工具并在画面上绘制趋势图，然后设置趋势图属性即可。创建完成后的实时趋势图如图 6-51 所示。

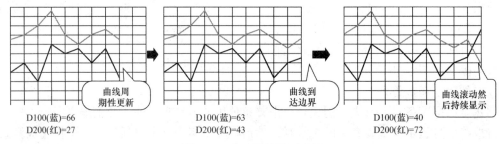

图 6-51　实时趋势图示意图

这个实时趋势图的线图，显示一个或多个指定变量的当前值；当变量的新数据样本被添加时，趋势图每隔一定的时间更新一次；当趋势图的数据区域填满时，它将以指定的时间间隔滚动以腾出空间显示新数据，而时间间隔可以指定为 1 s 或更长。

创建块趋势图时，首先在【工具箱】窗口中打开【Graph】文件夹，然后选择【TrendGraph】文件夹，接着选择【Block Trend】文件夹，然后从中选择一个块趋势图并将它拖放到画面中，设置块趋势图属性即可。

创建历史趋势图时，在 Navigator 的【工具箱】窗口中打开【TrendGraph】文件夹，接着选择【HistoricalTrend】文件夹，再从中选择一个历史趋势图并将它拖放到画面中，然后设置历史趋势图属性即可。

创建采样趋势图时，在 Navigator 的【工具箱】窗口中打开【TrendGraph】文件夹，接着选择【PlotTrend】文件夹，再从中选择一个采样趋势图并将它拖放到画面中，然后设置采样趋势图的属性即可。

（四）配方

配方是相关数据的集合，如设备组态或生产数据。例如，读者进行一个操作步骤便可将这些数据从 HMI 设备传送至控制器，进而改变生产变量。

也就是说，配方的功能在于可以同时使用多个设备地址上的配方值，只要创建一个简单的用户界面，并且定义一些生产参数，就可以保持和维护一个全面的生产流程。当工作流程发生改变或需要改变时，操作员将不再需要经历一个复杂的过程，通过配方就可以将配方值从目标机器通过【Send】（发送）操作写入到现有设备，也将配方值从读者的设备读取（通过【Snapshot】操作）到目标机器，还可以在 Runtime 中，在不同的配方间进行切换，然后选择其中一个配方通过【Send】发送到设备，覆盖其当前的配方值。

1．配方组成

配方有四个关键术语，即成分、配方、配方组合和配方控制。

成分是配方里的独立单元，由一个特定语言标签、关联变量和最大/最小值组成。通常每个配方有多个成分，可以在每个配方中添加多达 1024 个成分。

配方是变量与数值的集合，在每个配方组中，最多可创建 256 个配方。

配方组是配方的集合，每个配方组都有一个名称，配方中的唯一标识是一个 ID 号，范围在 1～65535 之间。用户被分配一个访问级别，它指定了用户是否可以查看并编辑这个配方组。在程序中一个目标里最多可以创建 32 个配方组。

配方控制是用于配方组的一组控制变量。一个配方控制包含配方组号变量（RecipeGroupNumber）、配方号变量（RecipeNumber）、配方标签变量（Recipe Label Variable）、操作触发变量（OperationTrigger Variable）、操作锁定变量（OperationsLock）、状态变量（Status）、错误变量（Error）与访问权限变量（AccessRight）这些元素。

Vijeo-Designer 提供的使用画面上的按键可以实现配方自动化或控制配方，使用配方组件可以查看和改变配方组和配方。每一个配方组都有一个独立的配方组文件，包含配方和配方的其他相关信息。

2．设置配方组

读者设置一个配方组的方法是：首先右击【配方】节点，创建一个新配方组，在【配方编辑器】中输入配方组数据，并添加成分，根据需要创建成分变量，绘制配方画面，如果配方组是由操作员控制的，还需要设置配方管理器组件。

3．设置配方节点

【配方】节点包含与目标有关的所有的配方组，使用【配方】节点执行的功能有导入一个 .csv（以逗号分隔的变量）或 .rcp（配方组）文件、创建一个新配方组、粘贴一个配方组、下载所有配方组至目标机器、从目标机器上传所有配方组、显示【配方控制】对话框和删除【配方】节点包含的所有配方组。

在【属性栏】中配置配方工程，如图 6-52 所示。

工程标识符是用于防止无效的配方文件下载到 Runtime 或从 Runtime 进行上传。在【配方】节点的属性中，工程标识符指定一个唯一标识工程的字符串，在多个工程中可以有相同的工程标识符，并且目标间可以共享工程标识符。

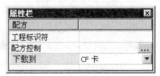

图 6-52 属性栏

在 Vijeo-Designer 软件中，配方控制定义一组配方控制变量，用于在 Runtime 期间监控一个或更多的配方对象。单击 ▦ 打开【配方控制】对话框，用来在编辑器中使用【配方控制】设置来操作 Runtime 中的相关配方对象。配方控制的变量是内部变量，读者可以为它配置【从变量读取】变量和【写入变量】变量，另外，【写入变量】必须为字符串变量，否则将显示错误信息。可以选择【主驱动器】、【第二驱动器】或【可选驱动器】，用来指定配方组文件的下载位置。

4．导出配方组

导入和导出配方组编辑器支持.csv（逗号分隔的数值）、.txt（文本）和.rcp（配方）的文件格式。

对于 .csv 文件格式，读者可以选择 ANSI 或 Unicode .csv 文件类型用来生成完整的配方格式，或 UTF-8 .csv 文件类型用以生成普通配方格式。

导出所有配方组时，右击配方组节点并选择【导出所有配方组】，如图 6-53 所示。

为配方组指定目的文件夹和文件格式，如果选择文件格式为.txt，域分隔符会被启用，并且可以从标准分隔符列表中进行选择。单击【确定】导出配方组，导出的配方组文件将置于前面所选择的目的文件夹中。此时，将会在目标节点发现每个配方组的目录和目录中的配方数据文件了。

5．导入配方组

右击配方组节点并选择【导入所有配方组】，如图 6-54 所示。

图 6-53　导出所有配方组操作图　　　　　图 6-54　导入所有配方组操作图

在【导入所有配方组】对话框中，设置【源文件】与【文件类型】，如图 6-55 所示。

导入配方的四种文件类型，即 CSV 文件（逗号分隔）（*.csv）、Unicode 普通配方 CSV 文件（*.csv）、TXT 文件（任意分隔符）（*.txt）和二进制文件（*.rcp）。

在【导入】属性中，选择生成一个新的配方组或替换/添加至已存在的配方组中，如图 6-56 所示。

图 6-55　导入所有配方组对话框　　　　　图 6-56　导入的属性设置

单击【确定】完成配方组的导入。

6．配方下载

在 Vijeo-Designer 中使用工具箱组件管理应用程序中的配方组或执行配方操作变得更简单。这些组件包括配方管理器和配方状态、上传、保存、发送、快照按键等。

下载配方组数据时，可以选择使用标准工程下载、配方组下载和数据传输工具三种方法。其中，标准工程下载是将包括配方组文件在内的所有文件下载至触摸屏；配方组下载是将一个或多个配方组文件下载至触摸屏；数据传输工具能用命令行方式传输配方组文件到触摸屏。

如果下载一个指定的配方组，可在【导航器】窗口中右击该配方组节点并选择【下载配方组】，如图 6-57 所示。

如果下载所有的配方组，可在【导航器】窗口中右击【配方】节点并选择【下载所有配方组】，如图 6-58 所示。

图 6-57　下载配方组

图 6-58　下载所有配方组

7. 条形码扫描仪

当连接到触摸屏的串行或 USB 端口时，条形码扫描仪就能从条形码符号标签中获取产品信息，就能将这些信息复制到其他用于存储或显示的变量当中，实现如图 6-59 所示。

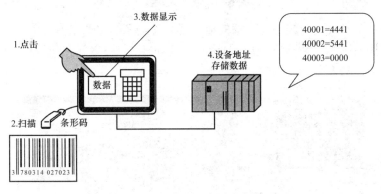

图 6-59　条形码应用示意图

其中，条形码扫描仪的驱动程序，要根据所连接的条形码扫描仪的品牌和型号来决定。

连接条形码扫描仪到目标机器时，首先在条形码扫描仪上，设置终止字符，如 Text+CR 或 Text+CR+LF。此时，如果条形码扫描仪还未遇到终止字符（CR 或 CR+LF）就超时，那么之前扫描到的所有数据都将会被清除掉，超过 100ms 就为超时。

安装条形码扫描仪的驱动程序时，首先在【导航器】窗口的【工程】页中，右击目标机器的【I/O 管理器】节点并选择【新建驱动程序】，并在【新建驱动程序】对话框中选择【通用驱动程序】作为制造商，然后选择驱动程序以及类型，单击【确定】，条形码扫描仪驱动程序即被添加完成，右击【条形码扫描仪】驱动程序节点并单击【配置】，以显示出【驱动程序配置】对话框，在【驱动程序配置】对话框中进行设置，使之与条形码扫描仪所需的通信设置相匹配，然后单击【确定】，保存该驱动程序的设置。值得注意的是，不同的驱动程序有不同的配置设置。

条形码直接输入模式代表读入条形码数据时，条形码输入数据存储于条形码字符串变量当中，并且可以直接在数据显示器中显示输入数据或将它写入设备地址，如图 6-60 所示。

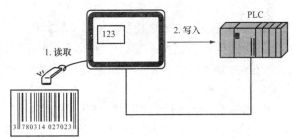

图 6-60　读入条形码示意图

使用回车键输入模式代表读入条形码数据时，条形码输入数据存储于条形码字符串变量当中，并且显示在读者能够使用键盘/键区来添加或编辑输入数据值的地方。读者可以按回车键确认接受该数据，或者按 ESC 键取消该数据的输入。这个数据一经确认，输入数据会显示于文本对象或数据显示器中，或者将它写入设备地址，如图 6-61 所示。

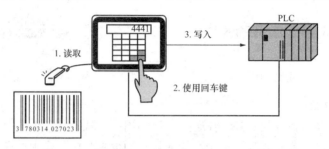

图 6-61　输入模式读入

使用数据显示器来显示条形码数据的值，要在【绘图对象】工具栏中，选择数据显示器或字符串显示器的图标，并将它拖放到画面上，【显示设置】对话框即被打开，数值显示条形码的设置如图 6-62 所示。

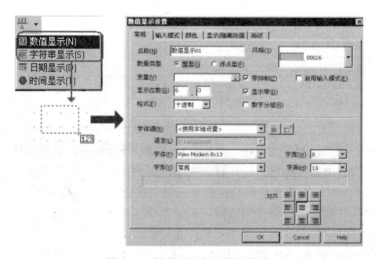

图 6-62　数值显示条形码的设置

设置【常规】选项卡，即设置变量时，对于字符串显示器选择 STRING 变量。对于数据显示器选择整型或 REAL 型变量。设置显示长度时，对于字符串显示器是设定条形码的字符数。设置零抑制、显示位数、显示零及格式时，对于数据显示器选择零抑制或只显示第一个零，指定小数点左边与右边所显示的位数，当数据等于零时选择显示 "0"，并从下拉列表中选择数据的显示格式。单击【输入模式】选项卡，选择【启用输入模式】复选框，并选择【条形码】复选框。当选择了【启用输入模式】，系统会自动选择【显示弹出式键盘】复选框，这样当输入数据时就会显示弹出式键盘。读者如果要禁用弹出式键盘，需要清除【显示弹出式键盘】复选框。

当选择【条形码】复选框时，条形码字符串变量（**Barcode01**）将自动被配置在这个域中。

在【错误状态】域中，选择用于检测扫描和数据转换的整型变量，单击【确定】完成条形码显示的配置。

六、多媒体

Vijeo-Designer 提供了自定义的视频显示组件，读者可以利用目标机器的摄影机进行录制并显示实况视频画面。视频显示像素不能小于 160×120，在单个画面中同一时间只能有两个视频显示。

读者还可以通过视频进行显示实况视频（来自于目标机器的摄影机）、录制实况视频（使用目标机器的摄影机的视频源）、播放目标机器中的录像视频或者目标中添加的视频、对视频屏幕进行截取并且保存至文件这些操作，也可打印和使用图像捕捉显示器显示屏幕快照或视频快照这些操作。

1．绘制视频显示

首先在图形对象工具栏中单击视频显示图标 📷，然后在画面上单击画出指示灯区域后拖曳到适合大小，单击鼠标左键将弹出视频显示设置对话框，如图 6-63 所示。

在【显示实况】视频里对视频显示进行设置，使目标机器的 RCA 复合端口处连接的视频摄影机中的内容可以同步显示在画面上的视频显示中。

在【播放文件】视频里设置视频显示以播放视频文件。

在【显示弹出式键盘】视频里在显示中启用弹出式键盘，选择启用实况视频键盘、启用实况/录像视频键盘、启用实况/播放视频键盘和启用实况/录制/播放视频键盘。

2．视频录制控制变量

读者在启用了目标属性中的【视频】属性后，视频录制控制变量将会被自动创建，可以使用设备来更新控制变量，如图 6-64 所示。

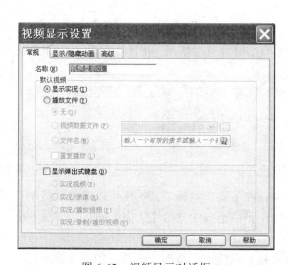

图 6-63　视频显示对话框

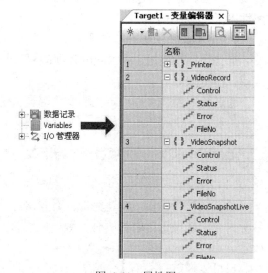

图 6-64　属性图

（1）视频录制变量介绍

视频录制控制变量：变量 _VideoRecord.Control 是视频变量的一种，用于控制视频录制操作。

视频录制状态变量：变量 _VideoRecord.Status 是视频变量的一种，用于存储视频录制操作期间的状态的值。

视频录制错误变量：变量 _VideoRecord.Error 是视频变量的一种，用于存储视频操作期间产生的错误的错误号。

视频录制文件名，用于控制视频文件名的整型变量。文件号变量的范围是 0～65536。

（2）视频快照变量介绍

视频快照控制变量，用于重放快照与实况快照的快照控制变量是：_VideoSnapshot.Control 与 _VideoSnapshotLive.Control。

视频快照状态变量，用于重放快照与实况快照的快照状态变量是：_VideoSnapshot.Status 与 _VideoSnapshotLive.Status。

视频快照错误变量，用于重放快照与实况快照的快照错误变量是：_VideoSnapshot.Error 与 _VideoSnapshotLive.Error。

视频快照文件号，用于显示控制视频快照文件名的整型变量。文件号变量的范围是 0～65536。

视频快照保存/打印清除选项，当执行快照保存或打印操作时，【保存/打印清除选项】用于将快照变量的值复位为 0。

3．使用连接设备中的控制变量

使用连接设备中的控制变量是由外部设备来进行控制的，可以通过使用外部变量来实现。通过将外部变量赋给控制变量，还可以利用外部设备来更新控制变量的值。

将设备地址设置为控制变量时，首先创建一个外部变量，打开属性设置显示出控制变量的属性，然后选择【从变量中读取】或【写入变量】选项，接着单击其旁的省略框进入变量列表对话框，选择需读取或写入的变量，然后单击【确定】，相关变量即出现在控制变量的属性中了。

4．屏幕快照的保存与打印

屏幕快照功能用于在 Runtime 期间对目标机器的屏幕进行快照，并且将它保存为 .jpeg 格式或打印出来。

通过快照操作可以设定快照文件名，并且可以指定文件的压缩方式。设置快照（.jpeg）文件的质量。快照的质量越高，其文件越大；反之，快照的质量越低，其文件越小。

七、Vijeo-Designer 项目测试与下载

1．工程验证

验证会检查错误，创建完成的触摸屏工程项目在下载到触摸屏之前，可以通过验证所有目标的方法确保工程中的所有参数正确无误，操作是在选择主菜单【生成】即可，如图 6-65 所示。

也可以通过主菜单【生成】→【验证所有目标】来验证参数的正确性，如图 6-66 所示。

图 6-65　工程验证

图 6-66　验证所有目标示意图

2．工程生成

工程生成实际上是将使用 Vijeo-Designer 图形编辑软件创建的工程编译为一个可以在支持的触摸屏面板上运行的程序。

进行工程生成前，首先单击主菜单【生成】→【清除所有目标】命令，清除每个目标与工程的工程文件夹中的所有无用文件，如图 6-67 所示。

图 6-67　生成操作图

此时，在【反馈区】将显示"清除全部目标已完成"。

清除无用的工程文件之后，单击主菜单【生成】→【生成所有目标】命令进行目标生成即可。

Vijeo-Designer 除了上面介绍的生成方法进行项目的目标生成以外，还可以通过【启动模拟】、【开始设备模拟】和【下载到】三种方法生成程序。

值得注意的是生成过程完成后，反馈区窗口将自动打开，显示所有检测到的错误和警告。错误以高亮红色显示，警告显示为黄色。如果没有错误和警告，则结果显示为绿色。

要查看有关特定错误或警告的详细信息，请双击错误或警告消息，也可按下【F4】键进行查询。

3．下载方法

在 Vijeo-Designer 中创建完成的应用程序可以通过以太网、工具端口、USB 端口、用户应用程序的安装程序、袖珍闪存卡和本地模拟的形式传输到触摸屏终端。

其中：以太网可以通过以太网方式将工程传输到配备了网口的触摸屏中。

工具端口可以通过 XBTZG915 或 XBTZG925 电缆将工程传输到连接到此 PC 的触摸屏中。

USB 端口可以通过 XBTZG935 电缆将工程传输到连接到此 PC 的触摸屏中。

用户应用程序的安装程序可以将工程传输到文件中，然后通过用户应用程序的安装程序将该文件安装到与 PC 机连接的触摸屏中。

袖珍闪存卡可以通过 PC 机中配备的 PCMCIA 读卡器复制创建的工程，把卡插到触摸屏终端设备就可以通过复制闪存卡的内容来进行传输。

本地模拟工程保存在本地，在工程调试阶段可以用于对应用程序进行模拟操作。

4．下载步骤

首先单击【导航器窗口】中的工程选项卡，然后单击目标 1。在【属性栏】中选择下载的方式，配置连接相同方式的下载电缆。如图 6-68 所示。

在【导航器窗口】中，右键单击目标 1，然后选择【下载至】，使用以太网的下载方式如图 6-69 所示。

图 6-68　属性栏

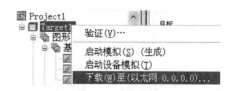

图 6-69　下载

下载完成后，检查触摸屏中应用程序是否正确显示。如果在反馈区中出现错误信息，则表明下载失败，读者应该解决反馈区提示的错误问题以后，再尝试再次下载。

5．项目的保存

在退出 Vijeo-Designer 之前，要先保存工程，只有在保存工程项目后，那些在工程项目中所作的更改才会生效。

在【导航器窗口】的【工程】页中，右击工程图标，然后选择【保存】即可也可以通过在【文件】工具栏中单击【保存】图标来保存工程项目。另外在【文件】菜单中选择【保存工程】或在【导航器窗口】的【工程】页中单击【保存】图标也可保存项目。

6．备份工程项目

Vijeo-Designer 可以使用主菜单中【文件】下拉子菜单中的【备份管理器】和 CF 卡两种方法来备份工程项目。创建工程备份文件有手动备份和自动备份两种方式。

【备份管理器】创建的备份将存储在 PC 上，通过【备份管理器】还可以给备注添加描述，并能将备份工程加载到 Vijeo-Designer 上。同时，【备份管理器】还能用于删除备份，也可导出由【备份管理器】所创建的工程备份送至到网络或 PC 机上。

触摸屏上安装 CF 卡时就具备了 CF 卡存储备份工程文件的属性，通过这个属性不仅可以备份工程文件，还可以将此备份从 CF 卡中上传到 Vijeo-Designer 里，另外，可以将触摸屏 CF 卡上的备份工程与 Vijeo-Designer 中的工程进行比较，方便调试与修改。

另外，创建一个工程备份时，备份文件会存储到路径 C：\Program Files\Schneider Electric\Vijeo-Designer\Vijeo-Frame\Vijeo-Manager\"ProjectName"*.bkm 中。

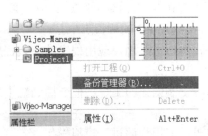

图 6-70　备份管理器

手动备份时在导航器窗口的【Vijeo-Manager】页里，右击一个工程，然后单击【备份管理器】，如图 6-70 所示。

打开【备份管理】对话框，单击【创建】，打开【创建备份】对话框，为备份文件输入名称和描述，单击【确定】，返回到【备份管理】对话框，备份历史记录里记录了这个备份文件的名字、描述和创建日期，选中一个备份，将显示该备份的描述信息。

恢复一个备份工程时，它将覆盖掉当前的版本。如果需要保留当前的工程，在恢复备份工程的时候，使用【获取】功能之前读者要首先对它进行备份。

具体操作时，右击一个工程，然后单击【备份管理器】，在【备份管理】对话框里，选择要恢复的版本，然后单击【获取】，在【备份管理器】信息对话框中，单击【确定】，所选的备份版本将覆盖至当前工程中。

电动机与变频器

电动机在生产和生活当中的使用和控制非常方便，具有自起动、加速、制动、反转、掣住等能力，能满足各种运行要求；由于电动机的工作效率较高，又没有烟尘、气味，不污染环境，噪声较小等优点，所以在工农业生产、交通运输、国防、商业及家用电器、医疗电器设备等方面广泛应用。

变频器在现代电动机控制领域技术含量较高，控制功能和控制效果都较好的电动机控制装置，它通过改变电网的频率来调节电动机的转速和转矩。在冶金、石油、化工、纺织、电力、建材、煤炭、医药、食品、造纸、塑料、印刷、起重、线缆、供水、暖通、污水处理等行业应用广泛。

第四篇围绕电动机和变频器这两个核心内容展开，省略了大段的原理和结构的叙述，以项目中需要用到的知识点为重点，在内容上突出实用性和操作性，介绍了变频器的各种基本功能、功能参数的设置、端口电路的配接和不同功能在生产实践中的应用等，包含频率设定功能、运行控制功能、电动机方式控制功能、PID功能、通信功能和保护及显示等功能。让读者能够尽快熟练地掌握变频器的使用方法和技巧，从而避免大部分故障的出现，让变频器应用系统运行的更加稳定。

电动机原理与调速方法

电动机是电能与机械能相互转化的一种装置。通常电动机的做功部分作旋转运动，这种电动机称为转子电动机，也有电动机作直线运动，称为直线电动机。

变频器技术是为满足现代化生产高效低耗的要求，逐步发展起来的。它主要是使用变频器控制电动机，按照生产工艺的要求进行工作来满足生产和生活的需要。所以，本章首先介绍电动机的种类、常用电动机的结构、原理和控制方法等内容，只有深入了解电动机的原理和调速方法才能更好地掌握变频器技术。

第一节　电动机的原理及分类

一、电动机的原理

电动机，它是利用通电线圈在磁场中受力转动的现象制成的，处于电动状态时是将电能转变为机械能的一种装置，电动机能提供从毫瓦级到万千瓦级的功率范围。

电动机控制具有自起动、加速、反转、制动等工作能力，能满足各种工艺的运行要求。同时，电动机还具有较高的工作效率、没有烟尘、安装较为方便、不污染环境和噪声也较小等特点，所以电动机在工农业生产、生活、交通运输、国防、商业及家用电器、医疗电器设备等各领域都有广泛的应用。

二、电动机的分类

随着科学技术的不断进步，电动机的原理和制造已经趋于成熟，根据不同的工艺要求，现已研制开发了适用多种不同工作场合的电动机。从不同的角度出发，电动机有不同的分类方法，以下介绍常用的电动机的分类。

1．按输入电源分类

根据电动机输入电源的不同，可分为直流电动机和交流电动机。其中，交流电动机还分为单相电动机和三相电动机。

2．按起动与运行方式分类

电动机按起动与运行方式，可分为电容盖式电动机、电容起动式电动机、电容启动运转式电动机和分相式电动机。

3．按结构及工作原理分类

电动机按结构及工作原理，可分为异步电动机和同步电动机。

4．按工作时的运转速度分类

电动机按运转速度可分为高速电动机、低速电动机、恒速电动机和调速电动机。

5．按转子的结构分类

电动机按转子的结构可分为笼型异步电动机和绕线式异步电动机。

6．按用途分类

电动机按用途可分为驱动用电动机和控制用电动机。

第二节　交流电动机的结构和调速方法

交流电动机是我们生活和工业生产中最常使用的电动机之一。大多数使用变频器进行调速的电动机都是三相交流电动机，所以，本节着重介绍三相交流电动机的结构、工作原理和调速方法等内容。

从能量转换的角度来看，三相交流电动机实际上就是一个电磁能量转换器。我们把三相交流电动机通以三相交流电源电动运行时，它能将电能转化为机械能，而三相交流电动机发电运行时能将机械能转变为电能。

三相交流电动机按定子和转子是否同步，可分为两大类：交流异步电动机和交流同步电动机。

一．交流异步电动机

交流异步电动机在我们的生活中随处可见，电梯升降的电动机、水泵等都可选择三相异步电动机作为执行部件，由于它结构简单、体积小、经济耐用、制造容易和运行可靠的诸多优点，已经在很多领域被广泛应用。

1．交流异步电动机的结构

交流异步电动机主要由定子和转子两大部分组成，在定子和转子之间形成气隙，此外交流异步电动机的其他部件还有端盖、轴承、机座和风扇等。

（1）定子

异步电动机的定子铁芯由表面涂有绝缘漆薄硅钢片叠压而成，薄硅钢片是一种含碳极低的硅铁软磁合金，厚度为 0.35～0.5mm，含硅量一般在 0.5%～4.5%之间，加入硅可提高铁的电阻率和最大磁导率，从而降低矫顽力、铁芯损耗（铁损）和磁时效。为了减少交变磁通通过而引起的铁芯涡流损耗，制作薄硅钢片一般都较薄，并且硅钢片的片与片之间是绝缘的，定子绕组就是镶嵌在定子铁芯内圆的槽里面的，这些铁芯内圆的槽是均匀分布的。

异步电动机的定子绕组由三个彼此独立的绕组组成，一个绕组就是电动机的一相，每个绕组在空间相差 120°电角度。每个绕组都有很多线圈连接而成，线圈多使用绝缘铜导线或绝缘铝导线进行绕制。定子三相绕组的六个出线端在绕制电动机时引出到电动机的接线盒上，首端分别标为 U1、V1、W1，末端分别标为 U2、V2、W2。这六个出线端在接线盒里的排列如图 7-1 和图 7-2 所示，可以接成星形或三角形接法。

异步电动机定子绕组的接线方法：电动机的定子绕组有六个引出线，读者打开端子接线盒就可看见其首末端。通常情况下，在接线盒的端盖上会给出接线图，也就是说，要根据电动机铭牌标明的接线方法接线即可。

这里需要说明的是：当电动机铭牌标明电压为 380/220V、接法 Y/△时，如果电源电压是 AC380V 时，要 Y 接。电源电压是 220V 时，则需要△接。当电动机铭牌标明电压是 380V、接法△时，只有△接这一种接线方法，但我们可以通过外部的丫—△起动的控制方法，即在起动过程中接成星接，起动完成后，恢复△接来解决起动电流过大的问题。

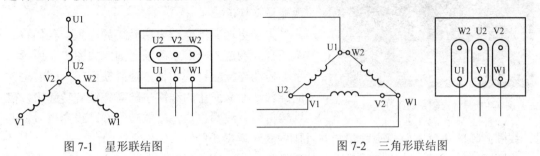

图 7-1　星形联结图　　　　　　　　　　图 7-2　三角形联结图

对于一些高压电动机，端子盒中只有三根引出线，接线时只要电源电压符合电动机铭牌即可。

（2）转子

异步电动机的转子由转子铁芯、转子绕组和转轴组成。异步电动机转子铁芯和定子铁芯一样也是由硅钢片叠压成的。转子绕组的形式主要有绕线转子和鼠笼转子两种。

1）绕线转子的转子绕组与定子绕组一样也是一个三相绕组，可以接成星形或三角形，三相引出线分别接到转轴上的三个与转轴绝缘的集电环上。图 7-3 是星形绕线式转子的示意图，可通过电刷装置与外电路相连，这样就可在转子电路中串接电阻来改善电动机的运行性能。

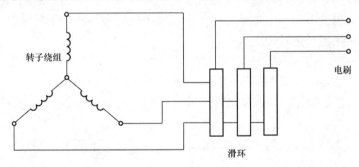

图 7-3　绕线转子绕组

2）鼠笼转子在转子的每个槽内放置一根铜条或铝条，在放置的铜条或铝条两端各用一个铜环或铝环把这些导条连接起来，形成一个短路的绕组，并且整个绕组的形状像个松鼠笼子，所以我们形象地称这种电动机为笼型电动机。小功率的异步笼型电动机为节省成本，一般采用铸铝的方法生产铸铝的鼠笼转子，一般将溶化的铝液直接浇铸在转子铁芯上的槽里，连同转子导条和铝环、风扇叶片一次浇铸而成。

（3）气隙

气隙是定子和转子间很小的间隙。在中小型异步电动机中，气隙一般为 0.2～1.5mm 左右。定子与转子之间的气隙不能太大或太小，因为如果气隙较大，在保证同样磁通的条件下所要求的励磁电流也就变大了，这样会影响电动机的功率因数。同样，气隙也不能太小，否则定子和转子会发生摩擦和碰撞而损坏。

2．交流异步电动机工作原理

交流异步电动机的工作原理是由于定子绕组在接通电源后，建立旋转磁场，依靠电磁感

图 7-4　一对永磁铁放入闭合线圈

应作用，在转子绕组中感应电势并产生电流，这样，转子电流与磁场相互作用，就产生电磁转矩从而实现能量变换。

为了更形象地介绍电磁转矩的产生，我们将一个闭合线圈放入一对永磁铁之间。如图 7-4 所示，手动摇动连接磁铁的手柄，使磁铁旋转，随着磁铁的旋转，原来静止的线圈也随着磁铁旋转起来，磁铁转得快，线圈也快，磁铁转得慢，线圈也慢。并且，线圈旋转的速度方向与磁铁相同并且比磁铁转得慢一些。

线圈随磁铁一起运动的原因是手动使磁铁旋转后，闭合线圈切割了磁力线，根据右手定则 $E = BLv$（式中：E 代表感应电动势，B 代表磁感应强度，L 代表导线长，v 代表切割速度），在线圈内部就产生了感应电动势。根据左手定则 $F = BLI$（式中：B 代表磁感应强度，L 代表导线长，I 代表电流），线圈内部产生的感应电动势将在闭合线圈中产生电流，这个电流在磁场中会产生力，而这个力会使线圈旋转起来。

这个闭合线圈就相当于异步电动机的转子，由于这个转子的电流是感应产生的，因此，异步电动机又称感应电动机。

对于异步电动机来讲，转子转速总是略低于旋转磁场的转速，即同步转速。这是因为如果两者相同，则转子导体和旋转磁场间相对静止，因而转子就不会切割磁力线，导体的感应电动势为零，因而也就不会产生电磁力矩。所以定子旋转磁场和转子转速总存在差异，只有这样，异步电动机才能产生转矩。

这个速度差与定子旋转磁场—同步转速之间的比值，称为转差率。转差率是衡量异步电动机性能的一个重要参数。我们可以通过改变异步电动机转差率进行调速，具体方法见下面的关于串级调速方法、定子调压调速方法、绕线式电动机转子串电阻调速方法、电磁转差离合器调速方法。

在了解了交流异步电动机的工作原理后，下面要分析一下两个重要关系才能更好地理解变频器在调速中所起的作用。

（1）三相电动机定子的旋转磁场与电源频率的关系

在异步电动机中，用旋转磁场代替了前段所讲的旋转磁极，我们在此处以两极电动机为例，在三相绕组中通以三相交变的电流后，相序为 A—B—C—A。三相绕组的电流分别为：

$$i_U = I_m \sin \omega t$$
$$i_V = I_m \sin (\omega t - 120°) \tag{7-1}$$
$$i_W = I_m \sin (\omega t - 240°)$$

三相电流波形如图 7-5 所示。

1）在 $\omega t = 0$ 时刻，电流和定子磁场如图 7-6 所示。

$\omega t = 0$ 时刻，在图 7-6 可清楚地看出 $i_U = 0$，i_V 为负，i_W 为正。电流流入纸面用 ⊕ 表示。电流流出纸面用 ⊙ 表示，由右手定则来判定所产生的磁场为从上到下。

2）在 $\omega t = 60°$ 时刻，电流和定子磁场如图 7-7 所示，i_U 为正，i_V 为负，i_W 为 0，磁场方向为右上到左下。

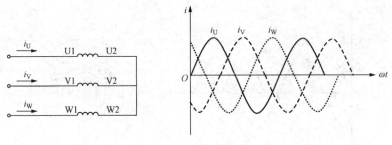

图 7-5　三相电流波形

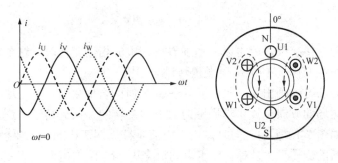

图 7-6　定子图 1

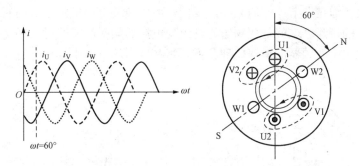

图 7-7　定子图 2

3）在 $\omega t = 90^\circ$ 时刻，电流和定子磁场如图 7-8 所示，i_U 为正，i_V 为负，i_W 为负，磁场方向为右到左。

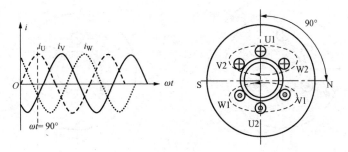

图 7-8　定子图 3

4）在 $\omega t = 180^\circ$ 时刻，电流和定子磁场如图 7-9 所示，i_U 为 0，i_V 为正，i_W 为负，磁场方向为下到上。

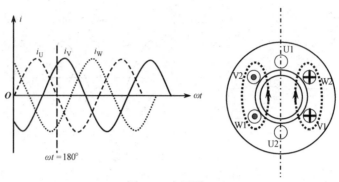

图 7-9　定子图 4

将上面四个图连接起来，就可以清楚地看出在电流相位变化时，这个合成的磁场是一个旋转的磁场，当相位变化了 180°，磁场也转过了半圈。

按照同样的方法可以画出 $\omega t = 270°$，$\omega t = 360°$ 时的合成磁场，根据这些合成磁场的旋转方向可以看出，磁场的方向是逐步按照顺时针方向旋转的，共旋转了一周，即转过了 360°。旋转磁场的变化如图 7-10 所示。同时，由于电流是按周期变化的，只要接入三相交变电源，合成磁场就会不断的旋转下去。对于异步电动机来讲，在 1s 内电源电流变动了多少个周期则旋转磁场就旋转了多少圈，即定子磁场转速 $n=$ 电源的频率 f（r/s）$=60\,f$（r/min）。从这个式子可清楚地看出，通过调节电源的频率，我们就可以调节电动机定子磁场的旋转速度，从而实现了对电动机的调速。这就是变频器通过改变电源的频率而能够对三相交流电动机进行调速的根本原因，关于变频器的调速原理和方式将在以后的章节中详述。

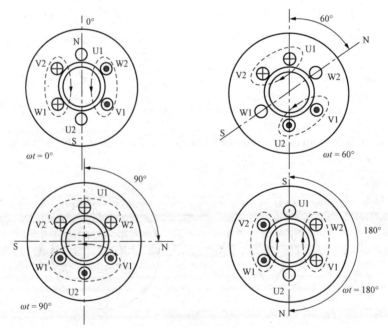

图 7-10　旋转磁场的变化

（2）极对数对旋转磁场的影响

如果在电动机制造时将每相绕组分成两段，如图 7-11 所示那样放入定子槽内。每相定子绕组由两个线圈串联组成，则绕组始端之间相差60°空间电角度，因而旋转磁场具有两对磁极，极对数 $p=2$，如图7-12所示。

对于2极的电动机来讲，只形成了一对磁极，即 $p=1$。

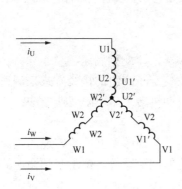

图7-11　每相绕组分成两段

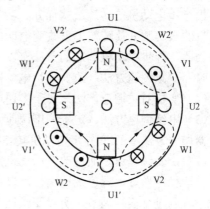

图7-12　$\omega t=0°$ 时定子内部磁场

当电流变化一个60°后，磁场沿着顺时针方向便旋转了30°，参照极对数为1的分析方法，电流变化一个周期后，磁场沿着顺时针方向便旋转了180°。结论是：极对数为2的电动机的定子磁场转速只有极对数为1的电动机的转速的一半。

同样推导出当极对数为3时，电流变化一个周期后，磁场沿着顺时针方向旋转了120°。极对数为3的电动机的定子磁场的转速只有极对数为1的电动机的转速的三分之一。

依此类推，最后得到定子旋转磁场的公式：

$$n_0 = \frac{60f_1}{p} \tag{7-2}$$

式中：f_1 为电源频率；p 为极对数。

对于同步电动机来讲，转子的转速与定子旋转磁场的转速相同，因此，调节了定子旋转磁场的速度即调节了同步电动机的速度。

（3）交流异步电动机的调速方法

调速，顾名思义就是对速度进行调节，在电动机运转时实现可变的速度而不是恒定的速度，来满足不同工艺对电动机不同转速的要求。调速一般分为有无级调速和有级调速。有级调速是跳跃式的、不连续的，可以有几挡；而无级调速是连续的、无挡位的、相对平滑的。

理解了调速的概念后，为使读者清晰的了解异步电动机调速方法和思路，下面将简明扼要的切入异步电动机的调速方法。

异步电动机的转速公式如下：

$$n = n_1(1-s) = \frac{60f}{p}(1-s) \tag{7-3}$$

$$s=（n-n_1）/n$$

式中：s 称为滑差率。

当电动机刚刚开始起动时，$n=0$，$s=1$。

若电动机处于理想空载状态，$n=n_1$，$s=0$，转子与定子的旋转磁场同步，n_1 即同步定子磁

179

场转速。

额定负载情况下，s 为2%～5%，所以异步电动机的额定转速总是接近同步转速，如2890、1450、975、741r/min 等。

由异步电动机的转速公式而知，我们可以通过改变异步电动机的供电电源频率 f，改变电动机的极对数 p 及转差率来改变电动机的转速。

因此，异步电动机调速的方法有以下几种：

（1）变频调速方法：改变异步电动机的供电电源频率，即变频调速。

（2）变极对数调速方法：对于多速电动机可采用改变定子绕组的接线方式来调速。

（3）串级调速方法、定子调压调速方法、绕线式电动机转子串电阻调速方法、电磁转差离合器调速方法：改变异步电动机转差率进行调速。

其中，变频调速是通过改变电动机定子电源的频率，从而改变其同步转速的调速方法。它的转速稳定性好，调速范围大，可以构成高动态性能的调速系统。由于变频调速的供电电源频率可以进行连续调节，所以变频调速属于无级调速。不论转速高低，变频调速的转差功率消耗基本不变，从而达到较高的电动机效率。

通常情况下，我们把电动机的额定频率定义为基频，那么变频器从基频向下调速，则为恒转矩调速方式，而从基频向上调速时，就近似为恒功率调速方式。

变频调速的方法适用于要求精度高、调速稳定性能要求好的场合。

二、交流同步电动机

随着社会进步和工业的迅速发展，一些生产机械要求的功率越来越大，如空气压缩机、球磨机、送风机等，它们的功率达数百到数千千瓦，这是因为大功率同步电动机与同功率的异步电动机比较有明显的优点，即，同步电动机能够改善电网的功率因数，这点是异步电动机做不到的。对于大功率低转速的电动机，同步电动机的体积比异步电动机的要小些。

1．同步电动机的结构

同步电动机的电动机结构和其他类型的旋转电动机一样，由固定的定子和可旋转的转子以及固定铁芯的机座等组成。

同步电动机可分为永磁同步电动机、磁阻同步电动机和磁滞同步电动机。

（1）定子

同步电动机的定子和异步电动机的定子基本相同。最常用的转场式同步电动机铁芯定子的内圆均匀分布着定子槽，槽内嵌放着按一定规律排列的三相对称交流绕组。这种同步电动机的定子又称为电枢，定子铁芯和绕组又称为电枢铁芯和电枢绕组。

（2）转子

同步电动机的转子由磁极铁芯和励磁绕组等组成。转子铁芯上装有制成一定形状的成对磁极，对于大中型容量的同步电动机上的磁极上绕有励磁绕组，通以直流电流时，将会在电动机的气隙中形成极性相间的分布磁场，称为励磁磁场（也称主磁场、转子磁场）。

同步电动机的转子有两种结构型式，即凸极式和隐极式。

1）凸极式：如图7-13所示，转子有明显的突出的磁极，气隙分布不均匀。

2）隐极式：如图7-14所示，转子做成圆柱形，气隙均匀分布。

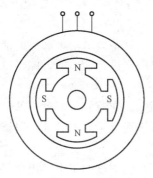

图 7-13　凸极式

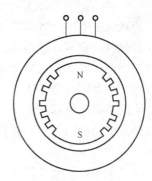

图 7-14　隐极式

凸极式和隐极式同步电动机转子的区别：对于高速旋转的同步电动机，为避免离心力对转子绕组的影响，一般采用隐极式，而对于低速旋转的电动机，由于转子的圆周速度较低，离心力较小，故采用制造简单、励磁绕组集中安放的凸极式结构。

大型同步发电动机通常用汽轮机或水轮机作为原动机来拖动，故前者称为汽轮发电机，后者称为水轮发电机。

小容量的同步电动机转子常用永久磁铁励磁，其磁场恒定，故称为永磁同步电动机。

（3）气隙

同步电动机的气隙处于电枢内圆和转子磁极之间，气隙层的厚度和形状对电动机内部磁场的分布和同步电动机的性能有重大影响。

2．同步电动机的调速方式

同步电动机的转速就是旋转磁场的同步转速，其转差始终为 0，因此没有转差功率，又由于同步转子的极对数固定，所以同步电动机的调速方式只有变频调速，没有其他调速方式。

3．同步转速

从供电品质考虑，由众多同步发电动机并联构成的交流电网的频率应该是一个不变的值，这就要求发电机的频率应该和电网的频率一致。我国电网的频率为 50Hz，故转速如下：

$$n = \frac{60f}{p} = \frac{3000}{p} \tag{7-4}$$

例如：2 极电动机的同步转速为 3000r/min，4 极电动机的同步转速为 1500r/min，依次类推。只有运行于同步转速，同步电动机才能正常运行，所以 2 极同步电动机运行于 3000r/min 时才能正常工作。

4．同步电动机的主要运行方式

同步电动机的运行方式主要有三种，即作为发电机、电动机和补偿机运行。作为发电机运行是同步电动机最主要的运行方式。同步电动机的功率因数是可以进行调节的，这样如果在一些大功率的设备上使用大型的同步电动机，其突出优点是可以提高功率因数从而提高整个系统的运行效率。现在小型同步电动机在变频调速系统中的应用也较多。同步电动机还可以作为同步补偿机接入电网，这时电动机不带任何机械负载，靠调节转子中的励磁电流向电网发出所需的感性或者容性无功功率，以达到改善电网功率因数或者调节电网电压的目的。

三、交流异步电动机与交流同步电动机的差别

（1）交流异步电动机与交流同步电动机最大的区别是两者的转子不同，同步电动机的转

子侧有独立的直流励磁，小容量的同步电动机常用永磁材料。

（2）在空载时，交流异步电动机的功率因数很低，也不具备调节功率因数的能力。而交流同步电动机则不同，因为它调节功率因数是通过励磁电流来进行调节的，即可以超前也可以滞后，也可使功率因数等于1。

（3）交流同步电动机和交流异步电动机的气隙是不同的，交流异步电动机的气隙是均匀的，而交流同步电动机的转子有显极式和隐极式两种。显极式气隙是均匀的，隐极式气隙是不均匀的。

（4）交流异步电动机调节转矩是靠调节转差率实现的，而交流同步电动机单靠调节功角就可对转矩进行调节，因此，对转矩的变化交流同步电动机比交流异步电动机做出的响应更快。

（5）由于交流同步电动机转子有独立的直流励磁，在相同条件下，交流同步电动机具有比交流异步电动机更宽的调速范围。

交流同步电动机和交流异步电动机的定子的工作方式基本上是一样的，但由于这两大类电动机设计的转子的不同以及对磁场的相对运动的不同，使交流同步电动机转子与旋转磁场速度相同，而交流异步电动机则不相同。

第三节　变频电动机类型的选择

在工程设计阶段选择电动机时，要考虑到通用型变频器是针对交流异步电动机而设计的，由于变频调速时不再需要考虑改变转子回路的电阻问题，所以，没有必要采用绕线转子异步电动机，而多数通用变频器的预置电动机模型都是四极电动机模型。因此，原则上选择电动机一般是四极笼型交流异步电动机。

1．四极电动机的调速特点

额定频率为 50Hz 的四极电动机，同步转速是 1500 r/min，为使电动机调速范围与工艺需要的调速范围配合起来，需要靠机械减速机构的减速比来设置。其中，同步转速是变频调速时恒转矩运行和恒功率运行的转折点。即：向下调速时，转矩不变，功率与转速正比，如果调速范围上限低于同步转速，电动机的功率能力将不能充分发挥。也就是说，电动机需要选择的比实际需要的功率大。向上调速时，功率不变，转矩随转速增大而衰减，如果调速范围上限高于同步转速，电动机的转矩输出能力将不能充分发挥，而且在超同步运行段，一些变频器在矢量控制下的运行性能是不能达到最佳效果的。

2．和选择减速比相关的数据

减速比选择的原则是，尽量让工艺的调速上限对准电动机的同步转速，这样才能充分发挥电动机的性能。

对于四极电动机，减速比选择的参考依据是开环 U/f 控制的调速范围大约为 150～1470 r/min，无速度传感器矢量控制及直接转矩控制的调速范围大约为 60～1500 r/min，有速度传感器矢量控制及直接转矩控制的调速范围大约为 5～1500 r/min，在 5 r/min 以下持续运转时转速的相对稳定性较差，但也能够运行。

当选择四极电动机配备减速比有困难时，二极、六极和八极电动机也可以选择。普通笼型电动机是空气自冷式的，外壳冷却依靠端部的风扇叶片，内部空气流通依靠转子两端的搅拌叶片，叶片都固定在转子轴上跟随转子转动，随着转子转速降低，端部风扇叶片逐步失去散热能力，转速进一步降低时，内部搅拌叶片也失去使空气流通的能力。

3．各类负载需要考量的相关因素

对于二次方转矩负载，由于随着转速降低，转矩也降低，发热程度降低，因此，使用普通笼型电动机是最佳选择，但建议不要在40%同步转速以下长期运行。

对于恒转矩负载，如果满负载长期运行（以连续运行时间超过10 min，或断续运行时暂载率超过40%为准）的转速在60%同步转速以上，使用普通笼型电动机是合适选择、满负载长期运行时的转速在25%～60%同步转速之间，使用带有外部强制风冷的笼型电动机是合适选择，这种电动机也被称为变频专用电动机。如果满负载长期运行的转速达到25%同步转速以下，则应该使用完全的强制冷却笼型电动机，有的厂家称这种电动机为矢量控制变频专用电动机。

当电动机用于超过额定转速运行时，除电磁转矩输出能力因为弱磁原因要降低外，由于转速增加，会增加轴承磨损，离心力增加，需要更高的转子机械强度。因此，在最大转速超额定转速120%以上时，应选择增强了机械强度、高速轴承的变频专用电动机，并且运行转速不要超过其说明书提供的转速上限。

再生制动时直流母线电压会升高，这对电动机绝缘能力有一定要求，不要选择绝缘等级太低的电动机。电压型脉宽调制变频器的 dv/dt 比较高，对于电动机绝缘可能产生疲劳性损伤，因此，用于变频调速的电动机寿命可能受到影响，运行维护时要注意绝缘检查。

在特定场合，采用同步电动机变频调速可以取得良好的转速精度，可以考虑选择交流同步电动机。

变频器的原理及应用

变频器是新型的对交流电动机进行变频调速的装置，近年来随着电力电子技术、微处理器控制技术和自动控制技术的迅速发展，使变频器具有调速精度高、响应快、保护功能完善、过载能力强、节能显著、维护方便、智能化程度高、易于实现复杂控制等优点。从变频器技术的发展来看，电动机交流变频调速技术将成为今后工业自动化的主要发展对象之一，是当今节能、节电，改善工艺流程以提高产品质量和改善环境，推动技术进步的一种主要手段。变频器的发展趋势是向小型化、智能化、多功能、大容量、低价格的方向发展。

另外，国内变频器主要依靠进口和合资生产，有施耐德、西门子、ABB、安川、东芝、富士、台达和罗克韦尔等公司产品。

目前，变频器在我国的应用情况大部分限于简单的调速，而实际上变频器还有很多功能没有得到充分利用，导致变频器的应用实际上处于一种"浪费"的状态，而在工程应用中变频器出现的故障问题大多数是由于不了解变频器的特性以及变频器参数设置不正确造成的，比如经常会遇到的变频器过流、过压等故障现象。本章针对实际应用中常常遇到的这些故障问题，通过第一节中对变频器原理和控制方式的介绍、第二节中的施耐德 ATV32 系列变频器的功能及特性的分析，使读者了解和掌握变频器通用的基本功能，并且能够通过设置变频器内置的功能和这些功能的组合，来适应不同性质的机械负载，提高技术人员在变频器理论和应用两方面的应用水平，达到灵活地使用变频器控制电动机满足各种生活和生产工艺的要求。

第一节 变频器的原理和控制方式

一、变频器的原理

变频器是将恒压恒频的交流电转换为变压变频的交流电的装置，以满足交流电动机变频调速的需要。目前，变频器在很多领域得到了推广和应用。电压与频率配合调整是变频调速的基本原理。

（一）变频器的分类

变频器按结构分，有交—交变频器（直接变频器）和交—直—交（间接变频器）；在交—直—交变频器中，按直流侧电源性质分，有电压源型变频器和电流源型变频器；按输出电压调节方式分，有脉冲幅值调节方式（Pulse Amplitude Modulation，PAM）和脉宽调制方式（Pulse Width Modulation，PWM）。

变频器按应用领域分，有通用变频器和专用变频器等。

目前，在工程实际中使用的通用型变频器大多是交—直—交 PWM 电压型变频器。

（二）变频器的结构和工作原理

1．交—交变频器

交—交变频器可将工频交流直接转换成可控频率和电压的交流，由于没有中间直流环节，因此称为直接式变压变频器。有时为了突出其变频功能，也称作周波变换器。

这类变频器输入功率因数低，谐波含量大，频谱复杂，最高输出频率不超过电网频率的一半，一般只用于轧机主传动、球磨机等大容量、低转速的调速系统，供电给低速电动机传动时，可以省去庞大的齿轮箱。

2．交—直—交变频器

交—直—交变频器是现在我们通常使用的变频器，所以，本节将以这种变频器为重点来介绍变频器的结构和工作原理。

交—直—交变频器先将工频交流整流变换成直流，再通过逆变器转换成可控的频率和交流电压，由于有中间直流环节，所以又称间接式变压变频器。交—直—交变频器的电路分为控制电路、整流器、中间电路、逆变器等四个主要部分。如图 8-1 所示。

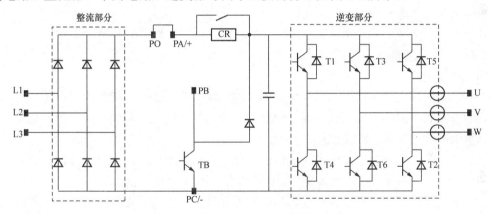

图 8-1　交—直—交变频器结构原理图

（1）控制电路

变频器中的控制电路是变频器的核心部分之一，控制电路将信号传递给整流器、中间电路和逆变器，同时控制电路也接收来自这些部分的反馈信号。简单地说，控制电路要控制变频器半导体器件，进行变频器与周边电路的数据交换并收集和处理故障信息，还要执行对变频器和电动机的保护功能。

控制电路运用了微处理器技术，而微处理器的进步已经使数字控制成为现代控制器的发展方向。由于运动控制系统是快速系统，特别是交流电动机高性能的控制需要存储多种数据和快速实时处理大量信息。现在，将微处理器集成在变频器上以后，在减少了大量的计算的同时也增加了控制电路的速度。同时，微处理技术的高速发展和进步也减小了变频器的体积。并且，数字控制使硬件简化，而柔性的控制算法又使控制具有很大的灵活性，可实现复杂的控制规律，使现代控制理论在运动控制系统中的应用成为现实。微处理器技术易于与上层系统连接并进行数据传输，便于故障诊断，加强保护和监视功能，使系统智能化（如有些变频器具有自调整功能）。

（2）整流器

整流装置是与单相或三相交流电源相连接的半导体器件的装置，产生脉动的直流电压。

也就是说，整流器就是将交流（AC）转化为直流（DC）的整流装置。

整流装置是直流调速器和交流变频器中的主要部分，由于整流装置的功率越来越大，如轧机拖动的晶闸管拖动系统，功率可达到数千千瓦，为了减轻对电网的干扰，特别是减轻整流装置高次谐波对电网的影响，可采用十二相及十二相以上的多相整流电路（如十八相、二十四相、三十六相）。

整流器有两种类型：可控的和不可控的。变频器中的整流器可由二极管或晶闸管单独构成，也可由两者共同构成。由二极管构成的是不可控整流器，由晶闸管构成的是可控整流器。二极管和晶闸管都用的整流器是半控整流器。

图 8-1 中的整流部分是由 VD1～VD6 组成的三相桥式整流电路，是共阴极组与共阳极组的串联，在正半周和负半周相应的晶闸管都能导通，每周期内有六次脉动，也称为六脉波整流。

从线电压方面看，不管正负半周，都能使相应的晶闸管导通，从而使三相的线电压能够整流出六脉波的直流电压。它们将工频380V 的交流电整流成直流，考虑直流部分电容对直流电压的抬高作用平均直流电压表达式如下：

$$U_D = 1.4U_L = 1.4 \times 380 = 532（V）$$

式中　　U_L——电源的线电压。

（3）中间电路

变频器的中间电路是整流器与逆变器中间的控制电路，是一个能量的储存装置。不同设计的中间电路有不同的附加功能，如：使整流器和逆变器解耦的功能、减少谐波功能、储存能量以承受断续的负载波动功能等。

在交—直—交变频器中，由于逆变器的负载一般都是感性的，无论电动机处于电动或发电制动状态，其功率因数总不会为 1，在中间直流环节和电动机之间总会有无功功率的交换。因此在中间直流电路中，需要有储能无功能量的元件。因为这种无功能量要靠中间直流环节的储能元件（电容器或电抗器）来缓冲，所以又常称中间直流环节为中间直流储能环节。

中间电路根据对无功能量的处理方法，一般分为两种类型：电流源型和电压源型。通俗点解释来说就是，电压源型是将电压源的直流变换为交流的变频器，直流回路的滤波元件是电容；电流源型是将电流源的直流变换为交流的变频器，其直流回路滤波元件是电感。

1）电流源型

逆变器为电流源型时，是采用大电抗来缓冲无功能量，直流中间电路呈高阻抗，强制输出交流电流为矩形波，这时输出的交流电压是由电动机的反电势所决定的，接近于正弦波。所以直流中间电路由一个大的电感线圈构成，它只能与可控整流器配合使用。电感线圈将整流器输出的可变直流电压转换成可变的直流电流，电动机电压的大小取决于负载的大小。

采用中间电路是大的电感线圈的电流源型逆变器，如果工作于再生状态时，由于直流电压的方向是可以很方便地改变，故无需电流反向即可实现再生制动，一般多用于经常要求起动、制动与反转的拖动系统中。

2）电压源型

逆变器为电压源型时，中间电路由含有电容器的一个滤波器构成，电容器能缓冲无功能量，滤波器使整流器输出的脉动直流电压变得平滑。直流中间电路呈低阻抗，强制输出交流电压为矩形波，由于负载阻抗的作用，输出的交流电流按指数曲线变化，接近于正弦波。电压型中负载的无功功率可以经过与 IGBT 反并联的反向二极管与电容器交换能量。

采用中间电路是电容器的电压源型逆变器，如果工作于再生制动状态时，由于直流侧电压的方向不易改变，故要改变电流的方向，把电能反馈到电网，就需要再加一套能量反馈单元。

（4）逆变器

逆变实际上就是对应于整流的逆向过程。一般来说，逆变器是一种将直流电（DC）转化为交流电（AC）的装置。它由逆变桥、控制逻辑和滤波电路组成。逆变分为有源逆变和无源逆变，有源逆变是变流器工作在逆变状态时，如果把变流器的交流侧接到交流电源上，把直流电逆变为同频率的交流电反送到电网去的逆变。而无源逆变是变流器的交流侧不与电网连接，而直接接到负载，把直流电逆变为某一频率或可调频率的交流电供给负载的逆变。

变频器的逆变器属于无源逆变，是变频器的最后一个环节，由 6 个全控功率开关元件和 6 个与它们反并联的反向二极管组成，通过 6 个全控功率开关元件反复交替的通断，实现三相的逆变，6 个反向二极管则为处于发电状态的电动机回馈电能提供了通路。逆变器与电动机相连并将整流后固定的直流电压变换成变压变频的交流电。

中间电路给逆变器提供了三种类型的输入，即可变直流电流、可变直流电压、固定直流电压。逆变器工作时，无论是哪种类型的中间电路的输入，都会给电动机提供可变的量。电动机电压的频率总是由逆变器产生的。如果中间电路提供的电流或电压是可变的，逆变器只需调节频率即可。如果中间电路只提供固定的电压，则逆变器既要调节电动机的频率，还要调节电动机电压。

变频器逆变的功率元件现多采用绝缘栅双极晶体管，缩写 IGBT（Insulated Gate Bipolar Transistor），是由 BJT（双极型三极管）和 MOS（绝缘栅型场效应管）组成的复合全控型电压驱动式电力电子器件。并且，随着主电路功率开关元件的自关断化、模块化、集成化、智能化，使变频器逆变的功率元件的开关频率也不断提高，开关损耗进一步降低。

现在，IGBT 输出的调制方式绝大多数采用脉宽调制的方法，所以读者有必要了解什么是脉宽调制，以及脉宽调制的原理和调制的方法，这部分内容将在下一节中单独讲述。

（三）变频器的 IGBT 输出的调制方式

变频器 IGBT 输出的调制方法有两种方式：一种是调压调频（PAM）方式；另一种是脉宽调制（PWM）方式。

PAM 被用于中间电路电压可变的变频器，频率控制时，输出电压的频率通过逆变器改变工作周期来调节。在每一工作周期内，半导体开关组都通断若干次。因为实施 PAM 的线路比较复杂，要同时控制整流和逆变两个部分。并且，晶闸管整流后直流电压的平均值并不和移相角成线性关系，从而使整流和逆变的协调变得相当困难，所以一般不采用这种调制方式。

目前，为了产生与频率相对应的三相交流电压，采用最广泛的调制方式，即脉宽调制 PWM。

1．PWM 原理

脉冲宽度调制技术（Pulse Width Modulation），简称 PWM，通过对一系列脉冲的宽度进行调制，来等效地获得所需要的波形（含形状和幅值）。脉宽调制是一种应用比较普遍的控制方式，脉宽调制是保持逆变器的工作频率不变，即载波频率不变，而通过改变 IGBT 的导通时间或截止时间来改变占空比的调制方式。

综上所述，由于各脉冲的幅值相等，所以逆变器可由恒定的直流电源供电，符合逆变器的电能直—交变换模式。其中，正弦波脉宽调制（SPWM）是脉宽调制（PWM）中的一种典型调制方式。

那么在 SPWM 调制方式中，IGBT 是如何导通和关断的呢？SPWM 调制的期望波形是逆变器输出的正弦波，载波是一个频率比期望波的频率高得多的等腰三角波，调制波是频率和期望波相同的正弦波。逆变器开关器件的通断时刻由调制波与载波的交点确定，这里我们则认为，从而获得在正弦调制波的半个周期内呈两边窄、中间宽的一系列等幅不等宽的矩形波。这些交点由控制电路决定，如果正弦电压高于三角波电压，则使 IGBT 导通；正弦电压低于三角波电压，IGBT 关断。

2．脉宽调制 PWM 的各种调制方法

脉宽调制 PWM 的调制方法有很多，包括同步调制、异步调制、分段同步调制等。

从载波频率和期望波频率的比值（即载波比）是否改变，可将脉宽调整分为异步调制、同步调制和分段同步调制。

异步调制是在变频的整个范围内载波频率和期望波频率的比值不同的调制方式。同步调制是在变频时使载波频率和期望波频率的比值保持不变的调制。分段同步调制是将同步、异步调制相结合的一种调制方法，它把整个变频运行范围划分为若干个频段，在每个频段内都维持载波比为恒定，对不同频段取不同的载波比值。

（1）同步调制

基本同步调制方式，三角载波频率变化时载波比不变，信号波一周期内输出脉冲数是固定的；三相电路中公用一个三角波载波，并且取载波比为 3 的整数倍，使三相输出对称。为使一相的 PWM 波正负半周镜对称，N 应取奇数。这种方式适用于动态性能要求低的三相交流传动，因为其电压和频率变化得较慢。

缺点是：三角载波频率很低时，正弦调制波频率也很低，由调制带来的谐波不易滤除；三角载波频率很高时，正弦调制波频率会过高，使开关器件难以承受。

（2）异步调制

异步调制时，整个输出频率范围内载波比不为常数，一般是保持载波频率始终不变，来使低频时载波比增大，输出半周期内脉冲数量增加，解决了较低次数的高次谐波问题。

缺点是：当输出频率降低时，载波比不能在整个输出频率范围内满足 N 为 3 的倍数的要求，会使输出电压波形相位随时变化，难以保证正、负半波以及三相之间的对称性，会引起偶次谐波等其他问题。

当正弦调制波参考信号频率较低时，载波比较大，一周期内脉冲数较多，脉冲不对称产生的不利影响都较小。

当正弦调制波参考信号频率增高时，载波比减小，一周期内的脉冲数减少，PWM 脉冲不对称的影响就变大。

（3）分段同步调制

分段同步调制是将同步、异步调制相结合的一种调制方法，它把整个变频运行范围划分为若干个频段，在每个频段内都维持载波比为恒定，对不同频段取不同的载波比值。这样既保持了同步调制下波形对称、运行稳定的优点，又解决了低频运行时谐波增大的弊病。

分段同步调制的特点是：把正弦调制波参考信号频率范围划分成若干个频段，每个频段内保持载波比恒定，不同频段载波比不同；在正弦调制波参考信号频率高的频段采用较低的载波比，使载波频率不致过高。在正弦调制波参考信号频率低的频段采用较高的载波比，使载波频率不致过低。

（4）其他 PWM 调制方法

其他 PWM 调制方法还包括随机 PWM、空间电源矢量 PWM、电流控制 PWM、非线性控制 PWM 等。这里简单介绍随机 PWM 调制方法和空间电源矢量 PWM 调制方法。

1）随机 PWM 调制方法

随机 PWM 方法的原理是随机改变开关频率，即在线性频率坐标系中，各频率能量分布是均匀的，尽管噪音的总分贝数未变，但以固定开关频率为特征的有色噪音强度大大削弱。也就是说，消除机械和电磁噪音及谐波造成的振动的最佳方法不只是可以提高工作频率，采用随机 PWM 的调制方法也是我们努力的发展方向。

2）空间电压矢量 PWM 调制方法

空间电压矢量 PWM 调制方法，即磁通正弦 PWM 法。它是以三相波形整体生成效果为前提，以逼近电动机气隙的理想圆形旋转磁场轨迹为目的，用逆变器不同的开关模式所产生的实际磁通去逼近基准圆磁通，由它们的比较结果决定逆变器的导通和关断，形成 PWM 波形。这种方法从电动机的角度出发，是把逆变器和电动机看作成一个整体，以内切多边形逼近圆的方式进行控制，使电动机获得幅值恒定的圆形磁场（正弦磁通）。

空间电压矢量 PWM 的具体方法又分为磁通开环法和磁通闭环法。

磁通开环法用两个非零矢量和一个零矢量合成一个等效的电压矢量。若采样时间足够小，便可合成任意电压矢量。这种方法输出电压比正弦波调制时提高了 15%，谐波电流有效值之和接近最小。

磁通闭环法引入磁通反馈，控制磁通的大小和变化的速度。在比较估算磁通和给定磁通后，根据误差决定产生下一个电压矢量，形成 PWM 波形。这种方法克服了磁通开环法的不足，解决了电动机低速运行时，定子电阻影响大的问题，减小了电动机的脉动和噪音。

二、变频器的控制方式

在实际的工程系统中，当对异步电动机进行调速时，需要根据电动机的特性对供电电压（电流）和频率进行适当控制。通常变频器的控制模式指的是针对频率、电压、磁通和电磁转矩等参数之间的配合关系，比较常用的控制模式有 U/f 控制模式和矢量控制模式两大类，其中在原理上最简单的是 U/f 模式。采用不同的控制方法所得到的调速性能、特性和作用是不同的。

在前面的小节中简单讲述了电动机的变频调速原理，下面将详细介绍几种最常用和最主要的变频器的控制方式，包括恒压频比控制、转差频率控制、矢量控制、直接转矩控制等。理解这些控制方式对用好变频器有很大的促进作用。

（一）恒压频比控制

变频器的恒压频比控制方法，即 U/f 控制，属于转速开环控制方式，无需速度传感器，控制电路也相对简单，负载可以是通用的标准型异步电动机，通用性强、经济性好，是目前变频器使用较多的一种控制模式。

这种控制方式使电动机的磁通基本不变。保持磁通基本不变的方式是通过在变频调速中保持电动机中每极磁通量 ϕ_m 为额定值不变来实现的。

三相异步电动机定子的相电动势的有效值是

$$E_g = 4.44 f_1 N_1 k_{N1} \phi_m \tag{8-1}$$

式中　E_g——气隙磁通在定子每相中感应电动势有效值，V；

　　　　f_1——定子频率，Hz；

　　　　N_1——定子每相绕组串联匝数；

　　　　k_{N1}——基波绕组系数；

　　　　ϕ_m——每极气极隙磁通量，Wb。

如果降低电源频率时还保持电源电压为额定值，则随着定子频率 f_1 的下降，每极气极隙磁通量 ϕ_m 将会增加，电动机磁路本来就已经是饱和状态，那么随着磁通量 ϕ_m 的增加，将导致电动机磁路过饱和从而使定子产生过大的励磁电流，严重时会因绕组过热而损坏电动机。

如果降低电源频率时，随着定子频率 f_1 的下降，电源电压降得过低，则每极气极隙磁通量 ϕ_m 也将降低，这样就没有充分利用电动机的铁芯。也就是说，降低了电动机的输出力矩，使电动机带载能力下降，势必导致一种浪费。

所以要保持电动机中每极磁通量 ϕ_m 为额定值不变，那么如何才能保证在变频调速过程中每极磁通量 ϕ_m 为额定值不变呢？

$$E_g = 4.44 f_1 N_1 k_{N1} \phi_m \Rightarrow \phi_m = \frac{1}{4.44 N_1 \, k_{N1}} \times \frac{E_g}{f_1} = K \times \frac{E_g}{f_1} \tag{8-2}$$

由式（8-2）可知，只要同时协调控制气隙磁通在定子每相中的感应电动势的有效值 E_g 和定子频率 f_1，便可达到控制每极气隙磁通 ϕ_m 的目的，对此，我们需考虑基频（额定频率）以下调速和基频以上调速两种情况。

1．基频以下调速

要保持 $\varPhi_m$ 不变，当频率 f_1 从额定值向下调节时，必须同时降低感应电动势的有效值 E_g，使：

$$\frac{E_g}{f_1} = 常数 \tag{8-3}$$

但是，我们都知道在电动机的绕组中的感应电动势是难以直接进行控制的，当定子频率（电动机速度）较高时，可以忽略定子绕组的漏磁阻抗压降，使用定子相电压 U_s 近似的代替感应电动势的有效值 E_g，于是得到 $\varPhi_m = \dfrac{U_1}{f_1} = 常数$，这就是我们希望得到的实用的是恒压频比的控制方式。

这里还需要注意的是，当定子频率较低时，U_1 和 E_g 都较小，定子阻抗的压降是不能忽略的，电动机的定子相电压与电动机电动势近似相等的条件已经不能满足，那么，解决的办法就是需要人为加入一个定子电压补偿，也就是将定子电压抬高一些以近似地补偿定子阻抗的压降，使气隙磁通 ϕ_m 大体可保持恒定。这种人为电压补偿的方法一般称为转矩补偿或电压补偿，也叫转矩提升。

从图 8-2 所示的低频电压补偿图中可以清楚地看出，由于不同负载在低频运行时，负载轴上的阻转矩也各不相同。与此对应的定子电流和阻抗压降也不一样，所需要的补偿量也就各不相同了。对此，ATV32 系列变频器设置了可供用户选择的功能（标准两点压频比和 5 点压频比两种控制方式）。

（1）两点压频比-直线型

如前所述，由于在频率较高部分定子压降可忽略。因此，用户只需预置一个起始电压 U_0 即可，如图 8-3 所示。

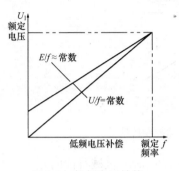

图 8-2 低频电压补偿

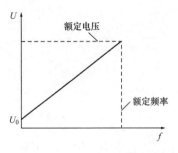

图 8-3 两点压频比

（2）五点压频比—任意折线型

用户可预置 5 个转折点，从而可使所需 U/f 线为任意折线型，如图 8-4 所示。

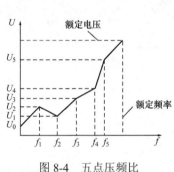

图 8-4 五点压频比

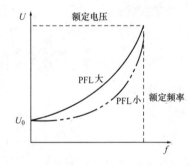

图 8-5 U/f 的二次方

例如：ATV32 变频器有专门的用于泵和风机负载电动机控制类型 U/f 的二次方。

ATV32 变频器参数【U/f 曲线的形状】（PFL）用于调节二次方曲线的曲率，如图 8-5 所示。

U/f 控制法中，当转矩补偿线选定之后，电动机输入电压的大小只和工作频率有关，而和负载轻重无关。

但许多负载在同一转速下，负载转矩是常常变动的。例如塑料挤出机在工作过程中，负载的阻转矩是随塑料的加料情况、熔融状态以及塑料本身的性能等而经常变动的。

当用户根据负载最重时设置了电压的补偿值（这样做的目的是为了保证电动机的正常起动），但是，电动机起动时存在负载变化，当负载较轻时，定子电流 I_1 较小，定子绕组的阻抗压降 ΔU 也较小，这样会导致定子电压的过补偿，从而使磁路饱和，导致定子电流出现尖峰。因此，对低速时负载转矩变化很大的应用场合，建议使用后面介绍的矢量控制方式。

2．基频以上调速

在基频以上调速时，就不能再使用"U_1/f_1=常数"这种方式，这是因为虽然频率可以从额定频率往上增高，但定子电压却不能超过额定电压，最多与额定电压相等。由于频率升高而电压不动，将使磁通 ϕ_m 随频率的升高成反比的降低，同时使电动机的输出力矩也随频率的升高成反比的降低。所以基频以上，随着转速的升高，转矩将会降低，基本上属于"恒功率调速"，如图 8-6 所示。

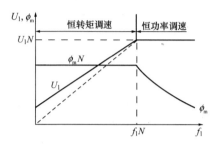

图 8-6 异步电动机变压变频调速控制特性

为了使读者更清晰地理解工频起动和变频器拖动电动机时的机械特性的差别，下面详细介绍基频以下恒压、恒频（工频）控制时的机械特性和电压、频率协调控制时的机械特性。

3．基频以下恒压、恒频（工频）控制时的机械特性

基频以下恒压、恒频（工频）控制时的机械特性如图 8-7 所示。在基频以下恒压、恒频控制时，忽略各次谐波、磁饱和、铁损和励磁电流，由异步电动机的稳态等效电路可以得到电动机转矩的公式：

$$T = \frac{P_m}{\Omega_1} = \frac{3p_n U_1^2 R_2' / s}{\omega_1 \left[\left(R_1 + \frac{R_2'}{s} \right)^2 + \omega_1^2 \left(L_{11} + L_{12}' \right)^2 \right]}$$

$$= 3p_n \left(\frac{U_1}{\omega_1} \right)^2 \frac{s\omega_1 R_2'}{\left(sR_1 + R_2' \right)^2 + s^2 \omega_1^2 \left(L_{11} + L_{12}' \right)^2} \tag{8-4}$$

式中 T——为电动机转矩；

R_1, R_2'——定子每相电阻和折合到定子侧的转子每相电阻；

L_{11}, L_{12}'——定子每相漏感和折合到定子侧的转子每相漏感；

U_1，ω_1——定子相电压和供电角频率；

s——转差率；

p_n——极对数。

当 s 很小时，可忽略上式含 s 的各项，则

$$T_e \approx 3p_n \left(\frac{U_1}{\omega_1} \right)^2 \frac{s\omega_1}{R_2} \propto s \tag{8-5}$$

当 s 接近于 1 时，可忽略分母中的 R_2，则

$$T_e \approx 3p_n \left(\frac{U_1}{\omega_1} \right)^2 \frac{\omega_1 R_2'}{s \left[R_1^2 + \omega_1^2 \left(L_{11} + L_{12}' \right)^2 \right]} \propto \frac{1}{s} \tag{8-6}$$

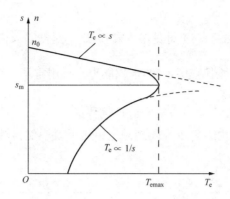

图 8-7 基频以下恒压、恒频（工频）控制时的机械特性

4．基频以下电压、频率协调控制时的机械特性

基频以下电压、频率协调控制时的机械特性如图 8-8 所示。为了近似保持气隙磁通不变，以便充分利于电动机铁芯，发挥电动机产生力矩的能力，在基频以下采用恒压频比控制。

$$T = \frac{P_m}{\Omega_1} = \frac{3p_n U_1^2 R_2' / s}{\omega_1 \left[\left(R_1 + \frac{R_2'}{s} \right)^2 + \omega_1^2 \left(L_{11} + L_{12}' \right)^2 \right]} \tag{8-7}$$

$$= 3P_n \left(\frac{U_1}{\omega_1} \right)^2 \frac{s\omega_1 R_2'}{\left(sR_1 + R_2' \right)^2 + s^2 \omega_1^2 \left(L_{11} + L_{12}' \right)^2}$$

将上式对 s 求导，并令 $dT/ds=0$，可求出产生最大转矩的转差率和最大转矩。

$$s_m = \frac{R_2'}{\sqrt{R_1^2 + \omega_1^2 \left(L_{11} + L_{12}' \right)^2}} \tag{8-8}$$

$$T_{emax} = 3p_n \left(\frac{U_1}{\omega_1} \right)^2 \frac{1}{\frac{R_1}{\omega 1} + \left[\sqrt{\left(\frac{R_1}{\omega 1} \right)^2 + \left(L_{11} + L_{12}' \right)^2} \right]} \tag{8-9}$$

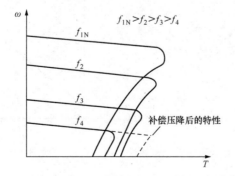

图 8-8 基频以下电压、频率协调控制时的机械特性图

因为 $\left(\dfrac{U_1}{\omega_1}\right)^2$ 不变，由式（8-8）可见最大转矩 T_{emax} 是随着 ω_1 减小而减小的。频率很低时，最大转矩 T_{emax} 太小，将限制调速系统的带载能力。采用定子压降补偿，适当提高定子电压，可以增强带载能力。

5．基频以上电压、频率协调控制时的机械特性：

在基频以上调速时，由于电压升高到额定电压后就不能再继续升高，因此将转矩方程式改写为

$$T = \frac{P_m}{\Omega_1} = 3p_n U_{1N}^2 \frac{R_2'/s}{\omega_1\left[\left(R_1 + \dfrac{R_2'}{s}\right)^2 + \omega_1^2\left(L_{11} + L_{12}'\right)^2\right]} \tag{8-10}$$

最大转矩为

$$T_{emax} = 3p_n U_{1N}^2 \frac{1}{\omega_1\left[R_1 + \sqrt{R_1^2 + \omega_1^2\left(L_{11} + L_{12}'\right)^2}\right]} \tag{8-11}$$

由于频率升高而电压不变，气隙磁动势必将减弱，这将会导致转矩的减小。并且，最大转矩也将会减小，使机械特性上移，我们可以认为输出功率基本不变。因此，基频以上调速的变频调速属于弱磁恒功率调速。基频以上电压、频率协调控制时的机械特性如图 8-9 所示。

6．恒功率运行的性能优化

在实际工程中，一些高速电动机为了优化恒定功率时的运行性能，在电压达到电动机额定电压后还允许电压继续升高，以便弥补一部分由于频率升高导致的磁通量的减小，从而提升了电动机在高速时的输出的最大转矩。

施耐德 ATV32 变频器恒功率的优化功能，即为矢量控制两点功能。当变频器频率超过额定频率以后，电压超过额定电压后还可再升高，如图 8-10 所示。

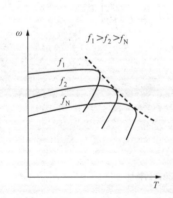

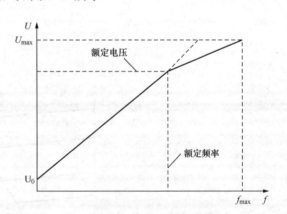

图 8-9　基频以上电压、频率协调控制时的机械特性　　　　图 8-10　矢量控制两点功能

恒压频比控制方式是建立在异步电动机的静态数学模型的基础上的，因此动态性能指标不高，对于轧钢、造纸设备等对动态性能要求较高的应用，就必须得采用矢量控制变频器才

能达到工艺上的较高要求。

（二）**转差频率控制**

恒压频比的开环控制方式，可以满足一般平滑调速的要求，但调速的动、静态性能一般。如何才能提高调速的性能呢？

前面提到恒压频比开环控制使用补偿压降的办法近似地实现了 E_g/f = 常数的控制，如果要实现更好的性能，可以使用更接近 E_g/f = 常数的控制方法。

使用 E_g/f = 常数的控制方法，电动机的电磁转矩为

$$T = \frac{P_m}{\Omega_1} = 3p_n \left(\frac{E_g}{\omega_1} \right)^2 \frac{s\omega_1 R_2'}{R_2'^2 + s\omega_1^2 L_{12}'^2} \tag{8-12}$$

最大转矩为

$$T_{emax} = \frac{3}{2} p_n \left(\frac{E_g}{w_1} \right)^2 \frac{1}{L_{12}'} = 常数 \tag{8-13}$$

由式（8-12）可知，当使用 E_g/f = 常数控制时，最大转矩是不变的，恒 E_g/f = 常数的控制实现的性能正是恒压频比控制定子压降补偿要实现的目标。也就是说，E_g/f = 常数的控制是优于恒压频比控制方式的。

电动势 $E_g = 4.44 f_1 N_1 k_{N1} \phi_m = \frac{1}{\sqrt{2}} \omega_1 N_1 k_{N1} \phi_m$ 代入上式得

$$T_e = \frac{3}{2} p_n N_1^2 k_{N1}^2 \phi_m^2 \frac{s\omega_1 R_2'}{R_2'^2 + s^2 \omega_1^2 L_{12}'^2}$$

令 $\omega_s = s\omega_1$，并定义为转差角频率，再令 $K_m = \frac{3}{2} p_n N_1^2 k_{N1}^2 \phi_m^2$，是电动机的结构常数。

$$T_e = K_m \frac{\omega_s R_2'}{R_2'^2 + \left(\omega_s L_{12}' \right)^2}$$

当 s 很小时，ω_s 也很小，可以认为 $\omega_s L_{12}$ 远小于 R_2'，得 $T_e = K_m \phi_m^2 \frac{\omega_s}{R_2'}$

也就是说，在 s 很小的范围内，只要保证气隙磁通不变，异步电动机的转矩就和转差角频率成正比。控制了转差频率，就可以实现控制力矩，这是压频比方式做不到的。

上述的结论是在磁通恒定、转差率 s 很小的情况。

（1）可以证明，只要 I_1 与转差角频率符合下式

$$I_1 = I_0 \sqrt{\frac{R_2'^2 + \omega_s \left(L_m + L_{12}' \right)^2}{R_2'^2 + \omega_s^2 L_{12}'^2}} \tag{8-14}$$

式中：I_0 是定子、转子电流向量的向量差。

图 8-11 所示为转差角频率的定子电流调节规律。只要控制定子电流就能保证气隙磁通恒定。

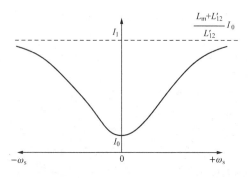

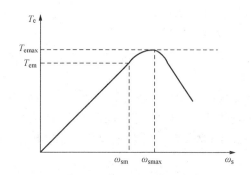

图 8-11　转差角频率的定子电流调节规律　　　图 8-12　电磁转矩与转差角频率的关系

下面考察一下精确的电磁转矩与转差角频率的关系。从图 8-12 中可知，在转差角频率较小的运行段上，转矩 T_e 与转差角频率基本成正比，当转矩达到最大值时，转差角频率也达到最大值。

（2）在转差控制系统中，由图 8-12 可知，只要 $\omega_{sm} < \omega_{smax} = \dfrac{R_2}{L_{12}}$，就可以保证转距与转差角频率的正比关系。

（3）转速闭环转差频率控制。

转速闭环转差频率控制的外环是速度环，内环是电流环。引入速度反馈，速度环输入为速度给定减去速度反馈实际值，速度环输出是转差频率给定值，代表转矩给定。转矩给定一路按照转速调节器的输出，通过 $I_1 = I_0 \sqrt{\dfrac{R_2'^2 + \omega_s \left(L_m + L_{12}'\right)^2}{R_2'^2 + \omega_s^2 L_{12}'^2}}$ 产生 U_{i1}^*，此信号可控整流器的 U_{i1} 相减，得到的信号再通过电流控制环控制定子电流，来保证气隙磁通为常量；另一路按 $\omega_s + \omega = \omega_1$ 的规律产生对应于定子频率的控制电压，决定逆变器的输出频率，这样便形成了转速外环内的电流频率的协调控制。

（4）转速闭环转差频率控制的特点。

转差频率控制系统的突出优点在于：频率输入环节由转差信号和实测转速信号相加得到，与恒压频比相比，加减速更平滑，并容易稳定。

缺点是：在转速闭环转差频率控制环节中，取 $\omega_s + \omega = \omega_1$，使频率 ω_1 得以和转速同步升降，如果速度检测信号不准或有干扰信号，这些信号的误差将毫无衰减的反映到频率控制信号上。

转速闭环转差频率控制在恒 $E_g/f =$ 常数，并引入速度反馈和电流环，改善了性能，但系统从稳态公式出发的平均值控制，完全不考虑过渡过程。这样一来交流调速器系统的稳定性、起动及低速时的转矩动态响应与直流调速相比就存在一定的差距了。

（三）矢量控制

前面论述的基于稳态数学模型的异步电动机调速系统虽然能够在一定范围内实现平滑调速，但是，如果遇到轧钢机、数控机床、机器人、载客电梯等需要高动态性能的调速系统或伺服系统，就不能完全适应了。要实现高动态性能的系统，必须使用矢量控制系统。为了弄清楚矢量调节方法，首先必须了解三相异步电动机数学模型的复杂性。

1．矢量控制的基本思路

众所周知，交流电动机的三相对称的静止绕组 A、B、C，通以三相平衡的正弦电流时，所产生的合成磁动势是旋转磁动势 F，它在空间呈正弦分布，以同步转速 ω_1（即电流的角频率）顺着 U—V—W 的相序方向旋转。这样的物理模型绘于图 8-13 中。

旋转磁动势并不一定非要三相不可，除单相以外，两相、三相、四相等任意对称的多相绕组，通以平衡的多相电流，都能产生旋转磁动势，当然以两相最为简单。

图 8-14 中绘出了两相静止绕组 α 和 β，它们在空间互差 90°，通以时间上互差 90°的两相平衡交流电流，也产生旋转磁动势 F。

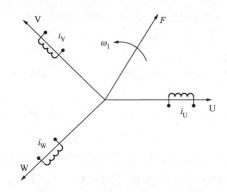

图 8-13　异步电动机的旋转磁动势

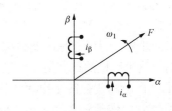

图 8-14　两相的等效旋转磁动势

当三相旋转磁动势和两相旋转磁动势大小和转速都相等时，即认为两相绕组与三相绕组旋转磁动势等效。

再看图 8-15 中的两个匝数相等且互相垂直的绕组 M 和 T，其中分别通以直流电流 i_m 和 i_t，产生合成磁动势 F，其位置相对于绕组来说是固定的。

如果让包含两个绕组在内的整个铁芯以同步转速旋转，则磁动势 F 自然也随之旋转起来，成为旋转磁动势。

把这个旋转磁动势的大小和转速也控制成与三相旋转绕组和两相旋转绕组中的磁动势一样，那么这套旋转的直流绕组也就和前面两套固定的交流绕组都等效了。当观察者也站到铁芯上和绕组一起旋转时，在他看来，M 和 T 是两个通以直流而相互垂直的静止绕组。

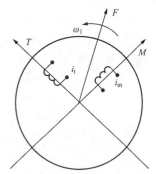

图 8-15　直流两相等效磁动势

如果控制磁通的位置在 M 轴上，就和直流电动机物理模型没有本质上的区别了。这时，绕组 M 相当于励磁绕组，T 相当于伪静止的电枢绕组。

如图 8-16 所示，当观察者站在地面看上去，它们是与三相交流绕组等效的旋转直流绕组。如果跳到旋转着的铁芯上看，它们就的的确确是一个直流电动机模型了。这样，通过坐标系的变换，就可以找到与交流三相绕组等效的直流电动机模型了。

把上述等效关系用结构图的形式画出来，便得到图 8-17 所示的异步电动机的坐标变换结构图。从整体上看，输入为 U、V、W 三相交流电压，异步电动机的输出为转速 ω。从内部看，经过 3/2 相变换和同步旋转变换，变成一台由 i_m 和 i_t 输入，由 ω 输出的直流电动机。

图 8-16　观察者在转子上的示意图

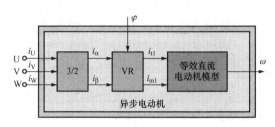

图 8-17　异步电动机的坐标变换结构图

在图 8-17 异步电动机的坐标变换结构图中，3/2 部分是三相和两相变换部分，VR 部分是同步旋转变换，φ 是 M 轴与 T 轴的夹角。

既然异步电动机经过坐标变换可以等效成直流电动机，那么，模仿直流电动机的控制策略，得到直流电动机的控制量，经过相应的坐标反变换，就能够控制异步电动机了。

由于进行坐标变换的是电流（代表磁动势）的空间矢量，所以这样通过坐标变换实现的控制系统就叫做矢量控制系统（Vector Control System），控制系统的原理结构如图 8-18 所示。

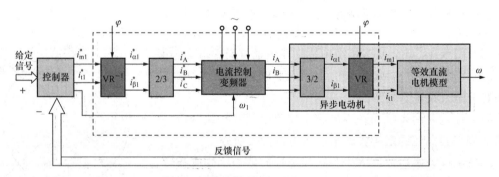

图 8-18　矢量结构图

而直流电动机在不考虑弱磁的情况下，转速与电枢电压、转矩与电枢电流都是线性的关系，这样控制起来将是非常简单和方便的。

在设计矢量控制系统时，可以认为，在控制器后面引入的反旋转变换器 VR^{-1} 与电动机内部的旋转变换环节 VR 抵消，2/3 相变换器与电动机内部的 3/2 相变换环节抵消，如果再忽略变频器中可能产生的滞后，则图 8-18 矢量结构图中虚线框内的部分可以完全删去，剩下的就是直流调速系统了。

2. 按转子磁链定向的矢量控制

前面讲述的只是矢量控制的基本思路，其中的矢量变换包括 3/2 相变换和同步旋转变换。在进行两相同步旋转坐标变换时，只规定了 d、q 两轴的相互垂直关系和与定子频率同步的旋转速度，并未规定两轴与电动机旋转磁场的相对位置，对此是有选择余地的。

现在 d 轴是沿着转子总磁链矢量的方向，并称之为 M 轴，而 q 轴再逆时针旋转 90°，即垂直于转子总磁链矢量，称之为 T 轴。

这样的两相同步旋转坐标系就具体规定为 M、T 坐标系，即按转子磁链定向（Field Orientation）的坐标系。转子磁链定向原理图如图 8-19 所示。

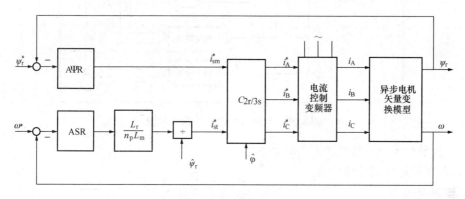

图 8-19　转子磁链定向原理图

要实现按转子磁链定向的矢量控制系统，很关键的因素是要获得转子磁链信号，以供磁链反馈和除法环节的需要。开始提出矢量控制系统时，曾尝试直接检测磁链的方法，一种是在电动机槽内埋设探测线圈，另一种是利用贴在定子内表面的霍尔元件或其他磁敏元件。但实际上这样做都会遇到不少工艺和技术问题，而且由于齿槽影响，使检测信号中含有较大的脉动分量，越到低速时影响越严重。因此，现在实际的系统中，多采用间接计算的方法，也就是说，利用容易测得的电压、电流或转速等信号，结合转子磁链模型，便可实时计算磁链的幅值与相位。

按转子磁场定向的矢量控制系统，是近年来实际应用最普遍的高性能交流调速系统。其调节器设计方便、调速范围广，并且动态特性好。但转子磁场定向的矢量控制系统的性能受电动机参数影响很大，如果电动机参数不准确就不能获得优良的性能，因此，使用正确的电动机参数和进行参数的辨识（自整定）是应用矢量控制的基础和不可缺少的工作。

（四）直接转矩控制

直接转矩控制（Direct Torque Control，DTC），国外的原文有的也称为 Direct self-control，DSC，直译为直接自控制，这种"直接自控制"的思想以转矩为中心来进行综合控制，不仅控制转矩，也用于磁链量的控制和磁链自控制。

直接转矩控制系统是继矢量控制系统之后发展起来的另一种高动态性能的交流电动机变压变频调速系统。在它的转速环里面，利用转矩反馈直接控制电动机的电磁转矩，因而得名。

1. 直接转矩控制与矢量控制的区别

直接转矩控制不是通过控制电流、磁链等来间接控制转矩，而是把电动机输出转矩直接作为被控量进行控制，其实质是用空间矢量的分析方法，以定子磁场定向方式，对定子磁链和电磁转矩进行直接控制的。直接转矩控制结构原理图如图 8-20 所示。

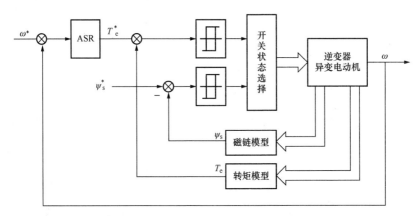

图 8-20　直接转矩控制结构原理图

2．直接转矩控制的结构和控制特点

（1）直接转矩控制的结构特点

1）转速双闭环。

2）ASR 控制器的输出作为电磁转矩的给定信号。

3）设置转矩控制内环，它可以抑制磁链变化对转速子系统的影响，从而使转速和磁链子系统实现近似的解耦。

4）用滞环控制器取代通常的 PI 调节器。

（2）直接转矩控制的控制特点

与转子磁场定向系统一样，直接转矩控制也是分别控制异步电动机的转速和磁链，但在具体控制方法上，直接转矩控制系统与转子磁场定向系统有很大的不同，其特点如下：

1）直接转矩控制的转矩和磁链的控制采用双位式砰-砰控制器，并在 PWM 逆变器中直接用这两个控制信号产生电压的 SPWM 波形，从而避开了将定子电流分解成转矩和磁链分量，省去了旋转变换和电流控制，简化了控制器的结构。

2）选择定子磁链作为被控量，而不像转子磁链定向矢量控制系统中那样选择转子磁链。这样一来，计算磁链的模型可以不受转子参数变化的影响，提高了控制系统的鲁棒性。如果从数学模型推导按定子磁链控制的规律，显然要比按转子磁链定向时复杂，但是，由于采用了砰-砰控制，这种复杂性对控制器并没有影响。

3）由于采用了直接转矩控制，在加减速或负载变化的动态过程中，可以获得快速的转矩响应，但必须注意限制过大的冲击电流，以免损坏功率开关器件，因此实际的转矩响应的快速性也是有限的。

4）直接转矩控制系统则实行转矩与磁链的砰-砰控制，避开了旋转坐标变换，简化了控制结构；控制定子磁链而不是转子磁链，不受转子参数变化的影响；但不可避免地产生转矩脉动，因此其低速性能较差，调速范围受到限制。

直接转矩控制系统和矢量控制系统的比较见表 8-1。

表 8-1　　　　　　　　　直接转矩控制系统和矢量控制系统比较表

性能与特点	直接转矩控制系统	矢量控制系统
磁链控制	定子磁链	转子磁链
转矩控制	砰-砰控制，有转矩脉动	连续控制，比较平滑

续表

性能与特点	直接转矩控制系统	矢量控制系统
坐标变换	静止坐标变换，较简单	旋转坐标变换，较复杂
转子参数变化影响	无	有
调速范围	不够宽	比较宽

随着科技的发展和工程实际应用的需要，运动控制系统的新控制方式将不断涌现，现有的控制方式的改进也将更为优化。

三、变频器的节能原理

在工业生产和产品加工制造业中，风机、泵类设备的应用范围广泛，其电能消耗和诸如阀门、挡板、电气定位器等相关设备的节流损失以及这些设备的维护、维修费用大约占到生产成本的 7%～25%，生产费用支出较大。目前，随着经济改革的不断深入，市场竞争的不断加剧，节能降耗业已成为降低生产成本、提高产品质量的重要手段之一。因此，风机、泵类设备使用变频器来实现节能降耗的应用越来越多。本节将结合施耐德变频器介绍变频器的节能原理。

（一）变频器在供水系统应用中的节能原理（泵的节能分析）

1．供水系统的主要参数

供水系统有两个重要参数，即流量和扬程。

流量是单位时间内流过管道内某一截面的水流量，在管道截面不变的情况下，流量的大小决定于水流的速度。符号是 Q，常用单位是 m^3/s。

扬程是单位重量的水通过水泵所获得的能量，符号是 H。因为在工程实际应用中，扬程体现为液体上扬的高度，故常用单位是 m。

（1）静态扬程

静态扬程是供水系统为了提供一定流量必须上扬的高度，也叫实际扬程，符号是 H_A。H_A 体现为从水池的水平面到管路最高处之间的上扬高度，也称为静扬程。

（2）动态扬程

动态扬程是供水时克服了各部分管道内的摩擦损失和其他损失后，使水流具有一定的流速所需要的扬程，动态扬程是不能用高度来表示的。

（3）全扬程

全扬程是动态扬程与静态扬程之和，称为全扬程，也叫工作扬程，符号是 H_G。

管阻是阀门和管道系统对水流的阻力，符号是 R。与管路的直径和长度、管路各部分的阻力系数，以及液体的流速等因素有关。因为不是常数，难以简单地用公式来定量地计算，通常用扬程与流量间的关系曲线来描述。

压力，是表明供水系统中某个位置（某一点）水压的物理量，符号是 p。其大小在静态时主要取决于管路的结构和所处的位置，而在动态情况下，则还与供水流量与用水流量之间的平衡情况有关。

2．扬程特性

扬程特性反映了流量大小对全扬程的影响。以管路中的阀门开度不变为前提，表明在某一转速下，全扬程与流量间关系的曲线，称为扬程—流量特性曲线。从图 8-21 中可以看出，流量越大，管道中的摩擦损失以及提高流量所需的扬程也越大，全扬程则越小。

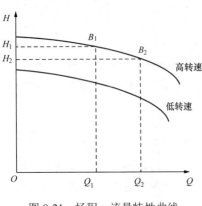

图 8-21　扬程—流量特性曲线

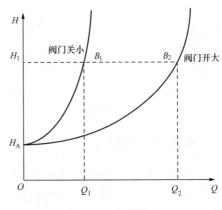

图 8-22　管阻特性

扬程特性的起点称为空载扬程 H_0，当流体的流量趋近于零时，所能达到的最高扬程。空载扬程与转速有关：水泵的转速下降，其供水能力也下降，则空载扬程下降，扬程特性也随之下移。

3．管阻特性

以水泵的转速不变为前提，表明阀门在某一开度下，扬程与流量间关系的特性曲线称为管阻特性曲线。

管阻特性表明了管路的阻力对流量的影响。流量越大，克服管阻所需的扬程也越大，故全扬程越大。管阻特性的起始扬程等于静扬程。其物理意义是：如果全扬程小于静扬程的话，将不足以克服管路的管阻，从而不能供水或通风。因此，静扬程也是能够供水或供风的"基本扬程"。

管阻特性与阀门的开度有关：当阀门关小时，管阻增大，克服管阻所需的扬程也增大，故管阻特性将上扬。

图 8-22 所示的管阻特性曲线表明，通过改变管阻大小（阀门开度），可以控制供水能力。而流量大小取决于阀门的开度，是由供水侧决定的。故管阻特性的流量，可以认为是"供水流量"，用 Q_G 来表示。

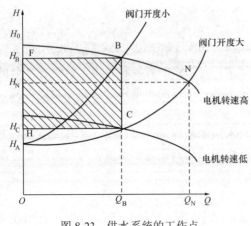

图 8-23　供水系统的工作点

4．供水系统的工作点

供水系统的工作点是扬程特性曲线和管阻特性曲线的交点。这个工作点既满足了扬程特性，也符合管阻特性。供水系统处于平衡状态，系统稳定运行。

如图 8-23 所示，工作点就是 N 点。此时的流量为 Q_N，扬程为 H_N。

流体功率中的基本功耗与静扬程对应的功率与面积 OHDQ 成正比，即克服静扬程所消耗的功率。

水泵的输出功率必须大于静扬程。或者

说，水泵的输出功率中，大于静扬程的部分，才是用户得到的流体功率。因此，静扬程是管路系统的基本功耗，也可以看作是广义的空载损失。

5．风机水泵类不同控制方式下的节能效果分析

通常风机水泵类负载多是根据满负荷工作需用量来选型，实际应用中因为用水或风量的使用量在有些时间会减小。

（1）用挡风板、阀门来调节风量或流量

在电动机不调速的情况下，常用挡风板、阀门来调节风量或流量。挡板是一个圆板状盖子，与圆筒状的风道轴方向成直角安装，改变其开度则风阻变化，从而调节风量。

根据挡板在风道中的安装位置不同，可分为出口挡板控制和入口挡板控制。一般地说，采用入口挡板控制比出口挡板控制，控制效果好，能耗相对小。

挡板，阀门控制的原理是水泵本身的供水能力不变，而是通过改变管路中的阻力大小来改变流量，以适应用户对流量的需求。这时，管阻特性将随阀门开度的改变而改变，但扬程特性则不变。

（2）变频调速来调节风量或流量

通过阀门的开度不变，使用变频器调速来改变电动机转速的方法达到改变流量的目的。

变频器调速改变电动机的转速控制的方法的原理是管阻特性保持不变，通过改变水泵供水能力来适应现场对流量的需求。当水泵的转速改变时，扬程特性将随之改变。

（3）通过两种控制调节流量的方法比较

在所需流量小于额定流量的情况下，变频调速的方法控制时的扬程比阀门和挡板控制时要小得多，所以变频器控制方式所需的流体功率也比阀门或挡板控制方式小得多。两种控制方式的流体功率之差便是变频器调速控制方式节约的流体功率，它与面积 HCBF（图 8-25 中的阴影部分）成正比是流体功率的节能效果，也是变频调速供水系统具有节能效果的最基本的方面。

图 8-24 给出了挡板和变频器调速两种方法所需功率-风量图，与挡板控制相比，变频调速的节能效果非常明显。图中变频器曲线与理想曲线的差距表示变频器的损耗。节电量是变频器曲线与入口挡板的所需功率之差。

（4）节能效果与静扬程的关系

从图 8-25 所示的节能效果与静扬程的关系图中，可以看出，静扬程越大，则供水时的基本功耗越大，调节流量时的可变功耗越小，节约的功率越小。

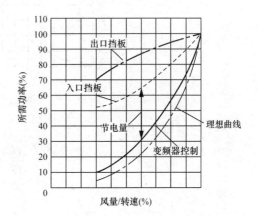

图 8-24　功率-风量图

水泵管路系统的类型很多，如供水管路、取水管路、循环水管路等。供水管路又有许多具体的类型，难以尽述。这里只根据静扬程的大小，讨论两种比较典型的情形。

第一种：高楼供水的情形。

高楼供水系统的特点是：静扬程 H_A 较大，转速调节的范围较小，且基本功率所占比例较大，采用变频调速后的节能空间有限。

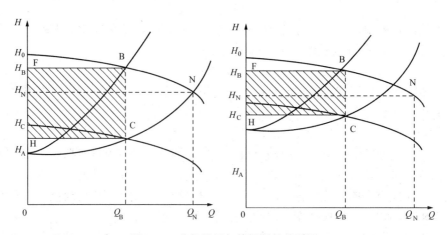

图 8-25　节能效果与静扬程的关系图

第二种：车间供水的情形。

大多数工厂的车间都是低层建筑，与高楼供水相比，转速调节的范围较大，基本功率所占比例较小，采用变频调速后的节能效果比较显著。

（5）使用变频器调速节能与泵和风机的负载曲线的关系

离心泵和离心风机类负载是典型的变转矩负载，即风量与转速成正比，转矩或风压与转速平方成正比，轴功率与转速立方成正比，请参考图 8-26。

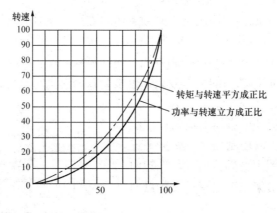

图 8-26　负载曲线

根据比例律公式可得出

$$\frac{H_1}{Q_1^2} = \frac{H_2}{Q_2^2} = K \tag{8-15}$$

即

$$H = KQ^2$$

若已知 A_1 点（Q_1，H_1），A_2 点（Q_2，H_2）则可求出 K 值，在图 8-27 的 Q–H 曲线图上假定几个流量，就可作出 $H = KQ^2$ 的相似工况抛物线。此曲线不但通过 B 点（Q_1，H_1），而且与水泵转速为 80% 转速的性能曲线相交于 C 点。但管道特性曲线与图 8-26 相似工况抛物线不是一回事，由于实际泵应用总会有静扬程存在，B 点经变频器调速降速后并不是降到 C 点，而是 D 点（实际的运行点并不是简单的二次曲线），同样的轴功率点也不是与转速三次方成比例的 C 点，而是 D 点，实际扬程越大，节能效果越小。因此，对于泵和风机的负载要考虑实际扬程，轴功率与转速成三次方不一定成立，如图 8-27 和图 8-28 所示。在图 8-28 中，当使用阀门时，转速功率由 B 到 A，当使用变频器时，实际运行点是由 B 到 D，与阀门控制相比，可获得 AD 的节能效果。

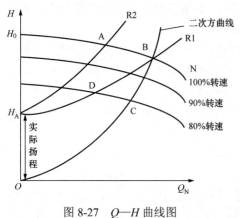

图 8-27　$Q—H$ 曲线图

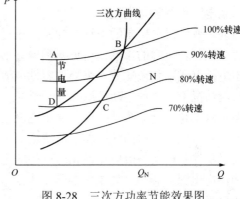

图 8-28　三次方功率节能效果图

（二）恒转矩负载的节能计算

对于输送机，辊道等恒转矩传动负载，电动机输出功率的表达式为

$$P=KTn$$

式中　T——负载转矩；

　　　n——电动机的转速。

这样变频器即使拖动恒转矩负载，采用变频器使电动机速度下降，电动机的输出功率将减小，从而实现了一定程度的节能。在考虑节能时同时也要考虑变频器本身的能量消耗。

（三）变频器调速与传统调速方式的节能比较

异步电动机调速系统种类繁多，常见的有：降电压调速；电磁转差离合器调速；绕线转子串电阻调速；绕线转子串级调速；变极对数调速等。

按照交流异步电动机的基本原理，从定子传入转子的电磁功率 P_m 可分为两个部分：一部分是机械功率 $P_m=(1-s)P_M$，是拖动负载的有效功率；另有一部分为转差率功率 $P_s=sP_M$，此功率与转差率 s 成正比。

从能量角度看，对于拖动系统的有效功率对所有的调速方式是相同的，而转差功率是否增大，是消耗掉还是得到回收，显然就成了评价调速方式的一个标志。

转差功率消耗型调速系统：全部转差功率都转化成热能消耗掉。

降电压调速、电磁转差离合器调速、绕线转子串电阻调速，这三类都属于这一种，并且速度越低，需要增加的转差功率越大，消耗的功率也越大，效率也越低。

转差功率回馈型调速系统：转差功率的一部分消耗掉，大部分通过变流装置回馈给电网或转化为机械能予以利用，绕线转子串级调速就属于这一类，由于增设的交流设备（用于产生附加电动势）本身要消耗一部分功率，因此还不是最佳方案。

转差功率不变型调速系统：无论速度高低，转差功率的消耗基本不变，因此效率最高。变极调速、变频调速都属于此类，但变极对数调速只能是有级调速，应用场合有限。只有变频调速应用场合最广。

四、变频器的选择要点

1. 选择变频器的注意事项

变频器是根据负载性质来选择的，例如利用变频器驱动潜水泵电动机时，因为潜水泵电动机的额定电流比通常电动机的额定电流大，所以在选择变频器时，要考虑其额定电流要大于潜水泵电动机的额定电流。

另外，变频器与控制的电动机的距离较远，需要使用长电缆运行时，应该采取措施抑制长电缆对地耦合电容的影响，避免变频器输出处产生过高的电压，建议在变频器的输出端安装输出电抗器或正弦波滤波器来降低容性电流和电压变化率。

一般情况下，根据电动机选择变频器时，以电动机额定运行电流为依据，电动机功率作为参考，以不超出变频器功率单元输出电流为宜。

使用自备电源供电的变频器，需要增加进线电抗器。进线电抗器用于平滑电源电压中包含的尖峰脉冲或桥式整流电路换相时产生的电压凹陷。此外，进线电抗器可以降低谐波对变频器和供电电源的影响。如果电源阻抗小于 1%，就必须采用进线电抗器以便减少电流中的尖峰成分。

对于一些特殊的应用场合，如高环境温度、高开关频率、高海拔高度等，此时会引起变频器的降容，变频器也需放大一挡选择。

2. 变频器的容量选择

变频器的容量选择要根据不同的负载来确定。在变频器的用户说明书中叙述的"配用电动机容量"只适用于连续恒定负载，如鼓风机、泵类等。对于变动负载、断续负载和短时负载，电动机是允许短时间过载的，因此变频器的容量应按运行过程中可能出现的最大工作电流来选择，即

$$I_{CN} \geqslant I_{Mmax} \tag{8-16}$$

式中 I_{CN}——变频器的额定电流；

I_{Mmax}——电动机的最大工作电流；

变频器的过载能力的允许时间一般只有 1 min，这只是对于设定电动机的起动和制动过程才能有意义。而电动机的短时过载是相对于达到稳定温升所需的时间而言的，通常是远远超过 1 min。

变频器对于连续恒负载运转时所需容量的计算如下式

$$P_{CN} \geqslant 1.732 \, kU_M I_M \times 10^{-3} \tag{8-17}$$

$$I_{CN} \geqslant kI_M$$

式中 k——电流波形系数（PWM 方式取1.05～1.0）；

P_{CN}——变频器的额定容量；

I_M、U_M——电动机的额定电流、电压；

I_{CN}——变频器的额定电流。

另外，在变频器驱动绕线式异步电动机时，由于绕线式异步电动机绕组阻抗较笼型异步电动机小，容易发生纹波电流而引起过电流跳闸现象，所以应选择比通常容量稍大的变频器。

第二节　施耐德 ATV32 系列变频器的原理和应用

ATV32 系列变频器是施耐德电气公司研发的最新型的书本型变频器，具有结构紧凑、节省安装空间的特点。ATV32 变频器集成了 ATVIogic 功能，可以在变频器中下载使用 SoMove 软件编制的程序，在变频器参数设置的基础上，编制特殊的功能，从而满足对设备某些功能的特殊需要。在仓储系统、物料处理的制造行业的提升设备中应用广泛，也可用于木材和金属加工行业的切割、钻孔和焊接等；ATV32 变频器具有开环恒转矩控制功能还内置有安全功能，在纺机行业、包装行业和机械行业都得到了用户的广泛好评。它还可以通过 SoMove Lite 软件进行编程，来满足出口设备和国内设备越来越高的安全要求。

本节将逐步介绍 ATV32 系列变频器的型号、工作特点和使用方法，使读者能够更加快速直观的对变频器 ATV32 进行选型、编程和应用。

一、ATV32 系列变频器产品介绍

下面简要介绍 ATV32 系列变频器的产品特点、容量范围、环境适应能力、电磁兼容性和谐波对策、应用行业、专用功能等内容，便于变频器的使用者快速熟悉 ATV32 系列变频器的系列产品。

1．变频器的容量范围

ATV32 系列变频器覆盖的电动机功率范围从 0.75～15kW，分为两个子系列：

（1）ATV32H…M2：电动机功率 0.18～2.2kW 200V /240V；

（2）ATV32W…N4：电动机功率 0.37～15 kW 380 V /500V。

2．ATV32 系列变频器的型号

$$\frac{ATV32}{1} \quad \frac{H}{2} \quad \frac{D75}{3} \quad \frac{N4}{4}$$

1—产品系列

ATV32 变频器驱动的是三相异步和同步电动机。

2—工艺方面

H：带散热器的标准产品；M：基座版。

3—尺寸

变频器的尺寸与电动机功率相关联，其中，前缀代表小数点的位置，即：D＝0.1，U＝1。

4—进线电压

M2：单相 200～240V；N4：三相 380～500V。

3．TV32 系列变频器的环境适应能力

（1）环境温度：开关频率在 4kHz 及以下，不降低容量运行时环境温度的范围是-10～+50℃，如果变频器在运行时的环境温度高于 50℃，那么变频器需降低容量使用，另外，环境温度最高可达 60℃。

（2）相对湿度：5%～95%，无凝露或滴水。

4．ATV32 系列变频器的安装特点

施耐德 ATV32 系列变频器安装时具有节省空间、节省时间和安装灵活等特点。

（1）节省空间

ATV32 系列变频器由于采用的是书本型设计，所以 5.5kW 以下的变频器的宽度是 45mm 或 60mm。也就是说，安装 6 台普通型变频器的空间可容纳 10 台以上 5.5kW 以下的 ATV32 系列变频器，并且这种变频器还有个独特的设计就是可以将电动机热磁断路器 GV2 在顶部直接进行安装，从而节省了控制柜的内部安装空间。

（2）节省时间

ATV32 系列变频器的功率单元和控制单元部分可以进行拆卸，安装好变频器后再装回，这样会使变频器的接线变得十分方便。另外，通信采用菊花链的方式进行连接，两个同样的接口也使用户接线变得十分便捷。

（3）安装灵活

有三种安装方式可供选择，可以通过选件的不同在控制柜的侧面进行安装，也可以采用并排安装的方式以节省安装空间，还可以通过加装附件的方式与 GV2 实现整体安装。

5．ATV32 系列变频器专用功能的特点

ATV32 系列变频器内置了安全功能、内部编程功能、具有丰富的人机接口功能和优良的性能等专业功能。

（1）内置安全功能

有符合 SIL-1，SIL-2，SIL-3（Ineris）认证的三种安全停车功能，即：安全转矩停止（STO）输入（SIL-1 – SIL-2 – SIL-3）；安全限速（SLS）（SIL-2）；安全停机（SS1）（SIL-2）。

（2）ATV32 系列变频器内部编程功能

ATV32 系列变频器内部编程功能的实现是通过 Somove 软件来完成的，读者可以在变频器内部进行简单的编程，通过简单的编程还可以访问变频器的内部变量，无需添加外部设备。其中，编程功能内含算术功能、布尔运算、计数器和计时器功能块。

在一些典型应用的项目中，通过对集成在变频器中的这种编程功能的利用，用户将无需添加 PLC 就可以完成工艺上的要求，达到节省项目费用的目的。

（3）丰富的人机接口

ATV32 系列变频器具有蓝牙功能，可使用 PC 机或手机通过蓝牙来对变频器参数进行设置，另外，可以使用变频器本身的面板和外接中、英文面板进行参数设置。如果对大批量变频器进行参数设置时，还可以使用多功能下载器进行下载，并且变频器无需上电，方便快捷。

（4）性能优良

ATV32 系列变频器的出厂设置为增强型的压频比方式，当电动机功率与变频器差别不大时，不需要在变频器中重新设置电动机的参数，直接运行就可获得优良的性能。

6．系统集成及通信

ATV32 系列变频器集成了两个 Modbus 或 CANopen 端口。另外，ATV32 系列变频器还可以通过加装可选卡连接于工业通信网络，如：Ethernet CAT、Profibus DPV1、Device Net。

二、ATV32 系列变频器的安装、接线和上电

变频器属于精密的功率电力电子产品，其现场安装的好坏也影响着变频器的正常工作，尤其安装在油田等作业现场条件较恶劣的场合，所以变频器在起动前，首先应按说明书安装

好变频器，并测量安装现场的环境温度，环境温度在 50～60℃之间或使用较高的开关频率时，选择变频器的额定电流要大于电动机的额定电流，然后设置变频器的各项参数和功能。

1．ATV32 系列变频器的安装

ATV32 系列变频器安装应远离发热源，在变频器的上下两侧留出必要的散热空间，如图 8-29 所示。

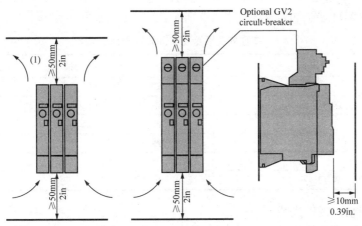

图 8-29　变频器的散热空间

垂直安装，角度误差±10°。

变频器前方与柜门的距离至少保留 10mm 空间。

ATV32 系列变频器可并排紧靠安装如图 8-30 所示，对于小功率的 ATV32 变频器类型 A、B 可与 GV2 组合安装，通过添加一个附件可进行机柜侧面安装如图 8-31 所示。变频器机柜侧面安装示意如图 8-32 所示。

图 8-30　并排安装　　　　图 8-31　与 GV2 组合安装　　　　图 8-32　机柜侧面安装

2．动力部分的接线

ATV32 系列变频器的动力部分，在不同的功率段下接线方式是不同的。

（1）220V 单相供电的变频器的供电方式

对于 220V 单相供电的 ATV32 系列变频器，采用的是变频器上部供电的方式，端子为 R/L1、S/L2/N、接地端子；在变频器的底部接制动电阻，端子为 PA/+、PB；电动机电缆也在底部安装，端子为 U/T1、V/T2 和 W/T3。

（2）380V 三相供电的变频器的供电方式

对于 380V 三相供电的 ATV32 系列变频器容量在 4kW 以下时,采用的是变频器上部供电的方式,端子为 R/L1、S/L2、T/L3、接地端子;在变频器的底部接制动电阻,端子为 PA/+、PB;电动机电缆也在底部安装,端子为 U/T1、V/T2 和 W/T3。

对于容量在 4kW 以上的 ATV32 系列变频器,采用的是底部左侧的供电方式,端子为 R/L1、S/L2、T/L3、接地端子;底部右侧接电动机电缆,端子为 U/T1、V/T2 和 W/T3。ATV32 系列变频器功率部分端子的定义表如表 8-2 所示。

表 8-2　　　　　　　　　　ATV32 系列变频器功率部分端子的定义表

功率端子	功　　能
⏚	保护地端子
R/L1，S/L2，T/L3	变频器电源输入,单相输入的 M2 没有 L3 端子
PA/+	直流母线+极和输出至制动电阻
PC/–	直流母线-极
PB	输出至制动电阻
U/T1，V/T2，W/T3	输出至电动机

（3）变频器输入侧的接线

在将变频器电源进线端子 R/L1、S/L2、T/L3 接入主电源之前,检查变频器的电压范围与接入的主电源是否相符。8-3 详细说明了 ATV32 型号所对应的电压范围和电源输入类型,在现场最好使用万用表测量主电源的电压确保变频器的电源进线在标准范围内。

表 8-3　　　　　　　　　　　　变频器的电压范围表

型　　号	电压范围	电源输入类型
ATV32**M2	200V-15%～240V+10 %	单相电源输入
ATV32**N4	380-15%～480+10 %	三相电源输入

注意

　　如果测量的主电源的电压不在变频器的电压范围内时不要接入主电源,否则运行变频器时将损坏变频器。

（4）变频器输出侧的接线

将变频器电源出线端子 U、V、W 使用标准电缆连接到电动机,这里再次强调的是主电源和电动机的运行端子不要与变频器的输入和输出端子接反。连接好后需反复核对接线,以免接通电源后损坏变频器。

变频器的输出电缆中存在着分布电容,对于载波频率较高的变频器来说,存在线间的漏电流,可以通过适当降低变频器的载波频率、减少变频器到电动机的电缆的长度、加装输出电抗器或正弦波滤波器等方法来解决这个问题。

变频器的输出电缆到电动机的长度如果较长,需加装输出电抗器或正弦波滤波器来补偿电动机长电缆运行时的耦合电容的充放电影响。另外,如果变频器使用了一拖多功能,则变频器的输出电缆到电动机的长度是变频器到所有敷设电动机的电缆长度的总和。

3．控制部分的接线

ATV32 系列变频器有 6 个逻辑输入,即 LI1～LI6。其中,LI5 可被用于 20kHz 的高速脉冲输入，通过 SW2 切换 LI6 可被用于 PTC 输入，LI3、LI4、LI5 及 LI6 可被用于安全输入。

　　ATV32 系列变频器还有 3 个模拟量输入，1 个安全转矩停止（STO）输入，2 个配置拨码开关，1 个 RJ45 通信接口和 2 个继电器输出。其中，1 个逻辑输出和 1 个模拟量输出。源型接线原理图如图 8-33 所示。

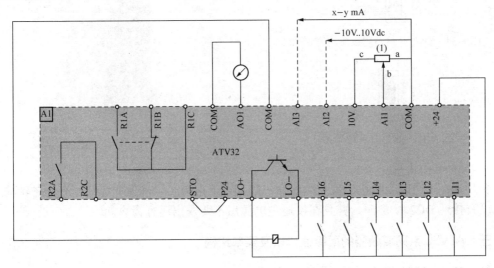

图 8-33　源型接线原理图

　　使用模拟信号控制变频器时，为了减少对模拟信号的干扰，应该先将信号线与动力线分开敷设，两者距离在 30cm 以上。如果在控制柜内不能避免信号线与动力线的交叉敷设，为了减少干扰，安装时要成 90º 交叉敷设。并且，模拟信号线缆最好使用屏蔽线。

　　（1）首先保证 STO 端子与+24V 端子的良好接触

　　为保证变频器能够起动顺利，必须保证断电安全功能没有激活，即确保变频器的+24V 伏端子与 PWR 端子的连接。否则，变频器将会被锁定，面板显示 PrA。

　　（2）逻辑输入跳线开关 SW1 使用方法

　　当使用 PLC 的输出端子起停变频器时，需要将变频器断电后调整逻辑输入的开关 SW1 来与 PLC 的逻辑输出相适应。

　　如果 PLC 的数字输出模块的逻辑输出是 PNP 晶体管输出的，需要使用 SW1 的出厂设置 source。

　　如果 PLC 的数字输出模块的逻辑是 NPN 晶体管输出的，使用内部电源 SW1 的改为 SINK Int，使用外部电源请将 SW1 改为 SINK Ext。

　　如果 PLC 的数字输出模块的逻辑输出是继电器输出的，这时对 SW1 的设置没有硬性要求，用户可根据接线图自由选择 SW1 的跳线。

　　不同 SW1 跳线设置的控制接线图如图 8-34 所示。

　　当使用 PLC 通过端子硬件接线时，要按照 IO 模块的逻辑输出是 PNP 还是 NPN 设置好逻辑输入开关 SW1 后，再按逻辑输入开关 SW1 的设置仿照上面的控制接线图接好线即可。

　　（3）逻辑输入跳线开关 SW2 的使用方法

　　当使用 PTC 进行电动机热保护时，将 SW2 拨到下方，如图 8-35 所示。

4．通信卡的安装

通信卡安装时首先将变频器断电，然后按照图 8-36 所示将添加的可选通信卡装入即可。

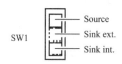

图 8-34　SW1 开关不同设置的位置图

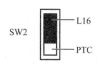

图 8-35　SW2 开关位置图

图 8-36　通信卡安装示意图

5．变频器的上电

变频器在上电时为防止出现变频器意外起动，上电前必须确保变频器所有的逻辑输入端子都没有接通 DC24V 电源，并且在接通主电源后不要发出运行命令。

三、ATV32 系列变频器的面板操作以及菜单结构

ATV32 系列变频器的面板如图 8-37 所示。

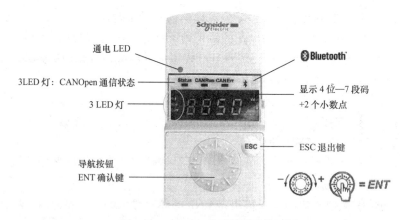

图 8-37　ATV32 系列变频器的面板

3 个 LED 灯：显示当前选择的模式；

三种模式：REF 给定（给定值模式）、 MON 监视（监视模式）和 CONF 配置（参数设置模式）；

ESC 退出键：用于菜单浏览或作为取消键，恢复至上一次存储的设定值；

导航按钮：向前/向后浏览菜单；

ENT：确认键；

模式切换：按下导航键可进入给定值模式 rEF，旋转导航键即可实现模式的切换，如图 8-38 所示。

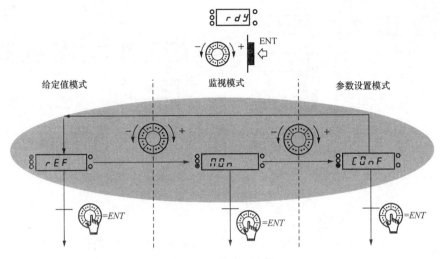

图 8-38 模式示意图

四、ATV32 系列变频器的调试

在工程项目实施阶段中，按照设计好的电路图接线并给变频器上电后，需要在变频器里输入和设置一些必要的参数才能使变频器工作。比如，电动机的铭牌数据等参数。

变频器的调试一般分三种，即回到出厂设置、快速调试和功能调试。

回到出厂设置是将变频器参数恢复到出厂状态下的默认值的操作，一般在变频器的参数出现设置混乱的时候需要对变频器参数进行参数复位。

快速调试是在变频器中输入电动机相关的参数和一些基本驱动控制参数，使变频器可以良好地驱动电动机运转，在工程应用中如果更换电动机或参数复位后都要进行快速调试操作。

功能调试是为了满足不同的生产工艺要求而进行的功能设置的操作，这一部分的调试工作比较复杂，常常需要在现场进行多次反复的调试才能达到指标要求。

下面为了方便技术人员更加快捷的进行变频器的调试，将通过案例介绍和相关参数的说明，逐步介绍 ATV32 系列变频器的调试流程。

（一）回到出厂设置

变频器在出厂前，一般都会预置一些参数来简化调试人员的工作，这些预置的参数就是变频器的出厂设置。

出厂设置菜单主要是为了方便用户能够快捷地恢复到变频器的出厂设置，并且可以保存参数。在调试过程中，客户需要修改一些参数使变频器能够适用不同的工艺，如果对变频器参数使用不当，就会造成变频器报错，严重情况会造成变频器运行不正常，这时，就需要将所有或部分参数恢复到出厂设置，或用以前保存过的参数替换当前的参数。这就需要用到变频器的恢复出厂设置的功能。

回到出厂设置的方法：在 cOnF 模式下找到 FCS，按 ENT 键进入。首先设置 Fry 为 ALL，然后进入 GFS 参数选 yes，按住 ENT 键两 s 以上，就回到出厂设置，如图 8-39 所示。

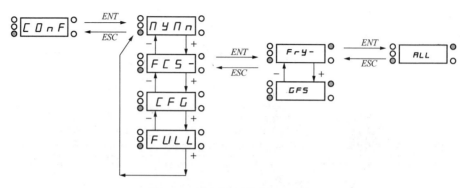

图 8-39 出厂设置的流程示意图

（二）电动机起动前的设置

由于 ATV32 变频器出厂设置电动机控制方式为标准控制（增强型的压频比方式），因此对普通电动机应用来说，可不用设置电动机参数和自整定操作，可直接起动电动机。

下面是针对 ATV32 变频器使用矢量控制电动机的一个完整流程，供读者参考。如图 8-40 所示。

电动机起动前的设置方法：在 cOnF 模式下找到 FULL，按 ENT 键进入找到 SIN 菜单，按 ENT 键进入进行设置；

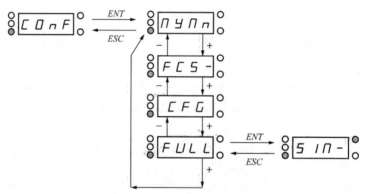

图 8-40 快速起动示意图

第一步 修改 2/3 控制

变频器的起动可以选择两线制和三线制控制，出厂设置为两线制。

（1）修改 2/3 控制，可以使用图形终端和集成终端进行设置。

使用图形终端修改 2/3 控制时，在【简单启动】的菜单中的【2/3 控制】修改此参数，需要按住【ENT】键 2s 使新设置生效。

（2）两线制和三线制控制的应用说明：

1）两线制：由输入点的上升沿（0→1）起动变频器，下降沿（1→0）停止变频器（出厂设置）或输入点接通（状态 1）起动变频器，断开（状态 0）停止变频器。其中，LI1 在两线制下固定为正转，不能修改。接线如图 8-41 所示。

2）三线制：停止输入信号接通（状态 1）时，方能使用正转或反转脉冲起动变频器。使用"停机"脉冲控制停车。其中，LI1 固定为停止，LI2 固定为正转。三线制接线图如图 8-42

所示。

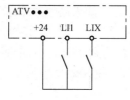

图 8-41 两线制接线图

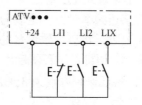

图 8-42 三线制接线图

第二步 选择宏设置

ATV32 系列变频器的宏设置参数是针对特定的应用场合而提供的典型配置，这样用户可根据自己的应用场合来选择其中的一个宏，直接使用宏设置或在宏设置的基础上作少量修改来减少参数设置的工作量。

例如，变频器应用在起重机的工作场合，就可以选择提升宏，然后在此宏设置上修改就可加快参数的设置。

在【简单启动】菜单中的【宏设置】里可修改此参数，修改后需要按住【ENT】键 2s 使修改后的新设置生效。

ATV32 系列变频器可使用的宏有标准启动/停机宏（出厂设置）、一般应用宏、PID 调节宏、网络通信宏、物料输送宏和起重提升宏。

第三步 输入标准电动机频率和电动机铭牌数据

在起动变频器前应在【Sin-】菜单下修改标准电动机频率和电动机参数。

设定电动机参数是用好变频器很重要的一个环节，对于矢量控制尤其重要。设定标准电动机频率后，要将电动机铭牌上的参数输入变频器，包括电动机额定功率、额定电压、额定电流、额定频率和额定速度等参数。

第四步 自整定

自整定参数用来进行电动机参数的在线辨识。在自整定期间，电动机会通以额定电流但不会旋转。在【简单启动】菜单中的【自整定】子菜单里可对自整定进行参数修改。

自整定的条件如下：

（1）要在变频器中正确输入电动机的铭牌数据。

（2）自整定时电动机要求是冷态，即电动机在自整定前温度与环境温度相同，没有温升。

（3）停车命令没有激活，包括面板的 Stop 键，三线控制的逻辑输入 LI1。如果停车设置中自由停车功能和快速停车功能已分配给一个逻辑输入端子，这些端子要置为 1（即接通 24V-源型接线）。

（4）变频器自整定时一定要接电动机，并且电动机功率不能过小（功率在变频器电动机功率参数的设置范围内）。

第五步 最大输出频率

变频器出厂设置的【最大输出频率】参数是用来限制【高速频率】上限的，如果高速频率达到最大输出频率后还需要再提高，那么要首先提高最大输出频率，然后才能提高高速频率。

第六步 高低速频率

高低速频率是变频器输出频率的限幅，高速频率的最大值受到最大输出频率限制，低速频率要小于高速频率。

高速频率是最大速度给定值时的电动机频率。低速频率是最小速度给定值时的电动机频率。

在增大高速频率时，一定要考虑电动机和设备的承受能力。如果高速频率超过电动机或设备允许的上限，将会导致设备的损坏和人身伤害。

应用举例：如果在工程实践中，希望起动时变频器速度即达到 35Hz，并且最高速度不超过 45Hz 时，将低速频率设为 35Hz 和高速频率设为 45Hz 即可。

第七步　热保护电流

ATV32 系列变频器可以通过【热保护电流】的参数和内部的电动机热状态的计算，实现对所控制的电动机的间接热保护。电动机的热状态表示为 I^2t，它的计算方法符合 IEC947-4 和 NEMA ICS 2-222 标准。

为保证变频器电动机热状态计算的准确，从而实现对电动机的热保护，必须将热保护整定电流设到电动机铭牌指示的额定电流。

图 8-43 中，50Hz 的黑线代表强制风冷型的脱扣曲线，其余的曲线代表不同工作频率下的风冷型电动机的脱扣曲线。从图中的脱扣曲线可以看出，实际电流越大，脱扣时间越短。对于自冷却电动机工作频率较低的情况，由于受电动机本身散热条件的限制，频率越低，允许的工作电流也越低，而强冷却型电动机仅需要考虑 50Hz 时的脱扣曲线。

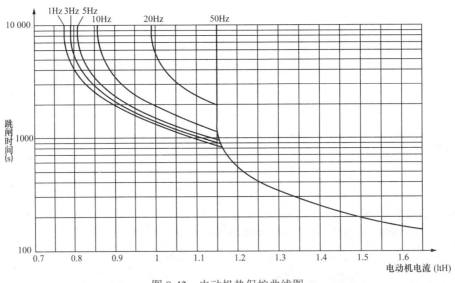

图 8-43　电动机热保护曲线图

变频器的热保护类型出厂设置是【自冷却型】电动机，如果使用的电动机是强制风冷型，需要将【1.8 故障管理】（FLt-）下的【电动机热保护】（tHt）中的【热保护类型】（tHt）设为【强制风冷型】。

第八步　加减速设置

（1）变频器的加速时间，是指频率从 0Hz 上升到电动机额定频率所需要的时间。

如果加速时间长，意味着频率上升较慢，则电动机的转子转速能够跟得上同步转速的上升，在起动过程中转差也较小，从而起动电流也较小。反之，加速时间短，意味着频率上升较快，如果拖动系统的惯性较大，则电动机转子的转速将跟不上同步转速的上升，结果使转差增大，导致电动机电流急剧上升。所以加速时间的设置要考虑电动机拖动负载的惯量，如果惯量比较大，则加速时间应适当设置得长一些。

加速时间的设置同时要考虑工艺的要求，加速时间设置的大小要根据现场的情况来制定，如果电动机拖动的负载是风机或水泵，因为这类负载对起动时间并无严格要求，可将加速时间设置的较长一些。

（2）变频器的减速时间，是指频率从电动机额定频率下降到0Hz所需要的时间。

变频器所带电机在频率刚下降的瞬间，由于惯性原因，转子的转速不变，定子的旋转磁场的转速却已经下降了，这就导致转子绕组的转子电动势和电流等都与原来相反，电动机变成了发电机，电动机处于再生制动状态。电动机在再生状态下发出的电能，经逆变管旁边的反并联二极管全波整流后，回馈至直流电路，使直流电压上升，称为泵升电压。如果直流电压过高，将会损坏整流和逆变模块。因此，当直流电压升高超过制动过速电压限值时，会使变频器跳闸并且变频器将报制动过速（OBF）。解决这个问题的一个方法是加长减速时间，减速时间长，意味着频率下降较慢，则电动机在下降过程中的能量被摩擦等方式消耗的能量就多，回馈至直流电路的能量就小，从而使直流电压上升的幅度也较小。

⊹ 第九步　选择变频器的起停方式和变频器速度给定方式

命令通道是指通过何种方式起动和停止变频器。例如，通过 LI1 起动变频器，那么端子就是命令通道。

给定通道是指通过何种方式调节变频器的速度给定。例如，通过 Modbus 调节变频器的速度给定，那么 Modbus 就是给定通道。

使用在 ConF 模式下【CtL-】下的参数和【FUn-】下的 rEF-来设置命令通道和给定通道。

ATV32 系列变频器的出厂设置都是端子两线制起动，由模拟输入 AI1 来给定变频器的速度。ATV32 系列变频器的三个组合模式分别是：

【组合通道】（SIM）：通过相同的通道来起动停止变频器与给定变频器的速度值。例如在组合模式下，选择了速度给定是模拟输入 AI1，就代表选择了起动变频器是输入端子 LI1，LI2。

【隔离通道】（SEP）：起动停止变频器的通道和给定变频器速度值通道可以相同也可以不同，两者分离。例如，起动停止变频器通过 Modbus 总线而速度给定值来自于 AI2。

【I/O 模式】（IO）：和隔离通道类似，可通过不同的通道来发送命令与给定值。同时这个设置还能简化通信接口的使用。当通过通信总线发送命令时，命令将以字的形式获得，其命令字除固定的位（此固定的位与【1.5 输入输出设置】中的两三线控制参数有关）以外，其余的位的作用相当于逻辑输入的虚拟端子。可以给此字中的各个位分配应用功能，一位可以包含多个赋值。

典型设置举例：

（1）在使用集成面板来启停变频器和控制变频器的速度给定的方法。

ATV32 系列变频器：将【CtL-】菜单中的【Fr1】设为 A1U1，然后进入 rEF 中 A1U1 设置速度即可。

（2）在本地控制时使用端子起停变频器，用图形终端作为速度给定，远程控制使用 Modbus 控制，逻辑输入 LI4 作为本地/远程切换的方法。

具体操作是：设置组合模式为隔离通道或 IO 模式，将给定通道 1 设为图形终端，命令通道 1 为端子；给定 2 切换设为 LI4；给定 2 通道和命令 2 通道都设为 modbus。在本地控制时，需要进入【1.2 监视】中的【图形终端频率给定】来设置频率值。

第十步　选择电动机控制类型

电动机控制类型的选择要根据不同的工作应用场合来确定，下面就详细介绍一下 ATV32 变频器有哪些电动机控制类型和这些类型的特点，以便帮助读者在工程实践中快速选择电动机控制的类型。

电动机控制类型是在【1.4 电动机控制】（drC-）中的【电动机控制类型】（Ctt）中来进行选择的。

（1）ATV32 变频器的电动机控制类型

1）开环电压磁通矢量控制模式 SVC U；

2）标准控制方式（增强型的两点压频比）（出厂设置）；

3）U/f 二次方风机/泵类控制方式；

4）同步电动机模式；

5）五点压频比；

6）节能。

（2）电动机控制类型的特点

1）电压磁通矢量控制模式 SVC U 控制方式只能在开环模式下使用，当替换 ATV58 时建议采用这种控制类型。它的最高输出频率可达 500Hz，速度精度（误差）不超过滑差的 10%，在 1Hz 的频率下即可产生额定转矩（优化后在 0.5Hz 即可产生额定转矩），调速范围 1：50（参数优化后为 1：100），这种磁通矢量控制模式是可以用于拖动并联电动机的。

电压磁通矢量控制模式 SVC U 控制方式可以应用在重物提升、物料输送的行业当中，还可以应用在低速运行时需要比较大的扭矩的应用场合。

2）标准模式（增强性能的压频比模式）是 ATV32 的出厂设置，特别适用于对动态性能和低速转矩没有特别要求的场合。它有两种方式：压频比 UF2 和 UF5。

压频比模式的典型应用包括特殊电动机或未知电动机、高速电动机、不同规格电动机并联到变频器上，无电动机和小电动机测试。

3）U/F 的二次方主要用于平方转矩负载，例如泵和风机。

4）同步电动机模式可用于控制永磁同步电动机的调速，仅能用于电动机开环控制方式，其性能与开环电压矢量控制的性能相当。

5）五点压频比模式：

UF5 使用 5 个点（U1：F1）至（U5：F5），可以使 V/F 曲线与负载转矩相对应，并且可以用来避免共振现象的发生。

6）ATV32 的节能模式，是使用一个可调整励磁电流的矢量控制模式，通过对励磁电流的自我调整（包括对转矩、定子压降和转差补偿的优化），来降低定子的铜损从而实现节能的目的，这种控制模式适用于不需要高动态性能的场合。

（3）同步电动机模式的典型应用

1）纺织机械，螺旋式绕线筒。

2）应用于为减小电动机尺寸而采用同步电动机的场合。

3）伺服电动机。

使用这一控制模式必须正确输入同步电动机的参数。

⊶ 第十一步　模拟输入输出的调整

模拟输入输出的调整是在【输入输出设置】（IO-）中设置的。

模拟输入 AI1 只能接入电压信号不能接电流信号。电压信号的类型可接入两种，即：0～10V（出厂设置不需修改）和+/-10V 输入。如果现场使用+/-10V 信号给定变频器的速度，那么需设置【AI1 类型】为【电压+/-】。+/-10V 连接如图 8-44 所示。

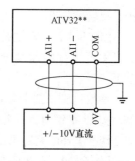

图 8-44　+/-10V 接线图

ATV32 变频器由端子实现-10～+10V 输入时，要接在 AI1+和 AI1-两个端子上，+10V 对应正向最大给定值，-10V 对应反向最大给定值；如采用外接电位计给定方式，要把 AI1-端子和 COM 端子短接，即只能是 0～10V。

模拟输入 AI2 可以接电压或电流信号。出厂设置 AI2 的量程为 0～20mA。如果需要将 AI2 设成双向输入，应将【AI2 取值范围】（AI2L）设置为【+/-100%】（nEG）。此时，0mA 对应 -100%，10mA 对应 0%，20mA 对应 100%。

如果需要接入 4～20mA 信号，将【AI2 最小值】设为 4mA 即可。在输入信号为电流信号时，要注意电流的方向，正确的方向为从 AI2 端子流入，COM 端子流出。

模拟输出 AO1 出厂设置是 0～20mA，并且没有设置任何功能。

如果需要给 AO1 分配功能，可在【AO1 功能分配】中选择一个要设置的功能确认即可。例如，如果需要 AO1 反映电动机的实际频率，选择【电动机频率】（OFr）即可。如果需要输出为 4～20mA 时，因为出厂设置【AO1 类型】（AOIt）的设定是 0～20mA 电流，所以只需修改【AO1 最小输出值】（AOLI）为 4mA。

如果需要输出信号是电压信号，选择【AO1 类型】（AOIt）为【10V 电压】（10U）。

⊶ 第十二步　改变电动机旋转方向

改变电动机旋转方向的方法是可以通过将变频器的三相输出中的其中两相换相的办法，去改变电动机的旋转方向，也可以通过修改变频器的参数来改变电动机的旋转方向，方法是在【简单启动】（SIn）中的【改变输出相序】（PHr）里来进行修改。

试运行后，如果电动机旋转方向不正确，在变频器上可通过参数的设置很容易地改变电动机旋转方向。在电动机停机后，若【改变输出相序】（PHr）设置为 ABC，将【改变输出相序】（PHr）设置改为 ACB，就可将电动机旋转方向反向。

按照上面的十二个步骤来调试和设置变频器的参数后，按下 Esc 键返回主菜单即完成了矢量控制的调试流程。此时，变频器就可以正常的驱动电动机了。这里需要说明的是，这个快速调试流程能够满足大多数的变频器应用场合。

五、典型设置

对于一些复杂的应用还可以通过设置控制的方式和工艺参数来满足不同工艺的要求，下面介绍一些典型应用，方便读者仿照下面的例子，快速设置变频器。

（一）本地给定通道和命令通道的选择与切换

变频器的运行频率可由模拟输入 AI、脉冲输入、图形显示终端、Modbus、Canopen、通信卡、通过端子+/-速度等方式进行设置。给定通道用来选择使用哪一种方式来给定变频器的运行频率。

变频器运行命令可由端子、图形显示终端、Modbus、Canopen、通信卡等给出，例如正转、反转和停车。

【例8-1】 本地控制时由0~10电位计控制接入AI1、com，使用本地远程切换端子切换本地远程的速度给定，给定切换信号接入LI5，远程使用4~20mA的给定速度的参数设置。

参数设置：进入conF模式下，找到菜单Full进入，旋转导航键找到【命令】（CtL-）菜单，按ENT键进入，将【给定1通道】Fr1设置为AI1，【给定2通道】Fr2设置为AI3，【给定2切换】rFC设置为LI5.

【例8-2】 本地控制时由0~10电位计控制接入AI1、com，使用本地远程切换端子切换至本地远程，给定切换信号接入LI5，远程使用4~20mA给定速度，远程的控制命令为Modbus的参数设置。

参数设置：进入conF模式，找到菜单Full进入，利用旋转导航键找到【命令】（CtL-）菜单，按ENT键进入，将【给定1通道】Fr1设置为AI1，【组合模式】CHCF=SEP，【命令1通道】Cd1设为【端子】ter，【给定2通道】Fr2设置为AI3，【命令2通道】Cd2设为【Modbus】ndb，【给定2切换】rFC设置为LI5，【命令通道切换】CCS也设置为LI5。

（二）预置速度（多段速）

预置速度是通过逻辑输入端子来切换预设速度给定的，从而方便了一些机械设备的定速稳定运行，主要用于多级调速的场合。

1.功能定义

通过逻辑输入切换（选择）预置的速度给定。

2.参数细节

（1）可以选择2、4、8或16个预置速度，分别利用1、2、3、4个逻辑输入来激活。

如要获得4个速度，必须设置2、4预置速度；
如要获得8个速度，必须设置2、4和8预置速度；
如要获得16个速度，必须设置2、4、8和16个预置速度。

（2）出厂设置下第一段速由给定1通道Fr1或给定1b通道提供，其他的预置速度预先设定，设定范围为最低速度限制到最高速度限制。预置速度组合表如图8-45所示。

（三）通过端子的加减速调节变频器的速度给定（电动电位计）

ATV32变频器可以通过逻辑输入端子来控制变频器速度给定的增加或减少。这个功能主要应用于一些不需要精确调速的场合，方便使用者通过简单的按钮控制达到升降速的目的，例如物料输送、流量或风量控制等。

使用端子加减速的前提是，要将【给定通道2】设为端子加减速，并将【给定2切换】设为逻辑输入点，例如LI6等。如果只需要使用端子进行加减速的情况，使用者可将【给定2切换】设为通道2有效。

同时注意，在【输入输出设置】菜单下的【2/3线控制】要被设置成2线制，因为变频器的设置为3线控制时，不能使用此+/-速度类型。

16个速度 LI(PS16)	8个速度 LI(PS8)	4个速度 LI(PS4)	2个速度 LI(PS2)	速度给定值
0	0	0	0	给定值(1)
0	0	0	1	SP2
0	0	1	0	SP3
0	0	1	1	SP4
0	1	0	0	SP5
0	1	0	1	SP6
0	1	1	0	SP7
0	1	1	1	SP8
1	0	0	0	SP9
1	0	0	1	SP10
1	0	1	0	SP11
1	0	1	1	SP12
1	1	0	0	SP13
1	1	0	1	SP14
1	1	1	0	SP15
1	1	1	1	SP16

图 8-45　预置速度输入组合表

1. 加减速度设置的操作方法

（1）使用单击按钮的操作方法

除了运行方向外，还需要 2 个逻辑输入来增加速度给定，例如 LI5 分配了加速度功能，LI6 分配了减速功能。那么按下 LI5 将使速度给定增加，按下 LI6 将使速度给定减小。

（2）使用双击按钮的操作方法

这种操作方法只需要一个逻辑输入被分配给"+速度"，例如 LI5。

使用双击按钮加减速度，以正向为例，合上 LI1 时，变频器运行后，再接通"+速度"，例如 LI5，速度给定将增加，断开 LI5 后，保持 LI1 接通，速度值将保持。如果断开 LI1 一段时间再接通，速度给定值和实际速度也将会下降，请参考表 8-4 所示。

表 8-4　　　　　　　　　　　双击按钮加减速度操作表

	松开（-速度）	第 1 次按下（速度保持）	第 2 次按下（+速度）
正向按钮	—	a	a 与 b
反向按钮	—	c	c 与 d

2. 连线示例

通过端子的加减速调节变频器的速度给定电路连线图如图 8-46 所示。

3. 功能时序图

其功能时序图如图 8-47 所示。无论使用单击按钮方式还是使用双击按钮方式，最大速度都被【高速频率】（HSP）参数的设定值限制，速度给定的最大值不能超过高速频率。

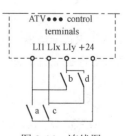

图 8-46　连线图

4．参数设置

只有在【命令】（CtL-）中，将【给定 2 通道】（Fr2）设为【加减速】（UPdt）时，才能在【应用功能】（Fun-）下设置【加减速】（UPd-）中的参数。

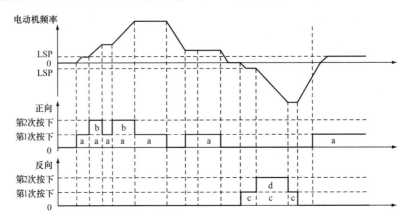

图 8-47　功能时序图

【加速设置】（USP）：分配带有"+速度"功能的逻辑输入端子或位。当已被赋值的输入或位为 1 时，变频器才能激活这个加速功能。

【减速设置】（dSP）：分配带有"-速度"功能的逻辑输入端子或位。当已被赋值的输入或位为 1 时，变频器才能激活这个减速功能。

如在工程实践中使用者需要停车后保存速度的给定值，则将【加减速给定保存】（Str）设为【RAM】（rAM）即可。而需要将变频器电源断电和停车后保存速度的给定值，则将【加减速给定保存】（Str）设为【EEPROM】（EEP）即可。

（四）逻辑输出的设置

ATV32 变频器有集电极开路和继电器两种类型的逻辑输出型式，变频器本体只有 2 个继电器输出 R1 和 R2。

以 R1 为例说明继电器的设置：

【继电器 R1 分配】（r1）：可分配给 R1 继电器的功能，工厂默认设置为【变频器故障】（FLt）。

【继电器 R1 延时】（r1d）：当信息为真时，一旦设定的时间结束，状态改变就会起作用。不能给【变频器故障】（FLt）赋值设置延时，应保持为 0。

【继电器 R1 有效条件】（r1S）：【1】代表当信息为真时状态为 1；【0】代表当信息为真时状态为 0。对于【变频器故障】（FLt）赋值，应保持设置为【1】。

【继电器 R1 保持时间】（r1H）：当信息为假时，一旦设定时间结束，状态改变就会起作用。不能给【变频器故障】（FLt）赋值设置保持时间，应保持为 0。

当 R1 继电器设置为"变频器故障（FLt）"时，变频器无故障的情况下继电器线圈会吸合，动合触点也会闭合，动断触点此时会断开；当变频器有故障或变频器断电时继电器的线圈断开。

（五）模拟输出的设置

ATV32 变频器本身集成了 1 个模拟输出 AO1，AO1 的输出类型可以设置为电流或电压输出。当 AO1 输出类型被设置成电压输出时，是只能设置为单极性输出（0～10V）的。

1．功能介绍

模拟量输出的最小输出值等于被赋值参数的下限，而最大输出值则等于其上限。单位为V 或 mA。最小值可能会大于最大值，如图 8-48 和图 8-49 所示。

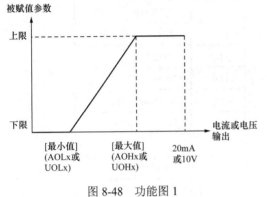

图 8-48　功能图 1　　　　　　　　　　　图 8-49　功能图 2

2．参数设置

（1）模拟量输出 AO1 的参数设置

【AO1 分配】（AO1）：设置 AO1 的功能，可分配为【电动机电流】（Ocr）、【电动机频率】（OFr）、【电动机转矩】（trq）等。

【AO1 类型】（AO1t）：设置 AO1 的输出模拟量的类型，可设置为【10V 电压】（10U）或【电流】（0A）。

【AO1 最小输出值】（AOL1）：单位为 mA，当 AO1 类型为电流时，AO1 的最小值。

【AO1 最大输出值】（AOH1）：单位为 mA，当 AO1 类型为电流时，AO1 的最大值。

【AO1 最小输出值】（UOL1）：单位为 V，当 AO1 类型为电压时，AO1 的最小值。

【AO1 最大输出值】（UOH1）：单位为 V，当 AO1 类型为电压时，AO1 的最大值。

【AO1 滤波器】（AO1F）：单位为 S，用于滤除干扰。

（2）AO2 和 AO3 的设置

【AO2 类型】（AO2t）和【AO3 类型】（AO3t）与 AO1 的设置相同，唯一不同的参数是可以设置的类型为【10V 电压】（10U）、【电流】（0A）或【双极性电压】（n10U）。

（六）ATV32 系列变频器的 PID 控制功能

1．ATV32 系列变频器启动 PID 调节器的方法

ATV32 系列变频器的 PID 功能出厂设置为不使用状态，如果要启动 PID 功能，可以在【简单启动】（SIM-）中选择 PID 调节宏，也可在【应用功能】（FUn-）下的【PID 调节器】（PId-）中将【PID 反馈】（PIF）设为除 NO 外的其他设定来启动 PID 功能。

2．简单启动中的 PID 宏

进入 conF 模式下，找到菜单 Full 进入，旋转导航键找到【简单启动】（SIM-），按 ENT 键进入，找到【宏配置参数】（CFG），选择【PID 调节】（PId-），按住 Enter 键两 s 即启用了 PID 功能，配置后，在 PID 调节宏后将出现一个勾来确认所做选择。

PID 调节宏的输入输出端子定义，如图 8-50 所示。

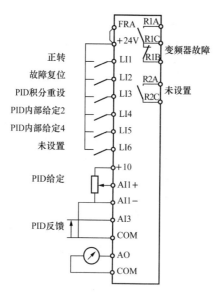

输入/输出	PID调节宏
AI1	给定1通道(PID给定)
AI2	PID反馈
A0	电动机频率
LI1	正转
LI2	故障复位
LI3	PID积分重设
LI4	两个PID内部给定
LI5	四个PID内部给定
LI6	未设置
R1	变频器故障
R2	未设置

图 8-50 PID 调节宏的输入输出端

3．PID 比例增益、积分增益和微分增益

PID 比例增益、积分增益和微分增益是在【应用功能】（FUn-）下的【PID 调节器】（PId-）里面找到【PID 比例增益】（rPG）、【PID 微分增益】（rdG）和【PID 积分增益】（rIG）的，根据现场的工艺情况调节这三个参数，微分一般不使用（出厂设定）。

4．如何调整 PID 的比例、积分、微分增益

PID 的比例增益、积分增益应分别逐渐调整，调整的同时要观察实际反馈值。比例增益对 PID 反馈的影响如图 8-51 所示，实线代表比例增益大，点线代表比例增益小。

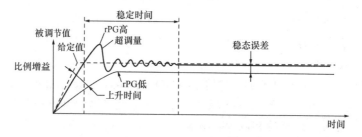

图 8-51 PID 的比例增益

积分增益的影响如图 8-52 所示，实线代表积分增益大，点线代表积分增益小。增大微分增益减小超调量的作用如图 8-53 中的点线。

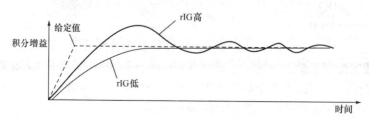

图 8-52 PID 的积分增益

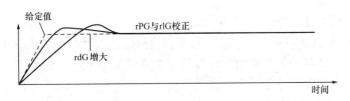

图 8-53 PID 的微分增益

比例增益、积分增益的调整的方法：先将积分增益调至最小，微分增益设为 0，观察 PID 反馈值并调整 PID 比例增益，以获得快速性和稳定性的一个最佳结合点，然后慢慢增大积分增益，根据 PID 实际反馈值的响应反复调整比例增益和积分增益这两个参数，在 PID 给定范围内多次改变 PID 给定值，对比例增益和积分增益进行调整，直到在整个工作范围内达到满意的性能为止。微分增益可根据需要来调整超调量，在大多数情况下微分环节一般不用。

5．ATV32 系列变频器的 PID 功能的典型设置流程

这里将用一个典型应用的例子，来说明 PID 的设置流程，这个流程里所用到的功能对大多数的 PID 应用都是适用的。

【例 8-3】　压缩机的恒压控制系统的 PID 应用。这里，变频器使用端子 LI1 进行起停工作，PID 给定是通过中文面板给定的，PID 的反馈信号使用 4～20mA，所对应的工程量为 0～160kg/cm^2，设定的压力范围是 50～120 kg/cm^2，并且，使用端子 LI6 做手/自动切换。

下面调试人员要分十步对这个压缩机的恒压控制系统进行 PID 参数的设置：

第一步　恢复出厂设置，具体恢复方法可参看第八章第二节。

第二步　设置访问权限为专家权限，具体设置方法参看第八章第二节。

第三步　设置电动机参数，做自整定。具体方法参看第八章第二节。

第四步　在【应用功能】（FUn-）下的【PID 调节器】（PId-）中将【PID 反馈】（PIF）设为 AI3 启动 PID 功能。

第五步　配置 PID 反馈信号为 AI3，在【输入输出设置】（I-O-）中的【AI3 的设置】（AI3-）中，修改【AI3 最小值】（CrL3）里的电流最小值为 4mA。

第六步　本例中，对应的工程量为 0～160kg/cm^2，所以要在【PID 反馈最大值】（PIF2）里设置 PID 反馈的最大值为 16000，同时在【PID 反馈最小值】（PIF1）里设置 PID 反馈最小值为 0。并且，根据系统中设定的压力范围是 50～120 kg/cm^2，要在【PID 给定最大值】（PIP2）里将 PID 给定最大值设为 12000，在【PID 给定最小值】（PIP1）里将 PID 给定最小值设为 5000。

第七步　PID 内部给定值设为 Yes，在【监视】（SUP-）→【内部 PID 给定】（rPI）中调整 PID 的给定值。选择 Yes 后，PID 给定值由【内部 PID 给定】（rPI）的参数给出，这样就使内部参数的对应关系与反馈值和实际工程量的对应关系相同了。

第八步　按照上面的方法调整 PID 比例增益和积分增益，直到在整个工作范围内达到满意的性能为止，这里微分增益不用。

第九步　将【故障管理】（FLt-）下的【4-20mA 缺失】（LFL-）设置【AI3 4-20mA 缺失】（LFL3）为【自由停车】（YES）。

第十步　在这个应用的例子中变频器是使用端子 LI6 做手/自动切换的，所以在实际操作中还需要在【应用功能】（FUn-）下的【PID 调节器】（PId-）里，将【手/自动分配】（PAU）

225

设置为LI6，【手动给定】（PIn）设置为AI1。

ATV32变频器的PID功能非常丰富而且不需要外部选件就可以投入使用，有专用的菜单来设置PID功能，在【监视】菜单中还可以显示PID调节器反馈、给定、误差和PID输出频率等参数。调试也非常简单方便，在大多数应用场合读者使用变频器的PID宏，再经过较少的改动就能够满足工艺上的要求。

6．ATV32系列变频器的PID功能的方法设置

（1）ATV32系列变频器的PID的启动

读者可以使用两种方法来启动ATV32变频器的PID功能，第一种方法是在进入conF模式后，找到菜单Full进入，旋转导航键找到【1.1简单启动】（SIM-），按ENT键进入，旋转导航键找到【宏配置参数】（CFG），选择【PID调节】（PId-），按住Enter键两s后就启用了ATV32变频器的PID功能。配置后，在PID调节宏后将出现一个勾来确认所做选择。第二种方法是在进入conF模式后，找到菜单Full进入，旋转导航键找到【应用功能】（FUn-）下的【PID调节器】（PId-），将【PID反馈】（PIF）设为除NO以外的其他设定用以启动PID功能，例如改为AI1，即启动了PID功能，同时将PID反馈设为AI1。

（2）PID调节器—给定通道

1）内部PID给定分配

PID给定通道的流程框图如图8-54所示，显示了PID给定不是内部给定时的流程。当使用变频器内部PID给定时，设置内部PID给定分配的方法是在【1.7应用功能】（FUn-）下的【PID调节器】（PId-）里面找到【内部PID给定分配】（PII），当选择Yes时，PID给定值由【内部PID给定】（rPI）的参数给出，内部参数的对应关系与反馈值和实际工程量的对应关系相同。

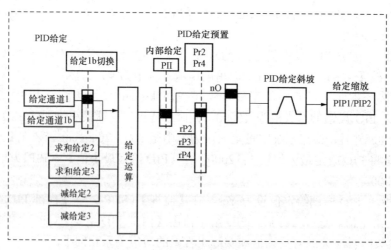

图8-54　PID的给定

当选择NO（出厂设定）时，PID给定值由【应用功能】（FUn-）的【给定切换】（rEF-），即Fr1或Fr1b切换后再进行【给定运算】（OAI-）后决定，出厂设置是【1.6命令】（CtL-）下的【给定通道1】（Fr1）AI1。

2）预设的PID给定

设置预设的PID给定的方法是在【应用功能】（FUn-）下的【预设的PID给定】（PrI-）

里面找到【2 个 PID 预设给定】（Pr2）和【4 个 PID 预设给定】（Pr4），根据 Pr2、Pr4 设定逻辑输入点的组合来确定是【内部 PID 给定分配】（PII）参数的设置起作用，还是【预设 PID 给定 2】（rP2）、【预设 PID 给定 3】（rP3）、【预设 PID 给定 4】（rP4）起作用。

（3）PID 调节器—反馈

选择 PID 反馈参数下的某一选项时请参考图 8-55，PID 反馈信号是指连接现场测量工程量的传感器输出信号，它的选项包括模拟输入、网络通信输入、FBD 编程的模拟输出或脉冲输入。

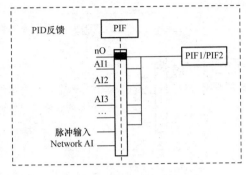

图 8-55　PID 的反馈

1）PID 反馈最大值和 PID 反馈最小值

在【应用功能】（FUn-）下的【PID 调节器】（PId-）里面找到【PID 反馈最大值】（PIF2）和【PID 反馈最小值】（PIF1），去设定测量仪表的输出信号与 PID 反馈值的对应关系，反馈值最大值不能超过 32767，反馈值最小值要大于 0。

【例 8-4】　压力变送器的测量范围是 $0 \sim 20 \text{kg/cm}^2$，压力变送器的模拟量输出采用 $4 \sim 20 \text{mA}$，并将此模拟量的输出连接到变频器的模拟输入 AI3。由于变频器的 PID 功能是使用两个数值来确定一个数值的虚拟范围，并使用这两个数值来对应外部传感器的实际量程，也就是说，需要把外部传感器的最大最小值与 PID 反馈的最大值和最小值对应起来。

本例中需要设置的 PID 反馈最小值为：0 对应 0kg/cm^2，对应模拟输入 4mA。PID 反馈最大值为：20000 对应 20 kg/cm^2，对应模拟输入 20mA。

2）模拟输入的调整

变频器模拟量输入的设定是在【输入输出设置】（I-O-）菜单中设置的，因为 AI3 连接的传感器输出的信号是 $4 \sim 20 \text{mA}$，所以要修改【AI3 最小值】（CrL3）为 4mA，因为 AI3 出厂设置的最大值是 20mA，所以此参数不需要修改。这样，变频器模拟输入 AI3 的量程就与外部传感器的量程一致了。

3）$4 \sim 20 \text{mA}$ 缺失

当外部仪表连接到变频器模拟量输入端子发生断线的时候，模拟量的值会变为零，即 $4 \sim 20 \text{mA}$ 缺失。由于 PID 调节器中的积分作用，电动机会加速到最高速度，从而导致依据外部仪表的 $4 \sim 20 \text{mA}$ 的反馈信号来控制的压力超高或流量过多，为了避免这种危险情况的发生，这种可能的 $4 \sim 20 \text{mA}$ 信号的缺失必须要在工程项目中加以考虑和处理。

处理的方法是在【故障管理】（FLt-）菜单下的【$4 \sim 20 \text{mA}$ 缺失】（LFL-）子菜单中找到【AI3 $4 \sim 20 \text{mA}$ 缺失】（LFL3）后，将此参数设为【自由停车】（yes）。

（4）PID 调节器—监视 PID 反馈

当 PID 反馈低于参数【反馈超下限报警】（PAL）或 PID 反馈高于参数【反馈超上限报警】（PAH）时，可将某一个继电器输出例如 R1 或 R2，在【输入/输出设置】菜单下的【继电器 R1 分配】（r1）或【继电器 R2 分配】（r21）设置为【PID 反馈报警】（PFA）来指示变频器反馈值已经超出所设置的 PID 反馈值的上、下限。

（5）PID 调节器—手动频率给定

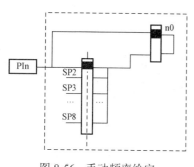

图 8-56　手动频率给定

使用手动频率的流程图如图 8-56 所示，设置手动频率给定的方法如下：

在查找故障、设备检修和调试等某些应用场合，需要使用手动输入控制变频器的运行，此时要求从变频器的 PID 控制器控制切换到某个速度给定方式运行。

参数设置方法是将【自动/手动选择分配】（PAU）参数设为某个逻辑输入，例如 LI3、LI4 等，就可以使用这个逻辑输入端子将 PID 控制器切换到手动输入给定上了，然后在【手动给定】（PIn）参数中选择手动给定的输入通道，可以选择 AI1、AI2 或 AI3 或 RP，FBD 编程的模拟量输出等作为手动给定的给定输入。

（6）PID 给定值—预测速度

【速度给定分配】（FPI）乘以【预测速度给定系数】PSr 的运算结果与 PID 控制器的速度输出值叠加后，作为手动/自动切换中的自动速度。这样，预测速度就作为 PID 输出的速度基准。

例如依靠速度调节的张力控制场合，使用预测速度可以加快 PID 控制器响应时间，同时抑制了张力的大幅波动。

（7）设定 PID 调节器比例、积分、微分参数值

首先，使用逻辑输入端子（【自动/手动选择分配】中设置的逻辑输入接通）将变频器从 PID 控制切换到手动模式下，在允许的系统速度内进行不同速度下的空载测试。空载测试没有问题后，进行带载测试，这一步骤要确保现场仪器、阀门、泵或风机等都工作正常，同时观察变频器的实际速度输出，在稳定状态，速度必须是稳定的且与给定值一致，且 PID 反馈信号也必须是稳定的。

在速度变化过程中，变频器的输出速度必须沿着斜坡并迅速稳定下来，且 PID 反馈必须跟着速度变化而变化。

如果情况并非如此，检查变频器与/或传感器信号的设置以及接线情况。

然后使用逻辑输入端子（【自动/手动选择分配】中设置的逻辑输入断开）切换至 PID 模式：将 brA 设置为 no（没有斜坡自适应）；将 PID 斜坡（PrP）设置为机器所允许的且不会触发 ObF 故障的最小值；将积分增益（rIG）设置为最小值；将微分增益（rdG）设置为 0。观察 PID 反馈与给定值。

ON/OFF（启动/停止）变频器多次或多次迅速改变负载或给定值，设置比例增益（rPG），找到响应时间与瞬时稳定性之间的最佳平衡点（在稳定之前有轻微超调和 1～2 次振荡）。

如果给定值从稳定状态的预置值开始变化，在不稳定的情况下应逐渐增大积分增益（rIG），减小比例增益（rPG），从而找出响应时间与静态精度之间的平衡点。最后，微分增益可能会导致超调量减小以及响应时间改善，虽然在稳定性方面会使得更难获得平衡点（由于它依赖于 3 个增益）。在整个给定值范围内进行生产测试。PID 参数调节示意图如图 8-57 所示。

振荡频率决定于系统的动力学特性。变频器速度环 PID 参数作用见表 8-5，它说明了调节 PID 参数对 PID 时域特性的影响。

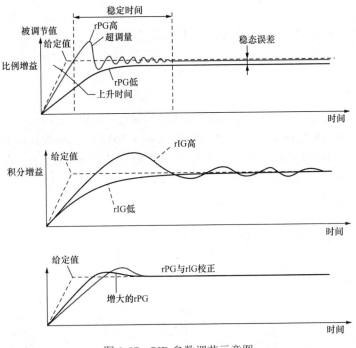

图 8-57　PID 参数调节示意图

表 8-5　　　　　　　　　　　　　　变频器速度环 PID 参数作用表

参　数	上升时间	超调量	稳定时间	稳态误差
rPG ↗	↙↙	↗	=	↘
rtG ↗	↘	↗↗	↗	↘↘
rdG ↗	=	↗↗	↘	=

上升时间：对于阶跃响应（即输入从一个恒定值突然改变到另一个恒定值所产生的总时间响应），从由零开始的输出信号到达最终稳态值的一个规定的小百分数（例如 10%）的瞬间起，到第一次（在过冲之前或无过冲）到达该稳态值的一个规定的大百分数（例如 90%）的瞬时为止的时间间隔称为上升时间。

超调量：取阶跃响应曲线第一次越过静态值达到峰点时越过部分的幅度值与静态值的比称为超调量。

稳定时间：指从输入信号阶跃变化起，到输出信号进入并不再超过或偏离其最终稳态值的规定的允差（例如±2%）时的时间间隔称为稳定时间。

稳态误差：系统稳态时，输出的实际值与希望值之差，即稳定系统误差的终值。

（七）ATV32 系列变频器的功能块编程

1．ATV32 系列变频器功能块的主要特点

ATV32 系列变频器有 30 个不同的功能块，所有的变频器 I/O 点和常用通信变量都可以去访问。同时，ATV32 系列变频器共有三个任务可以使用，即 2 个同步任务和 1 个附件任务。2 个同步任务的扫描周期与变频器主控制任务同步，并且，同步任务最多可使用 10 个块；附加任务可最多使用 50 个块，拥有 8 个内部字（%MW），还可以使用系统位（%S）。

2．扫描方式

变频器首先更新 IO 映像，然后执行 PRE 同步任务，执行变频器程序，然后执行 post 同步任务，最后再进行 IO 映像更新。AUX 任务执行可以是多个周期并且优先级低，执行的时间取决于程序的长度，适用于对时间要求不严格或程序比较大的应用。

3．SoMove Lite 编程软件

ATV32 系列变频器使用 SoMove Lite 软件进行编程，SoMove Lite 软件支持的操作系统 Microsoft Windows XP Professional+SP3 和 Microsoft Windows Vista Business Edition+SP1，PC 机需要 Pentium IV 以上的处理器，内存要求 1GB 以上，推荐 2GB，显示器的分辨率必须在 1024×768 像素，推荐的分辨率为 1280×1024。

4．SoMove Lite 功能块介绍

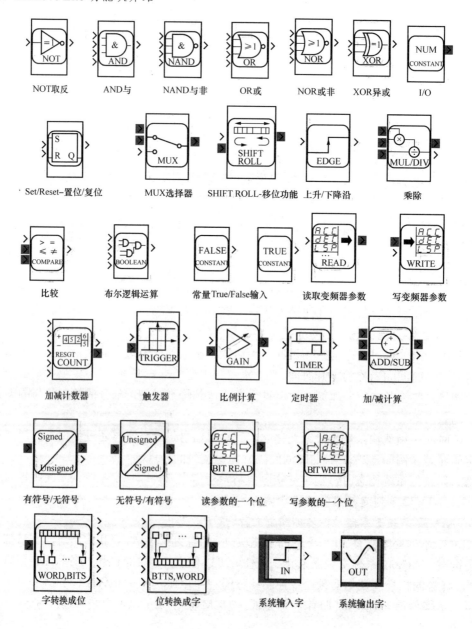

| NOT取反 | AND与 | NAND与非 | OR或 | NOR或非 | XOR异或 | I/O |

Set/Reset-置位/复位　　MUX选择器　　SHIFT ROLL-移位功能　　上升/下降沿　　乘除

比较　　布尔逻辑运算　　常量True/False输入　　读取变频器参数　　写变频器参数

加减计数器　　触发器　　比例计算　　定时器　　加/减计算

有符号/无符号　　无符号/有符号　　读参数的一个位　　写参数的一个位

字转换成位　　位转换成字　　系统输入字　　系统输出字

SoMove Lite 功能块包括：

输入/输出：逻辑输入、输出，模拟输入、输出和主要的监控参数，例如给定频率 FrH 等。

Boolean Operator：布尔量操作器共有 4 个输入，可在此功能块中编程，共有 16 种组合。

加减计数器：使用固定公式进行的加减计算，输出＝A+B－C（A、B、C 和输出值是 16 位有符号字）。

触发器：用来监控变量的值，当输入的数值低于可设置的低限和高于可设置的高限时输出。

比例计算：用于变量的标定，计算公式为输出值=（输入值 x（A/B））+ C。

上升/下降沿：检测逻辑输入的上升、下降沿。

乘除：（A、B、C 和输出值是 16 位有符号字），输出值 =（AxB）/C。

有符号 ↔无符号字的格式转换：Signed input range：-32768 ～ +32767，Unsigned output range：0～32767。

位与字之间的转换：将字转换到 16 个位，或将 16 个位转换为字。

内部字：用于与中文面板交换数据程序中的存储区与通信总线交换数据。

定时器：可设置为延时开或设置为延时关闭定时器或这两个功能的组合。

5．使用 SoMove Lite 软件打开 ATVlogic 及编程工作画面介绍

➡ 第一步　单击【Create Project OFF-line】创建离线项目，如图 8-58 所示。

图 8-58　SoMove Lite

➡ 第二步　在随后弹出的【选择一个设备】对话框中选择 ATV32 后，单击【下一步】按钮，如图 8-59 所示。

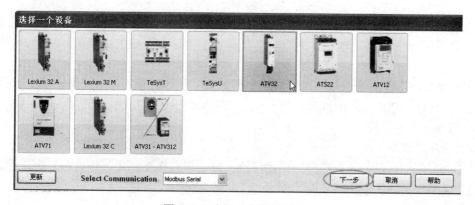

图 8-59　选择一个设备窗口 1

➡ 第三步　将实际要连接的变频器的订货号填写到【参考号】中，单击【创建】按钮完成创建，如图 8-60 所示。

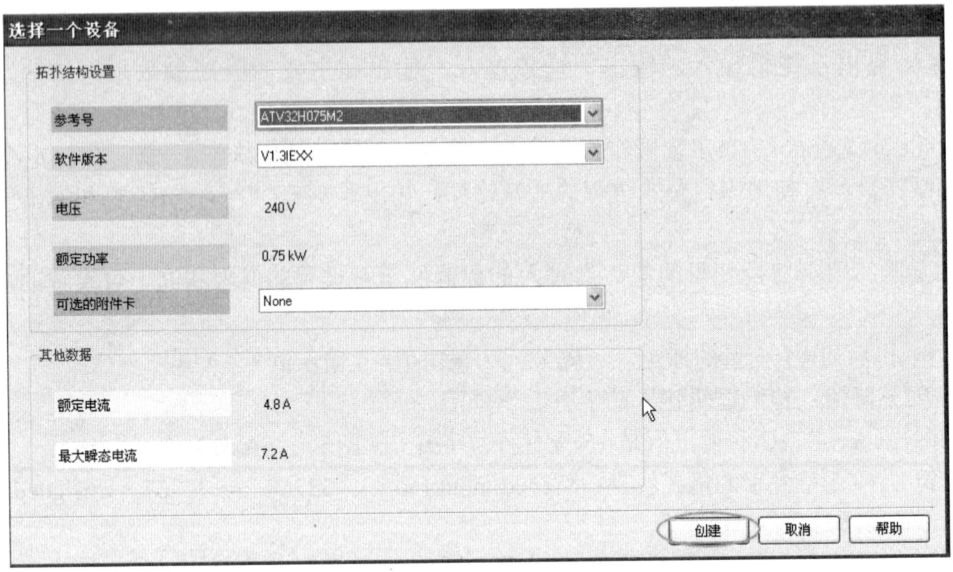

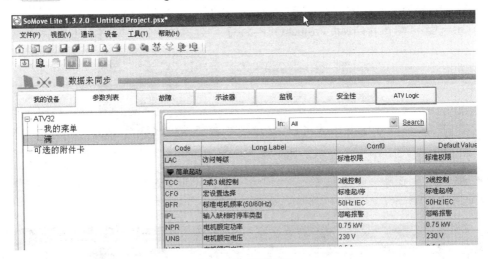

图 8-60 选择一个设备窗口 2

第四步 单击【ATV Logic】标签进入编程画面，如图 8-61 所示。

图 8-61 编程画面

SoMove Lite 软件的编程画面窗口如图 8-62 所示，有功能输入区、输出连接点、功能块、工作页面、注释、功能块间的连接、块名称、功能块输出区和功能块选择板。

6．编程的基本方法

（1）添加功能块

在【Function Blocks Set】选择一个功能块，然后将其拖曳到【工作页面】中，然后松开鼠标就完成了功能块的添加，如图 8-63 所示。

（2）建立功能块的连接

单击功能块的输出点，然后按住鼠标左键连到第二个块的输入时会出现方框，松开鼠标就会产生一个连线，这样就完成了一个块输出到另一个块的输入了，如图 8-64 所示。

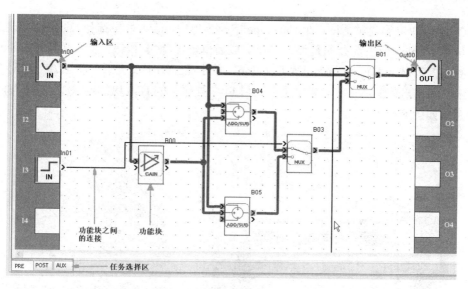

图 8-62　编程画面的窗口介绍

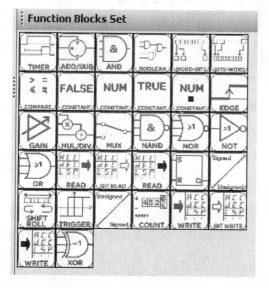

图 8-63　Function Blocks Set 窗口

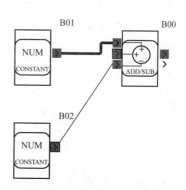

图 8-64　功能块的连接

（3）使用虚拟输入

每个任务有 10 个虚拟输入，如图 8-65 中所示的 I1～I10 对应的连接是 IL01～IL10。

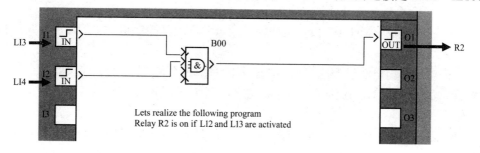

图 8-65　程序显示

双击 I1 会弹出配置对话框，在 Data type 下拉菜单中，读者如果选择 Discrete 代表选择的是位，选择 Anolog 代表选择的是字，选择完成后单击【OK】按钮，然后单击 parameter list 标签，找到 V0_MenuFunctionBlockAffectation，单击黑三角形展开后，将 IL01 选择为 LI3，IL04 选择为 LI4，操作完成后就建立了 LI3、LI4 在程序中的 B00 块的连接了。虚拟输入连接方法示意图如图 8-66 所示。

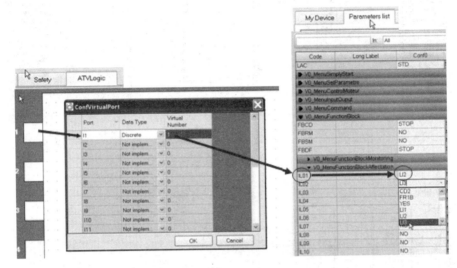

图 8-66　虚拟输入连接方法示意图

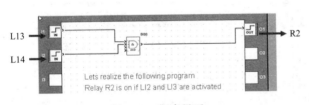

图 8-67　程序显示

（4）使用虚拟输出

每个任务有 10 个虚拟输出，如图 8-67 中所示的 O1～O10 对应的连接是 OL01～OL10。

双击 O1 会弹出对话框，在 Data type 下拉菜单中选择 Discrete 位，选择完成后单击 OK，然后单击

Parameter list 标签，找到 V0_MenuFunctionBlockAffectation，单击▼展开后，将 OL01 选择为 R2、4，操作完成后就建立了 R2 在程序中的虚拟输出的连接。虚拟输出连接方法示意图如图 8-68 所示。

连接完成后，当 LI3，4 都为 1 时，R2 吸合。

（八）ATV32 系列变频器的编程实例

【例 8-5】　将变频器的 AI1 接入电位计，通过此电位计控制电动机的速度，最小加速时间为 1s，最大为 11s。

Tip：模拟输入输出映射到虚拟输入，输入的对应关系是 0～100%->0～8192。

➡ 第一步　在 AUX 任何标签下，将图 8-69 中所示的两个块放入【工作页面】中，并建立块连接。

➡ 第二步　双击 I1，在【Data Type】下将虚拟输入设置为【Anologic】，即模拟量，如图 8-70 所示。

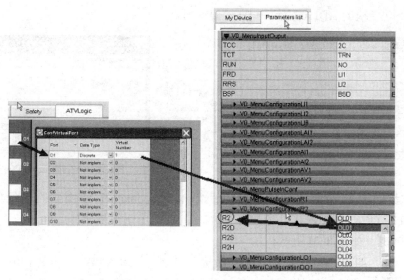

图 8-68　虚拟输出连接方法示意图

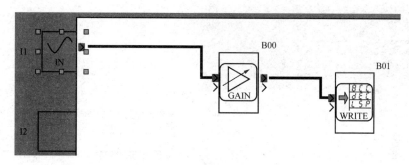

图 8-69　编程部分

⇢ **第三步**　在【FUNCTION BLOCKS】窗口中的输入功能分配【INPUTS ASSIGNMENTS】下设置 AI1，如图 8-71 所示。

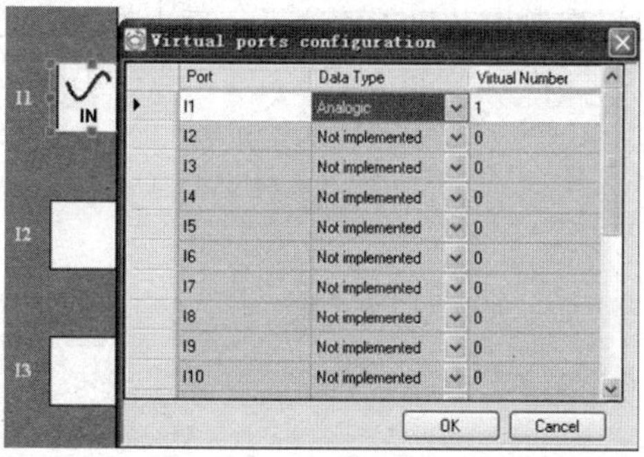

图 8-70　选择输入类型为 Analogic（模拟量） 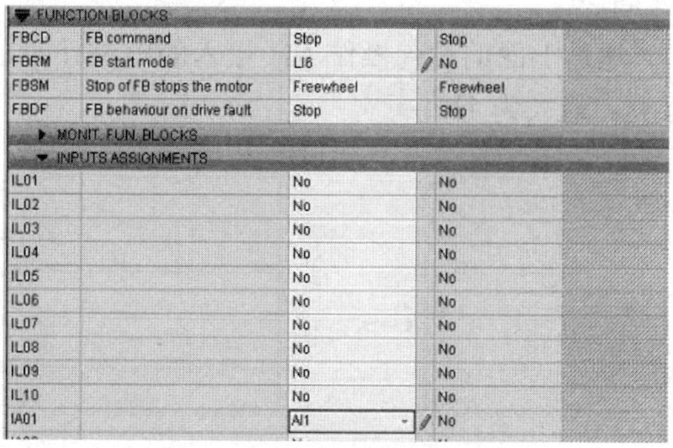　　　　图 8-71　FUNCTION BLOCKS 窗口

⇢ **第四步**　按图 8-72 所示设置 B00 块的参数，即在 Gain 功能块中设置公式中的各个参数。

⇢ **第五步**　设置 B01 块，从图 8-73 中可以看到【ADL container ID】为 1，单击【OK】

按钮确认写入功能块的 ADL container ID 号码即可。

图 8-72　参数设置

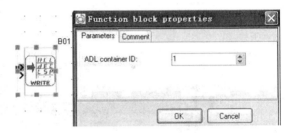

图 8-73　Function block properties 窗口

第六步　然后在参数设置画面中设置 ADL container 要操作的变量地址，即在【FUNCTION BLOCKS】中，打开【ADL CONTAINERS】后连接 ADLcontainer 1 到加速时间的变量地址 9001，如图 8-74 所示。

第七步　如图 8-75 所示，设置功能块的运行条件为逻辑输入端子 LI6，当 LI6 闭合时功能块程序运行。

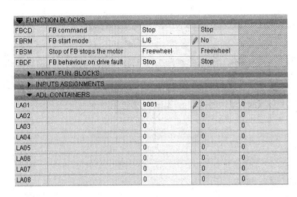

图 8-74　FUNCTION BLOCKS 窗口

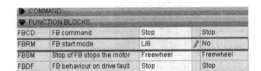

图 8-75　设置功能块启动条件为 LI6 接通

第八步　单击连接后下载程序，从旋转电位计可看到，SET 菜单中的加速时间在 1～11s 间变化。

通过上面的设置操作 AI1 接入的电位计时，就可以控制电动机的速度了，最小加速时间为 1s，最大为 11s。

第五篇

网络通信与工程应用案例

网络通信是通过计算机和网络通信设备对图形和文字等形式的资料进行采集、存储、处理和传输，使信息资源达到充分共享的一种技术。通信协议是指在网络中传递、管理信息的一些规则和规范，智能设备之间的相互通信需要共同遵守一定的规则，这些规则就称为网络协议。

笔者在第九章里首先介绍了施耐德产品常用的网络的通信原理，并在其中使用了实例演示了网络组态和编程在项目中的实现方法和步骤，然后在第十章里对前面四部分的内容进行了整合，通过案例精讲的形式说明了 PLC、触摸屏和变频器在工程中的具体应用。

通信和网络组态

对施耐德产品而言，PLC 与 PLC 之间的通信有 Modbus TCP、Ethernet_IP 等方式。另外，采用 Unity Pro 编程的 PLC 与施耐德驱动产品的通信方式还有 Modbus、Canopen（主要是 Premium 和 M340）、Modbus_Plus、Profibus-DP 等通信方式。

本章将为读者介绍工程中经常使用的 Modbus、Ethernet_IP 和 Modbus Plus 的数据通信及网络组态。

一、Modbus 通信和网络组态

Modbus 网络是施耐德设备最常使用的通信方式之一，这里首先介绍了 Modbus 的协议和内容，对 Modbus 通信常用到的概念也作了细致的解释，例如 Modbus RTU 的概念、总线的极性偏置、CRC 循环冗余校验码的计算方法、Modbus 总线的长度、从站的数量、Modbus 的功能码和广播方式等。

最后通过 Premium PLC 与 ATV32 的 Modbus 通信的实例，全面说明了在不同组合模式下，Premium PLC 与变频器进行 Modbus 通信时的接线、程序编写和变频器的参数设置方法。另外，本文还介绍了通过 IO Scanner input/output 参数来提高 ATV32 Modbus 通信效率的方法。

（一）Modbus 通信协议和相关知识点

Modbus 是 OSI 模型第 7 层上的应用层报文传输协议，它在连接至不同类型总线或网络的设备之间提供主/从通信。Modbus 协议和 ISO/OSI 模型如图 9-1 所示。

层	ISO/OSI 模型	
7	应用层	Modbus 协议
6	表示层	空
5	会话层	空
4	传输层	空
3	网络层	空
2	数据链路层	Modbus 串行链路协议
1	物理层	EIA/TIA-485 (或 EIA/TIA-232)

图 9-1　Modbus 协议和 ISO/OSI 模型

Modbus 是一个请求/应答协议，并且提供功能码规定的服务，Modbus 功能码是 Modbus 请求/应答 PDU 的元素。目前，互联网组织能够使 TCP/IP 栈上的保留系统端口 502 也能访问 Modbus，Modbus 通信栈如图 9-2 所示。

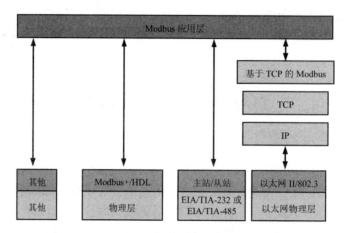

图 9-2　Modbus 通信栈

1．Modbus 主站/从站协议原理

Modbus 串行链路协议是一个主-从协议。在同一时刻，只有一个主节点连接于总线，一个或多个子节点（最大编号为247）连接于同一个串行总线。Modbus 通信总是由主节点发起，而子节点在没有收到来自主节点的请求时，是不会发送数据的，另外，子节点之间也不会互相通信。同时，主节点在同一时刻是只会发起一个 Modbus 请求的。

主节点可以采用单播模式和广播模式两种模式对子节点发出 Modbus 请求。

（1）单播模式

主节点以特定地址访问某个子节点，子节点接到并处理完请求后，子节点向主节点返回一个报文（一个应答）。

一个 Modbus 事务处理包含两个报文，即一个来自主节点的请求，一个来自子节点的应答。

每个子节点必须有唯一的地址（1～247），这样才能区别于其他节点被独立的寻址。

（2）广播模式

主节点向所有的子节点发送请求。

地址 0 专门用于广播数据。对于主节点广播的请求从节点不会应答此请求。广播模式的请求一般是用于对从站的写请求。

2．Modbus 帧描述

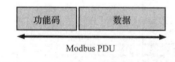

图 9-3　Modbus 协议数据单元

Modbus 应用协议定义了简单的独立于其下面通信层的协议数据单元（Protocol Data Unit，PDU），Modbus 协议数据单元如图 9-3 所示。

施耐德变频器的 Modbus 协议映射在协议数据单元之外引入了一些附加的域。发起 Modbus 事务处理的客户端构造 Modbus PDU，然后添加附加的域以构造适当的通信 PDU。串行链路上的 Modbus 帧如图 9-4 所示。

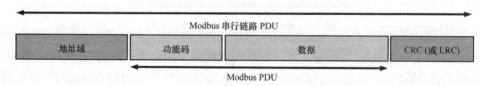

图 9-4　串行链路上的 Modbus 帧

3．两种串行传输模式

Modbus 有 RTU 模式和 ASCII 模式两种串行传输模式。

Modbus 串行链路上所有设备的通信设置必须相同，包括波特率和数据校验方式等。

（1）Modbus 的 RTU 传输模式

施耐德 ATV32 变频器只支持 Modbus RTU 模式。

当设备使用 RTU（Remote Terminal Unit）模式在 Modbus 串行链路通信时，报文中每个 8 位字节含有两个 4 位十六进制字符。这种模式的主要优点是较高的数据密度，在相同的波特率下比 ASCII 模式有更高的吞吐率。同时，每个报文必须以连续的字符流传送。

1）RTU 模式每个字节（11 位）的格式为：1 起始位；8 数据位，首先发送最低有效位；1 位作为奇偶校验；1 停止位。

Modbus 协议要求校验方式采用偶校验、奇校验，无校验也可以使用。默认校验模式为偶校验。

2）Modbus 报文 RTU 帧：由发送设备将 Modbus 报文构造为带有已知起始和结束标记的帧。这样使设备可以在报文的开始阶段接收新帧，并且知道何时报文结束。通信时不完整的报文必须能够被检测到，而错误标志要作为结果被进行设置。

在 RTU 模式，报文帧由时长至少为 3.5 个字符时间的空闲间隔区分。在后续的部分，这个时间区间被称作 t3.5。RTU 报文帧如图 9-5 所示。

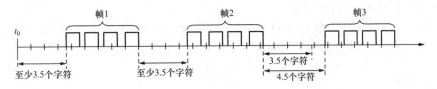

图 9-5　RTU 报文帧

整个报文帧必须以连续的字符流发送。如果两个字符之间的空闲间隔大于 1.5 个字符时间，则报文帧被认为不完整应该被接收节点丢弃。

3）Modbus RTU 的 CRC 校验方法：

在 RTU 模式包含一个对全部报文内容执行的，基于循环冗余校验（CRC - Cyclical Redundancy Checking）算法的错误检验域。CRC 域检验整个报文的内容。不管报文有无奇偶校验，都会执行 CRC 检验。

CRC 包含由两个 8 位字节组成的一个 16 位值。

CRC 域作为报文的最后的域附加在报文之后。计算后，首先附加低字节，然后是高字节。CRC 高字节为报文发送的最后一个子节。

附加在报文后面的 CRC 的值由发送设备计算。接收设备在接收报文时重新计算 CRC 的值，并将计算结果与实际接收到的 CRC 值相比较。如果两个值不相等，则判断为错误。

4）生成 CRC 的过程：

① 将一个 16 位寄存器装入十六进制 FFFF（全 1），将之称作 CRC 寄存器。

② 将报文的第一个 8 位字节与 16 位 CRC 寄存器的低字节异或，结果置于 CRC 寄存器。

③ 将 CRC 寄存器右移 1 位（向 LSB 方向），MSB 充零，提取并检测 LSB。

④ 如果 LSB 为 0：重复步骤③（另一次移位）。

如果 LSB 为 1：对 CRC 寄存器异或多项式值 0xA001（1010 0000 0000 0001）。

⑤ 重复步骤③和④，直到完成 8 次移位。当做完此操作后，将完成对 8 位字节的完整操作。

⑥ 对报文中的下一个字节重复步骤②到⑤，继续此操作直至所有报文被处理完毕。

⑦ CRC 寄存器中的最终内容为 CRC 值。

⑧ 当放置 CRC 值于报文时，高低字节必须交换。

（2）ASCII 传输模式

当 Modbus 串行链路的设备被配置为使用 ASCII（American Standard Code for Information Interchange）模式通信时，报文中的每个 8 位字节将使用两个 ASCII 字符发送。当通信链路或者设备无法符合 RTU 模式的定时管理时使用 ASCII 模式。

由于一个字节需要两个字符，所以 ASCII 传输模式比 RTU 传输模式效率低。

【例 9-1】 字节 0X5B 会被编码为两个字符，即：0x35 和 0x42（ASCII 编码 0x35 ="5"，0x42 ="B"）。

值得注意的是，ATV32 变频器不支持 Modbus ASCII 传输模式。

4．2 线 485-Modbus 总线连接

施耐德变频器只支持依照 EIA/TIA-485 标准实现"2-线"电气接口。在这个 2 线-总线上，在任何时候只有一个驱动器有权发送信号。实际上，还有第三条导线把总线上所有设备相互连接，即公共地。2-线制的一般拓扑结构参见图 9-6 所示。

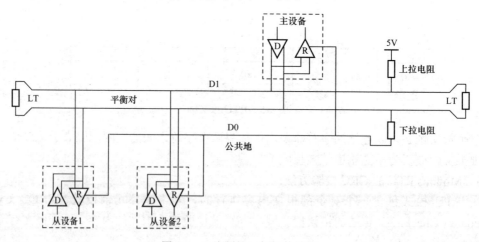

图 9-6　2-线制的一般拓扑结构

（1）线路极性偏置

当没有数据在 RS-485 平衡对线上传递时，该线路不被驱动，因此易受外部噪声与干扰的影响。为确保它的接收器处于一个稳定状态，在没有数据信号出现时，一些设备需要使网络偏置。

每个 Modbus 设备都必须用文件说明该设备是否需要线路极性偏置和该设备是否执行或可执行如此线路极性偏置。

如果一个或多个设备需要线路极性偏置，则必须在该 RS-485 平衡对线上接一对电阻：D1 线上的上拉电阻至 5V 电压。D0 线上的下拉电阻至公共地线。

这些电阻的值必须介于 450 和 650Ω 之间，650Ω 的电阻值可以允许在串行链路总线上有较多设备。

在这种情况下，对在一个局部区域的整个串行总线，必须实现对线的极性偏置。通常该点选在主站或其接头上。其他设备不可实现任何极性偏置。

在此类 Modbus 串行链路上允许的最多设备数，比无极性偏置的 Modbus 系统少 4 个。

（2）线路终端

沿线路传播的移动信号波遇到不连续的阻抗，造成在传输线路中的反射。为了使在 RS-485 电缆终端的反射最小，读者需要在接近总线两端点处放置线路终端。

由于传播是双向的，所以在线路两端都加置终端是非常重要的，但在一个无源 D0-D1 平衡对线上，加的线路终端不能超过 2 个，也不能在分支电缆上放置任何线路终端。

每个线路终端必须连接在平衡线 D0 和 D1 的两条导线之间，线路终端可以是 150Ω（0.5W）的电阻。当采用线极性偏置时，最好选择电容（1nF，最低 10V）与 120Ω（0.25W）电阻进行串联。

（3）无中继器情况下的最大设备数量

在 Modbus 系统中，如果没有任何 RS-485 中继器，Modbus 协议最多是可以连接 32 台设备的，包括主站。但是由于 Modbus 采用的是轮询的工作方式，推荐 Modbus 从站个数不要超过 12 个，除非采用广播模式。

（4）长度

主干电缆端到端的长度必须有限制。其长度由波特率、电缆（规格、电容或特征阻抗）、菊花链上的负载数以及网络配置所决定。

对于最高波特率为 9600，AWG26（或更粗）规格的电缆，其最大长度为 1000m。

干线上的分支必须短，不能超过 20m。如果使用 n 分支的多口接头，每个分支最大长度必须限制为 20m 除以 n。

（二）ATV32 变频器的 Modbus 通信

1．ATV32 变频器支持的 Modbus 协议的功能码

ATV32 变频器仅支持 Modbus RTU 模式，Modbus 数据帧如图 9-7 所示。

图 9-7　Modbus 数据帧

在 Modbus RTU 模式，报文帧由时长至少为 3.5 个字符时间的空闲间隔区分，数据的发送采用二进制。

ATV32 系列变频器支持的 Modbus 功能码参见表 9-1，这里的读写是通过 PLC 侧取看的。

表 9-1　　　　　　　　　　　　Modbus 功能码

功 能 名 称	功 能 码	描 述	说 明
读寄存器	16#03	读多个字	最大 63 个字
写单个字	16#06	写单个字	

243

续表

功　能　名　称	功　能　码	描　　述	说　　明
写多个寄存器	16#10	写多个输出寄存器	最大61个字
读/写多个寄存器	16#17	读写多个变频器数据	最大读20字/写20字
读设备信息	16#2B	读设备信箱	
诊断	16#08	用于设备诊断	

2．ATV32变频器Modbus通信故障的管理

如果变频器在【FLt】故障管理下的【SLL】Modbus故障管理参数中，设置发生通信故障时的变频器处理模式，此参数出厂的设置是自由停车，即Modbus通信发生故障后，切断变频器输出。

当与PLC通信的变频器比较多时，推荐延长【Modbus超时】所设定的时间，最大可设30s。

3．变频器的Modbus网络口的位置和接口的针脚定义

ATV32变频器的Modbus网络安装口的位置在变频器的右中部，采用RJ45接口，如图9-8所示。

RJ45中Modbus通信有关的针脚定义，如图9-9所示，注意是从下往上看，最下面的针脚为1。

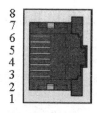

针脚号	信号
4	D1
5	D0
8	GND

图9-8　ATV32 Modbus接口的位置　　　　图9-9　RJ45变频器Modbus接口针脚的定义

4．施耐德PLC与变频器进行Modbus通信的接线

这里以Premium P53204以及SCP114、CM4030为例进行说明，包括飞线之间的连接等，软件使用Unity Pro 5.0。

TSXSCP114 Modbus RS-485卡与TSXSCP CM-4030电缆连接后插入Premium P53204M的PCMCIA插槽中，TSXSCP CM-4030的裸露端与双绞线的裸露端连接，双绞线的RJ45端接到ATV32变频器，系统的硬件构架和连接如图9-10所示。

其中：

（1）TSXSCP CM 4030(3m)6芯电缆，插头端插入SCP114内，飞线端与双绞线连接。

（2）ATV32变频器的RJ45通信端口，支持CANopen和Modbus通信。

（3）标准RJ45双绞线，一端为RJ45接头，另一端与TSXSCP CM4030电缆的飞线连接。

5．设置ATV32变频器Modbus通信参数

ATV32变频器Modbus通信相关参数的设置方法，首先在COonF→FULL→Con-→nd1-

设置变频器 Modbus 从站地址，然后设置波特率、数据格式和超时时间，设置后重新上电使设置生效即可。

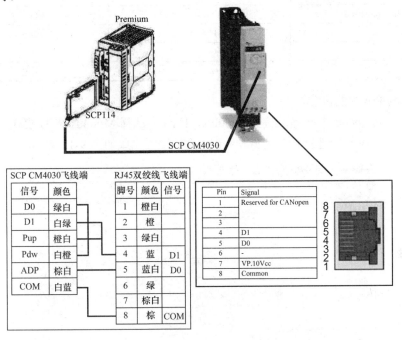

图 9-10　系统的硬件构架接线图

6．PLC 硬件组态

（1）首先在 Unity Pro 中的硬件组态里添加电源模块和 Premium CPU P53204M，并在 CPU 的 PCMCIA 插槽中添加 TSXSCP114 卡，如图 9-11 所示。

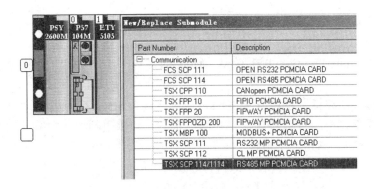

图 9-11　添加 TSX SCP 114 卡

（2）组态 TSX SCP 114 RS-485 通信卡作为 Modbus 主站，设置和 ATV32 变频器中的通信参数设置保持一致，见表 9-2。

表 9-2　　　　　　　　　　　　　参　数　表

参　　数	值	描　　述
Function	Modbus Jbus	Modbus 连接
Type	Master	PLC 做主站

续表

参　　数	值	描　　述
Transmission speed	9600b/s	通信速率
Data	RTU(8bits)	数据传送方式
Stop	1bit	停止位
Parity	Even	偶校验

（3）Unity Pro 中的设置

Transmission speed 中选择波特率 9600b/s，Data 中选择 Modbus RTU 模式，Stop 中选择停止位 1 位，Parity 框中选择校验方式 Even 校验，设置完成如图 9-12 所示。

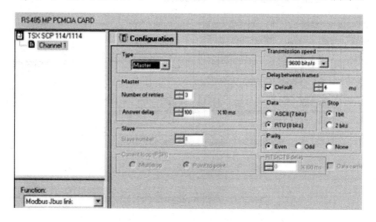

图 9-12　Unity Pro 中的设置

（三）使用 Modbus 通信启停 ATV32 变频器控制电动机速度的编程详述

1．软件需求

施耐德软件 Unity Pro 3.0。

2．硬件需求

施耐德 PLC Unity Premium P53204M、Modbus 通信卡 TSX SCP 114 和变频器 ATV32。

3．参数设置

通信设置部分，波特率设置为 9600b/s，通信格式为 8E1，变频器从站地址设置为 3，具体操作参看变频器部分，读取变频器寄存器为状态字和输出频率（3201～3202），写寄存器为控制字和频率给定（8501，8502）。

变频器组合模式采用出厂设置，即组合通道。

【给定 1 通道】（Fr1）选择为【Modbus】（Ndb）；

【给定 2 切换】（rFC）为出厂设置【通道 1 有效】（Fr1）。

4．程序实现

编程时命令通道和给定通道都是通过 Modbus 网络来实现变频器的启停和速度给定的。在图 9-13 中的程序编制的是读取状态字和实际速度。

在图 9-14 的程序中编制的是写控制字和速度给定。

在图 9-15 中的程序编制的是只判断状态字的低 8 位。

在图 9-16 的程序中编制的是只判断状态字的低 8 位。

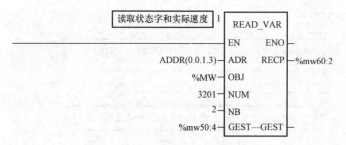

图 9-13　读取状态字和实际速度

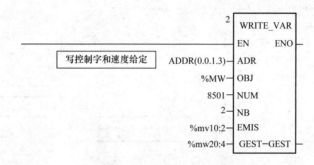

图 9-14　写控制字和速度给定

图 9-15　只判断状态字的低 8 位

图 9-16　只判断状态字的低 8 位

　　程序中编制的是 ETA=16#**40 或 16#**50 控制字写 6，ETA=16#**21 或 16#**31 控制字写 7，如图 9-17 所示。

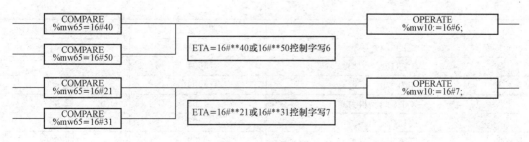

图 9-17　写控制字

故障复位和速度给定如图 9-18 所示，对应关系 500→50Hz，%mw5 为速度给定。

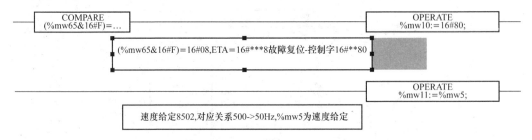

图 9-18　故障复位和速度给定程序

正反转设置程序编制如图 9-19 所示。

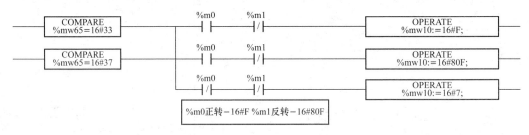

图 9-19　正反转程序编制

通过上面的程序编制就可以实现 Modbus 的通信控制电动机的起停和速度了。

（四）使用 IO Scaner input/output 提高 Modbus 通信效率

在工程中使用 Modbus 与 ATV32 变频器进行通信时，通过【通信】CON-中【通信扫描器输入】ICS-的 IO Scaner INPUT 和【通信扫描器输出】OCS-下的 IO Scaner.Ouput 对变量进行设置，这些 IO Scaner INPUT 和 IO Scaner.Ouput 都有固定的地址，可用来读取和写入，IO Scaner INPUT/Ouput 各有 8 个字。

1．读取变频器参数

读取变频器参数的起始地址 W12741～W12748，即 16#31C5～16#31CC，IO Scaner.Ouput 共 8 个字。

2．写变频器参数

写变频器参数的起始地址 W12761～W12768，即 16#31D9～16#31E0。

这样通过设置 Scan.IN 和 Scan.Out 的变量（最大 8 个）的方法，使用 16#3 Modbus 来读取多个字的功能码和 16#10 写多个字的功能码，从而对这些变量进行读写。其变量表见表 9-3。

表 9-3　　　　　　　　　　　　　　　变　量　表

数　目	参　数	逻辑地址	Scaner INPUT 地址
1	ETA-状态字	3201	12741
2	RFRD-实际速度	8604	12742
3	LCR-电动机电流	3204	12743
4	OTR-电动机力矩	3205	12744
5	ULN-主电压	3207	12745
6	THD-变频器热状态	3209	12746
7	THR-电动机热状态	9630	12747
8	LFT-当前故障码	3221	12748

按表 9-3 的变量地址,设置在 IO Scaner INPUT 菜单里的 8 个参数的逻辑地址后,即可通过对 12741 的起始地址一次读取上述 8 个参数的变量,因为读取的变量原来在变频器的地址是分散的,通过设置以后只需使用一个 03 读取功能指令就可以完成这个任务,如果不用这个方法,就可能需要几条读指令才能完成信息的读取,显然通过这种方法,可以提高通信效率。

二、以太网的通信和网络组态

以太网(Ethernet)是当今现有局域网采用的最通用的通信协议标准。以太网技术有很高的网络安全性、可操作性和实效性,能够满足低成本、高效率、高智能的不同生产场合的需求,为企业建立信息化系统提供了从现场设备层到控制层、管理层等交换以太网结构的网络控制平台。

1．以太网概述

以太网是在 20 世纪 70 年代研制开发的一种基带局域网技术,使用同轴电缆作为网络公共传输信息通道,以太网最初是由 XEROX 公司研制而成的,并且在 1980 年由数据设备公司 DEC、INTEL 公司和 XEROX 公司共同使之规范成形。后来它被作为 802.3 标准为电气与电子工程师协会(IEEE)所采纳。

以太网的核心思想是使用共享的公共传输信道。

2．以太网技术

以太网(Ethernet)指的是当今现有局域网采用的最通用的通信协议标准。以太网协议以国际 ISO(国际标准组织)标准 OSI(开放系统互连)参考模型为基础。

ISO/OSI 通信标准模型有 7 层组织,分为两类。一类是面向用户的第 5～7 层,另一类是面向网络的第 1～4 层。第 1～4 层描述数据从一个地方传输到另一个地方,而第 5～7 层给用户提供适当的方式去访问网络系统。

(1)物理层(PHL):实现位流在线路上的传送,该层包括物理连网媒介,如电缆连线连接器。物理层的协议产生并检测电压以便发送和接收携带数据的信号。读者在自己的桌面 PC 机上插入网络接口卡,就建立了计算机联网的基础了,也就是说,读者此时已经提供了一个物理层。尽管物理层不提供纠错服务,但它能够设定数据传输速率并监测数据出错率。

(2)数据链路层(DLL):是模型的第二层,它控制网络层与物理层之间的通信。它的主要功能是如何在不可靠的物理线路上进行数据的可靠传递。

为了保证传输,从网络层接收到的数据被分割成特定的可被物理层传输的帧。帧是用来移动数据的结构包,它不仅包括原始数据,还包括发送方和接收方的网络地址以及纠错和控制信息。其中的地址确定了帧将发送到何处,而纠错和控制信息则确保帧无差错到达。

数据链路层的功能独立于网络和它的节点和所采用的物理层类型,有一些连接设备,如交换机,由于它们要对帧解码并使用帧信息将数据发送到正确的接收方,所以它们是工作在数据链路层的。

(3)网络层(NL):是模型的第三层,其主要功能是将网络地址翻译成对应的物理地址,并决定如何将数据从发送方路由到接收方。

网络层通过综合考虑发送优先权、网络拥塞程度、服务质量以及可选路由的花费来决定从一个网络中节点 A 到另一个网络中节点 B 的最佳路径。由于网络层处理路由,而路由器因为连接网络各段,并智能指导数据传送,属于网络层。在网络中,"路由"是基于编址方案、使用模式以及可达性来指引数据的发送。

选径、划分子网、流控制、错误校验，通常，路由器都工作在该层。

以上三层常被称做低三层，是局域网及局域网间通信时主要要关心的东西。

（4）传输层（TL）：端到端的通信。模型中最重要的一层。传输协议同时进行流量控制或是基于接收方可接收数据的快慢程度规定适当的发送速率。除此之外，传输层按照网络能处理的最大尺寸将较长的数据包进行强制分割。例如，以太网无法接收大于1500B的数据包。发送方节点的传输层将数据分割成较小的数据片，同时对每一数据片安排一序列号，以便数据到达接收方节点的传输层时，能以正确的顺序重组。该过程即被称为排序。

工作在传输层的一种服务是TCP/IP协议套中的TCP（传输控制协议），另一项传输层服务是IPX/SPX协议集的SPX（序列包交换）。

（5）会话层（SL）：用于用户的网络连接，负责在网络中的两节点之间建立和维持通信。

会话层的功能包括建立通信链接、保持会话过程通信链接的畅通、同步两个节点之间的对话和决定通信是否被中断以及通信中断时决定从何处重新发送。

（6）表示层（PL）：提供多种编码用于应用层的数据转化，是应用程序和网络之间的翻译官。在表示层，数据将按照网络能理解的方案进行格式化。这种格式化也因所使用网络的类型不同而不同。

表示层管理数据的解密与加密，如系统口令的处理。例如：在 Internet 上查询你银行账户，使用的就是一种安全连接。你的账户数据在发送前被加密，在网络的另一端，表示层将对接收到的数据解密。除此之外，表示层协议还对图片和文件格式信息进行解码和编码。

（7）应用层（AL）：负责对软件提供接口以使程序能使用网络服务。术语"应用层"并不是指运行在网络上的某个特别应用程序，应用层提供的服务包括文件传输、文件管理以及电子邮件的信息处理。

ISO/OSI 的7层模型定义了7个协议层和各层功能及层接口，为制订工业标准提供了依据。

3．以太网协议

TCP/IP 协议没有 OSI 模型中的表示层与会话层。以太网应用层的协议包括 HTTP、SMTP、POP3、Modbus 和 UNI-TE 等，OSI 模型如图 9-20 所示。

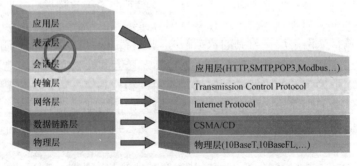

图 9-20 OSI 模型

4．总线拓扑

网络中的计算机等设备要实现互联，就需要以一定的结构方式进行连接，这种连接方式就叫做"拓扑结构"。目前常见的网络拓扑结构主要有星型结构、环型结构、总线型结构、星型和总线型结合的混合型结构四大类。

（1）星型结构

星型结构有一个中心节点，一般站点连在中心节点上，中心节点通常是多端口设备，如：HUB（集线器）、Switch（交换机）。

这种结构是目前在局域网中应用得最为普遍的一种，在企业网络中几乎都是采用这一方式。星型网络几乎是 Ethernet 网络专用，它是因网络中的各工作站节点设备通过一个网络集中设备（如集线器或者交换机）连接在一起，各节点呈星状分布而得名。

这种拓扑结构网络的基本特点主要有：

1）成本低廉：它所采用的传输介质一般都是采用通用的双绞线，这种传输介质相对来说比较便宜。这种拓扑结构主要应用于 IEEE 802.2、IEEE 802.3 标准的以太局域网中。

2）节点扩展、移动方便：节点扩展时只需要从集线器或交换机等集中设备中拉一条线即可，而要移动一个节点只需要把相应节点设备移到新节点即可。

3）维护容易：一个节点出现故障不会影响其他节点的连接，可任意拆走故障节点。

4）采用广播信息传送方式：任何一个节点发送信息在整个网中的节点都可以收到，这在网络方面存在一定的隐患，但这在局域网中使用影响不大。

5）网络传输数据快：这一点可以从目前最新的 1000Mb/s 到 10Gb/s 以太网接入速度可以看出。

（2）环型结构

环型结构所有的节点连在一条闭合线缆上，如令牌环（Taken-Ring）、FDDI。这种结构的网络形式主要应用于令牌网中，在这种网络结构中各设备是直接通过电缆来串接的，最后形成一个闭环，整个网络发送的信息就是在这个环中传递，通常把这类网络称为"令牌环网"。

实际上，大多数情况下这种拓扑结构的网络不会是所有计算机真的要连接成物理上的环型。一般情况下，环的两端是通过一个阻抗匹配器来实现环的封闭的，因为在实际组网过程中因地理位置的限制不方便真的做到环的两端物理连接。

环型网络结构一般仅适用于 IEEE 802.5 的令牌网（Token ring network），在这种网络中，"令牌"是在环型连接中依次传递。所用的传输介质一般是同轴电缆。这种网络实现非常简单，投资最小。但是它的环型结构决定了它的扩展性能远不如星型结构的好，假如要新添加或移动节点，就必须中断整个网络，在环的两端作好连接器才能连接，因而扩展性能差。

（3）总线型结构

总线型结构网络所有的节点都连在一条公共的总线上。这种网络拓扑结构中所有设备都直接与总线相连，它所采用的介质一般也是同轴电缆（包括粗缆和细缆），不过现在也有采用光缆作为总线型传输介质的。

总线型网络拓扑结构的组网费用低，因为总线结构根本不需要另外的互联设备，直接通过一条总线进行连接。因为各节点是共用总线带宽的，所以在传输速度上会随着接入网络的用户的增多而下降。当需要扩展用户时只需要添加一个接线器即可，因此扩展比较灵活。总线型结构的缺点是一次仅能一个端用户发送数据，其他端用户必须等待到获得发送权。

（4）混合型拓扑结构

混合型拓扑结构是由前面所讲的星型结构和总线型结构的网络结合在一起的网络结构，这样的拓扑结构更能满足较大网络的拓展，解决星型网络在传输距离上的局限，而同时又解决了总线型网络连接用户数量的限制。这种网络拓扑结构同时兼顾了星型网络与总线型网络的优点，在缺点方面得到了一定的弥补。

5．MAC 地址

MAC（Media Access Control）地址通常指网络设备的物理地址。在网络中，任何一台设备（计算机、路由器、交换机等）都有自己唯一的 MAC 地址，用来在网络中唯一地标识自己。

大多数 MAC 地址是由设备制造商建在硬件内部的，该地址是一个 6 字节的二进制串，通常写成 16 进制数，以冒号分隔，例如：00：E0：FC：20：0A：8C，此地址由 IEEE 负责分配，地址的前三个字节代表厂商代码，后三个字节代表该制造商所制造的某个网络产品的系列号，世界上每一个以太网设备都具有唯一的 MAC 地址。

6．IP 地址

IP 地址是 32 位的二进制数值，用于在 TCP/IP 通信协议中标记每台计算机的地址。通常我们使用点式十进制来表示，如 192.168.1.6 等。也就是说，IP 地址有两种表示形式：二进制和点式十进制。一个 32 位 IP 地址的二进制是由 4 个 8 位域组成，即 11000000 10101000 00000001 00000110（192.168.1.6）。

每个 IP 地址又可分为网络号和主机号两部分。网络号表示其所属的网络段编号，主机号则表示该网段中该主机的地址编号。

（1）IP 地址分类

按照网络规模的大小，IP 地址可以分为 A、B、C、D、E 五类。其中 A、B、C 类是三种主要的类型地址，D 类是专供多目传送用的多目地址，E 类用于扩展备用地址。

A 类 IP 地址：一个 A 类 IP 地址由 1 字节的网络地址和 3 字节主机地址组成，网络地址的最高位必须是 0，地址范围从 1.0.0.0 到 126.0.0.0。可用的 A 类网络有 126 个，每个网络能容纳 1 亿多个主机。需要注意的是，网络号不能为 127，这是因为该网络号被保留用作回路及诊断功能。

B 类 IP 地址：一个 B 类 IP 地址由 2 个字节的网络地址和 2 个字节的主机地址组成。网络地址的最高位必须是"10"，地址范围从 128.0.0.0 到 191.255.255.255。可用的 B 类网络有 16382 个，每个网络能容纳 6 万多个主机。

C 类 IP 地址：一个 C 类 IP 地址由 3 字节的网络地址和 1 字节的主机地址组成，网络地址的最高位必须是"110"。范围从 192.0.0.0 到 223.255.255.255。C 类网络可达 209 万余个，每个网络能容纳 254 个主机。

D 类地址用于多点广播（Multicast）：D 类 IP 地址第一个字节以"1110"开始，它是一个专门保留的地址。它并不指向特定的网络，目前这一类地址被用在多点广播（Multicast）中。多点广播地址用来一次寻址一组计算机，它标识共享同一协议的一组计算机。

E 类 IP 地址：以"11110"开始，为将来使用保留，全零（"0.0.0.0"）地址对应于当前主机，全 1 的 IP 地址（"255.255.255.255"）是当前子网的广播地址。

（2）IP 地址信息

通常来说，一个完整的 IP 地址信息应该包括 IP 地址、子网掩码、默认网关和 DNS 等 4 部分内容，只有当它们各司其职、协同工作时，我们才可以访问 Internet，并被 Internet 中的计算机所访问。需要注意的是，采用静态 IP 地址接入 Internet 时，ISP 应当为用户提供全部 IP 地址信息。

（3）IP 地址

企业网络使用的合法 IP 地址由提供 Internet 接入的服务商（ISP）分配，私有 IP 地址则可以由网络管理员自由分配。需要注意的是，网络内部所有计算机的 IP 地址都不能相同，否则，会发生 IP 地址冲突，导致网络通信失败。

1）子网掩码

子网掩码是与 IP 地址结合使用的一种技术。它的主要作用有两个：一是用于确定厂地址中的网络号和主机号，二是用于将一个大的 IP 网络划分为若干小的子网络。

① 默认子网掩码

子网掩码以 4 个字节 24b 表示。

子网掩码中为 1 的部分定位网络号，为 0 的部分定位主机号。因此，当厂地址与子网掩码二者相"与"（and）时，非零部分即为网络号，为零部分即为主机号。

既然子网掩码可以决定 IP 地址的哪一部分是网络号，而子网掩码又可以人工进行设定，因此，可以通过修改子网掩码的方式来改变原有地址分类中规定的网络号和主机号。

也就是说，根据实际需要，既可以使用 B 类或 C 类地址的子网掩码（即 255.255.0.0 或 255.255.255.0），将原有的 A 类地址的网络号由一个字节改变为二个或三个字节，或者使用 C 类地址的子网掩码（即 255.255.255.0），将原有 B 类地址的网络号由二个字节改变为三个字节，从而增加网络数量，减少每个网络中的主机容量，也可以使用 B 类地址的子网掩码（即 255.255.0.0）将 C 类地址的子网掩码由三个字节改变为二个字节，从而增加每个网络中的主机容量，减少网络数。

② 变长子网掩码

既然子网掩码中为 1 的部分可以定义为网络号，那么就可以通过加长子网掩码的方式，将掩码中原本为 0 的最高位部分修改为 1，从而使得本来应当属于主机号的部分改变成为网络号，以达到划分子网的目的。

由此可见，子网掩码的位数越多，所取得子网的数量也就越多，但每个子网中所容纳的主机数也就越少，同时损失的 IP 资源也就越多。这是因为每个子网都会保留全 0 地址作为网络号，保留全 1 地址作为广播地址使用。

2）默认网关

默认网关是指如果一台主机找不到可用的网关，就把数据包发送给默认指定的网关，由这个网关来处理数据包。从一个网络向另一个网络发送信息，也必须经过一道"关口"，这道关口就是网关。

所以只有设置好网关 IP 地址，TCP/IP 协议才能实现不同网络之间的相互通信。那么，对于企业网络而言，这个 IP 地址是什么呢？如果采用合法厂地址，该网关由 ISP 提供，如果采用私有 IP 地址，该网关就是代理服务器或路由器内部端口的 IP 地址。

7．以太网组网的硬件

连接网络首先要用的就是传输线，它是所有网络的最小要求。常见的传输线有四种基本类型：同轴电缆、双绞线、光纤和无线电波。每种类型都满足了一定的网络需要，都解决了一定的网络问题。

（1）同轴电缆

同轴电缆的中心是铜芯，铀芯外包着一层绝缘层，绝缘层外再是一层屏蔽层，屏蔽层氢电线很好地包起来，再往外就是外包皮了，如图 9-21 所示。由于同轴电缆的这种结构，它对外界具有很强的抗干扰能力，同轴电缆是局域网最普遍使用的传输媒体。

（2）双绞线

在局域网中，双绞线用得非常广泛，这主要是因为它的低成本、高速度和高可靠性。双绞线分为屏蔽双绞线（STP）和非屏蔽双绞线（UTP）两种，它们都是由两根绞在一起的导线来形成传输电路，如图 9-22 所示。两根导线绞在一起主要是为了防止干扰（线对上的差分信号具有共模抑制干扰的作用）。

（3）光纤

有些网络应用要求很高，它要求可靠、高速地长距离传送数据，这种情况下，光纤就是一个理想的选择。光纤具有圆柱形的外形，由纤芯、包层和护套三部分组成。纤芯是最内层部分，它由一根或多根非常细的玻璃或塑料制成的绞合线或纤维组成。每一根纤维都由各自的包层包着，包层是玻璃或塑料涂层，它具有与纤芯不同的光学特性。最外层是护套，它包着一根或一束已加包层的纤维。护套是由塑料或其他材料制成的，如图 9-23 所示。

图 9-21　同轴电缆　　　　图 9-22　双绞线　　　　　　图 9-23　　光纤

按照光在光纤中的传输模式方式，光纤分为单模光纤和多模光纤。

单模光纤只传输主模，即光线只沿着光纤的轴心传输，完全避免了色散和光能量的浪费。而且单模一般用波长为 1310nm 或 1550nm 的激光，接近石英的最小衰减波长 1550nm。因此，单模光纤传输的距离长，施耐德单模光纤传输长度为 15km。

多模光纤传输主模或多个其他模，光线会沿着光纤的边缘壁不断反射，有许多的色散和光能量的浪费。而且多模一般用波长为 850nm 或 1310nm 的激光。实际上大多采用 850nm 波长，远离石英的最小衰减波长 1550nm。多模光纤的中心玻璃芯较粗（50 或 62.5μm），可传多种模式的光。但其模间色散较大，这就限制了传输数字信号的频率，而且随距离的增加会更加严重。例如：600MB/km 的光纤在 2km 时则只有 300MB 的带宽了。因此，多模光纤传输的距离就比较近，施耐德多模光纤传输长度为 2km。

8．TCP

TCP（Transmission Control Protocol）是基于传输层的协议，协议文件可从 RFC793 得到，它也是 Internet 中使用最广泛的协议之一。

TCP 是面向连接的、可靠的协议，它能把报文分解为数段，在目的站再重新装配这些段，支持重新发送没有被收到的段，TCP 提供两台设备之间的全双工连接，允许它们高效地交换大量数据。

TCP 使用滑动窗口协议来高效地使用网络，由于 TCP 很少干预底层投递系统的工作，它可以适应各种报递系统，由于它提供流量控制，所以 TCP 能够使各种不同速度的系统进行通信。

报文段是 TCP 所使用的基本传输单元，用于传输数据或控制信息，TCP 报文段如图 9-24 所示。

TCP 是使用端口（Socket）号把信息传到上层，为用户提供不同的服务，端口号用来跟踪同一时间内通过网络的不同会话。

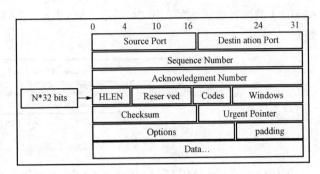

图 9-24 TCP 报文段

RFC1700 中定义了众所周知的特殊编口号，常用的端口如表 9-4 所示。

表 9-4   RFC 1700 端口号

十 进 制 数	关 键 字	说　　　明
20	ftp-data	文件传输协议（数据）
21	ftp	文件传输协议
23	telnet	远程登录
25	Smtp	简单邮件传输协议
53	Domain	域名服务器
67	bootps	启动协议服务器
80	http	超文本传输协议
110	pop3	邮件接收协议
502	Modbus	自动化信息传输

注　502 端口目前是所有自动化公司中，唯一用于自动化信息传输的端口号。

9．施耐德 Quantum PLC 支持的两种以太网协议

施耐德电气是工业以太网坚定的支持者、推广者也是一个使用者，自 2007 年施耐德加入 ODVA 以来，施耐德实现了 Mobbus TCP 和相应 Ethernet IP 相互之间的技术方面的融合。

目前，施耐德电气既支持传统的 Modbus TCP，也支持 Ethernet IP 协议。

（1）Modbus TCP/IP 的网络模型

Modbus TCP/IP 使用以太网 OSI 模型中的五层，如图 9-25 所示。

第一层：物理层，提供设备的物理接口，与市售的介质/网络适配器相兼容。

第二层：数据链路层，格式化信号到包含源/目的硬件地址的数据帧。

第三层：网络层，实现带有 32 位 IP 地址的 IP 报文包。

第四层：传输层，实现可靠性连接、传输、查错、重发、端口服务、传输调度等。

第五层：应用层，Modbus 协议报文。

1）Modbus TCP 数据帧

在 TCP/IP 以太网上传输，支持 Ethernet II

图 9-25 Modbus TCP/IP 的五层 OSI 模型

和 802.3 两种帧格式。如图 9-26 所示，Modbus TCP 数据帧包含报文头、功能代码和数据三部分。

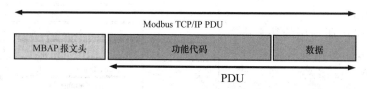

图 9-26　Modbus TCP/IP 的五层 OSI 模型

MBAP 报文头（MBAP、Modbus Application Protocol、Modbus 应用协议）分 4 个域，共 7 个字节，如表 9-5 所示。

表 9-5　　　　　　　　　　　　　**MBAP 报文头详解**

域	长度	描述	客户端	服务器端
传输标志	2（B）	标志某个 Modbus 询问/应答的传输	由客户端生成	应答时复制该值
协议标志	2（B）	0＝Modbus 协议；1＝UNI－TE 协议	由客户端生成	应答时复制该值
长度	2（B）	后续字计数	由客户端生成	应答时由服务器端重新生成
单元标志	1（B）	定义连续于目的其他设备	由客户端生成	应答时复制该值

2）Modbus 功能代码

Modbus 功能代码有公共功能代码、用户自定义功能代码和保留的功能代码三种类型。

公共功能代码：是已经定义好的功能码，具有唯一性，由 Modbus.org 认可。

用户自定义功能代码：此代码有两组，分别为 65～72 和 100～110，不需要认可，但不保证代码使用的唯一性，如想变为公共代码，需要 RFC 认可。

保留的功能代码：由某些公司使用在某些传统设备的代码，这种代码是不可以作为公共用途的。

常用公共功能代码见表 9-6。

表 9-6　　　　　　　　　　　　　**常用公共功能代码**

常用公共功能代码			功能码		
			十进制码	子码	十六进制
位操作	开关量输入	读输入点	02		02
	内部位或开关量输出	读线圈	01		01
		写单个线圈	05		05
		写多个线圈	15		0F
16 位操作	模拟量输入	读输入寄存器	04		04
	内部寄存器或输出寄存器（模拟量输出）	读多个寄存器	03		03
		写单个寄存器	06		06
		写多个寄存器	16		10
		读/写多个寄存器	23		17
		屏蔽写寄存器	22		16
文件记录		读文件记录	20	6	14
封装接口		写文件记录	21	6	15
		读设备标识	43	14	2B

功能代码按应用的深浅，可分为以下三个类别。

类别 0，对于客户机/服务器最小的可用子集：读多个保持寄存器(fc.3)；写多个保持寄存器(fc.16)。

类别 1，可实现基本互易操作的常用代码：读线圈(fc.1)；读开关量输入(fc.2)；读输入寄存器(fc.4)；写线圈(fc.5)；写单一寄存器(fc.6)。

类别 2，用于人机界面、监控系统的例行操作和数据传送功能：强制多个线圈(fc.15)；读通用寄存器(fc.20)；写通用寄存器(fc.21)；屏蔽写寄存器(fc.22)；读写寄存器(fc.23)。

3）Quantum PLC 采用 Modbus TCP 的添加以太网的连接方法

第一步　右击项目浏览器下的【通讯】→【网络】，在弹出的快捷菜单中选择【新建网络…】，如图 9-27 所示。

第二步　创建两个以太网网络 Ethernet_1 和 Ethernet_2，创建的 Ethernet_1 如图 9-28 所示。

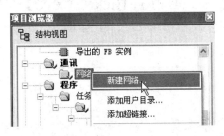

图 9-27　新建以太网网络的操作

图 9-28　新建以太网网络的名称

第三步　Ethernet_1 设置为扩展连接，这对连接到 CPU 上的以太网口是必须的，设置 Ethernet_1 的 IP 地址如图 9-29 所示。

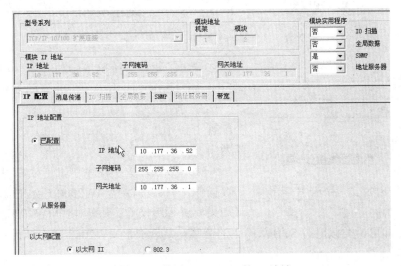

图 9-29　设置 Ethernet_1 的 IP 地址

第四步　Ethernet_2 设置为常规连接，并将 IO 扫描设为【是】，图 9-30 设置 Ethernet_2 的 IP 地址并设置了 IO 扫描。

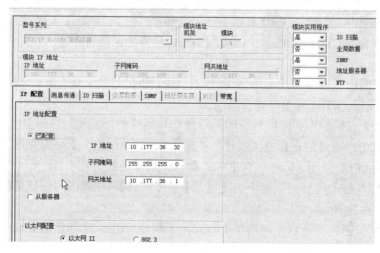

图 9-30　设置 Ethernet_2 的 IP 地址并设置 IO 扫描

第五步　连接 Ethernet_1：首先在项目浏览器 CPU 的【ETHERNET_CPU】右击选择打开，在【请选择网络】下拉框中选择【Ethernet_1】，然后单击工具栏中的☑来确认所做的修改，如图 9-31 所示。

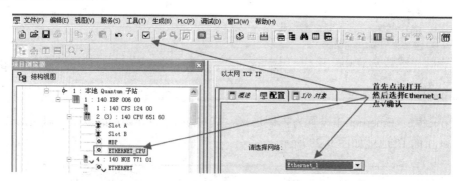

图 9-31　将 Ethernet_1 与 CPU 的以太网口链接

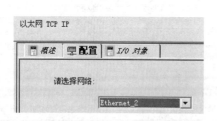

图 9-32　将 Ethernet_2 与以太网模块链接

第六步　通样的方法将 NOE771 01 与 Ethernet_2 配置到一起，具体操作如图 9-32 所示。

第七步　IO 扫描器的设置如图 9-33 所示，配置了 IP 地址 10.177.36.69 和 10.177.36.69 两个 STB 两个 IO 站。

第八步　在程序中如要对 STB 从站 0 进行读操作，只需读取 %MW2000 开始的 20 个字即可；如果要进行写操作，直接对 %MW2020 开始的 20 个字进行 Move 即可。类似地对 STB 从站 1 的读写是从读取 %MW2040 开始，而写操作读取的是 %MW2640。

（2）EtherNET IP 通信网络

施耐德电气已签约成为了与 Cisco、Eaton、Omron、Rockwell Automation 并列的 ODVA 组织的核心会员，并与 ODVA 其他成员携手，拓展了 CIP 网络的规范，已经与 Modbus/TCP

的设备相兼容了。这样，现有的 Modbus/TCP 用户可以无缝迁移至 CIP 网络架构当中，从而保护了原有的投资。

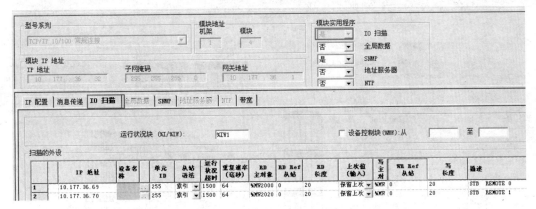

图 9-33   Ethernet_2 的 IO 扫描器设置

EtherNET／IP 网络采用商业以太网通信芯片和物理介质，采用星型拓扑结构，利用以太网交换机实现各种设备之间的点对点连接，能同时支持 10Mb/s 和 100Mb/s 以太网的商业产品。它的一个数据包最多可达 1500B，数据传输速率可达 10～100Mb/s，因而采用 EtherNET/IP 是可以实现大量数据的高速传输的。表 9-7 是 EtherNET/IP 与 OSI 参考模型的比较。

表 9-7   EtherNET/IP 与 OSI 模型比较

应用层	7	控制与信息控制 CIP	
表示层	6		
会话层	5		
传输层	4	UDP	TCP
网络层	3	IP	
数据链路层	2	以太网媒体访问控制	
物理层	1	以太网 物理层	

EtherNET/IP 模型由 IEEE802.3 物理层和数据链路层标准、以太网 TCP/IP 协议族、控制与信息协议三个部分组成。前两部分为标准的互联网技术。EtherNET/IP 模型的特色就是被称作控制和信息协议的 CIP（Control Information Protocol）部分，它是 1999 年发布的，与 ControlNet 和 DeviceNet 控制网络中使用的 CIP 相同。CIP 一方面提供实时 I/O 通信，另一方面实现信息的对等通信。其控制部分用来实现实时 I/O 通信，信息部分则用来实现非实时的信息交换。

EtherNET/IP 的许多模块有内置的网络服务器，能支持 HTTP 功能。模块、网络、系统数据信息可以通过标准的网络浏览器获得。

施耐德原有的 170NOC771 01 可以同时支持 Modbus TCP 和 EtherNET/IP 两种通信网络。现在施耐德已决定将以太网作为未来的网络发展方向，并在 2011 年新发布了 EtherNET/IP 网络的 CRP 模块。此模块支持热备，并可实现 IO 通信的双网冗余，另外，RSTP 技术使通信环网中断开某点后的重新建立时间小于 50ms。图 9-34 所示的是以太网扩展 IO 的架构图。

Ethernet IO 有远程 IO 扩展方式和分布 IO 扩展方式两种扩展方式。

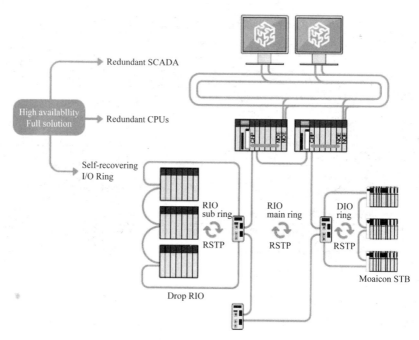

图9-34 以太网扩展IO架构图

远程扩展方式最大可扩展31个远程站，在Quantum本地机架采用140CRP31200以太网头模块，在远程站上使用140CRA31200模块，CRP和CRA模块连接示意图如图9-35所示。

分布式IO最大可扩展128个站，使用140 NOE771** 或140NOC77100模块，读者可以通过TCS ECN3M3M1S4/1S4以太网互联电缆，连接140NOE771** 和140CRP31200 CRP模块，实现Ethernet远程站和分布式IO站的结合，连接示意图如图9-36所示。

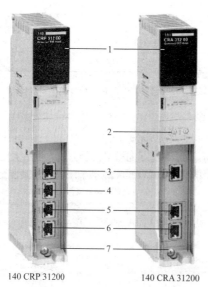

图9-35 CRP和CRA模块连接示意图

图9-36 远程站和分布站连接示意图

1—显示屏；2—以太网远程IO地址拨码开关；3—RJ45维修接口；
4—RJ互联接口；5、6—设备网络接口；7—可拆卸前盖；

8—以太网通信模块140NOE771；9—以太网头连接模块
140CRP31200；10—以太网互联电缆TCSECN3M3M1S/1S4U

以太网远程 IO 和分布 IO 的组态需要 Unity Pro 版本至少在 6.0 版本以上。限于篇幅，本书对施耐德以太网扩展 IO 站的说明就不再进一步展开了。

三、Profibus-DP 通信和组态

Profibus 是一种国际化、开放式、不依赖于设备生产商的现场总线标准，广泛用于制造业自动化、流程工业自动化和楼宇、交通、电力等其他领域。

Profibus-DP 是 Profibus 的一个部分，Profibus-DP 是一种高速低成本通信，用于设备级控制系统与分散式 I/O 的通信。

ATV32 变频器必须选用 VW3A3607 可选卡才能支持 Profibus 现场总线，这个产品支持的波特率从 9.6Kb/s 到 12Mb/s，总线上最多站点（主＋从设备＋repeater 等）数为 126。对于 VW3A3607 通信卡，变频器参数设置只需在通信菜单中设置一个从站地址。

Profibus 波特率不需要通过参数设置，ATV32 变频器在与主站建立通信后，自动设置定成主站的波特率。

（一）Profibus 的通信模型

1. ISO/OSI 模型

Profibus 协议以国际 ISO（国际标准组织）标准 OSI（开放系统互连）参考模型为基础。

ISO/OSI 通信标准模型有 7 层组织，分为两类。一类是面向网络的第 1~4 层，另一类是面向用户的第 5~7 层。第 1~4 层描述数据从一个地方传输到另一个地方，而第 5~7 层给用户提供适当的方式去访问网络系统。

2. Profibus-DP 协议结构和类型

Profibus-DP 使用了第 1 层、第 2 层和用户接口层，第 3~7 层未使用。直接数据链路映象程序（DDLM）提供对第 2 层的访问，在用户接口中规定了 Profibus-DP 设备的应用功能以及各种类型的系统和设备的行为特征。

这种为了高速传输用户数据而优化的 Profibus 协议，特别适用于 PLC 与现场分散的 I/O 设备之间的通信。

（1）Profibus 的物理层（第 1 层）

Profibus(RS-485)使用的是屏蔽双绞电缆，Profibus 的第 1 层实现对称的数据传输，一个总线段的导线是屏蔽双绞电缆，段的两端各有一个终端电阻。

Profibus RS-485 的传输方式以半双工、异步、无间隙同步为基础进行数据交换。数据帧为 11 位。

Profibus 物理层支持屏蔽双绞电缆和光纤通信。

（2）现场总线数据链路层（第 2 层）

Profibus 第 2 层规定总线存取控制、数据安全性及传输协议和报文处理，为 FDL 层。

数据的安全性：所有报文均具有海明距离 HD=4。如果报文出错，自动被重发一遍，参数可以设置（1~15）。

在第 2 层中允许广播和群播多点传输。

（二）Profibus-DP 行规

Profibus-DP 行规规定了相关应用的参数和行规的使用，使不同生产商的 Profibus-DP 设备使用相同的标准。

（1）NC/RC 行规。

（2）编码器行规。

（3）传动行规。

（4）操作员控制和过程监控行规。

（5）防止出错数据传输行规。

（三）总线拓扑

1. RS-485

Profibus 系统是一个两端有有源终端器的线性总线结构，亦称为网段。根据 RS-485 标准，在一个网段上最多可连接 32 个 RS-485 站（也称"节点"）。与总线连接的每一个站，无论是主站还是从站，都表现为一个 RS-485 电流负载。

对于 Profibus 来说，RS-485 是最廉价的、也是最常用的传输技术。

图 9-37 和图 9-38 分别是使用 RS-485 中继器总线拓扑和树形拓扑的两个应用示例。

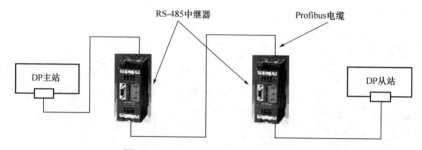

图 9-37　RS-485 中继器总线拓扑图

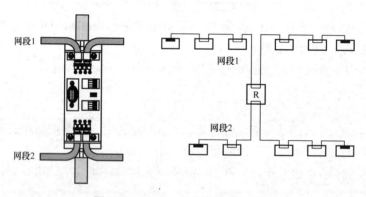

图 9-38　RS-485 中继器树形拓扑图

2. 光纤

用于数据传输的光纤技术已经为新型的总线结构铺平了道路（如环形结构、线形、树形或星形结构）。光链路模块（OLM）可以用来实现单光纤环和冗余的双光纤环。在单光纤环中，光链路模块（OLM）通过单工光纤电缆相互连接，如果光纤电缆线断了或 OLM 出现了故障，则整个环路将崩溃。在冗余的双光纤环中，OLM 通过两个双工光纤电缆相互连接，如果两根光纤线中的一个出了故障，它们将作出反应并自动地切换总线系统成线性结构。适当的连接信号指示传输线的故障并传送出这种信息以便一步处理。一旦光纤导线中的故障排除后，总线系统即返回到正常的冗余环状态。

（1）光链路模块（OLM）线形总线拓扑，如图9-39所示。

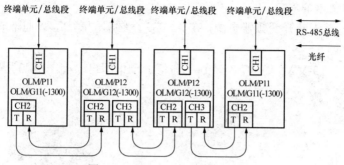

图9-39 RS-485光纤线形拓扑图

（2）使用光链路模块（OLM）树形拓扑，如图9-40所示。

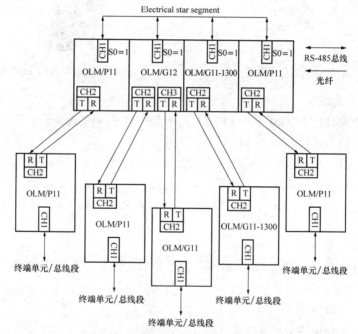

图9-40 RS-485光纤树形拓扑图

（3）使用光链路模块（OLM）环形拓扑，如图9-41所示。

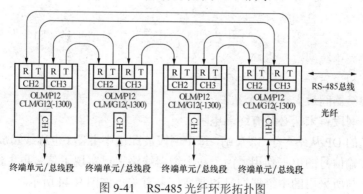

图9-41 RS-485光纤环形拓扑图

（四）ATV32 Profibus 可选卡的安装

1. Profibus 通信卡的安装

第一步 首先断开变频器电源，在 ATV32 变频器的底部，先向下取下通信卡槽的外壳，如图 9-42 所示。

第二步 将 3-VW3A3607 安装到 2-通信卡槽里即可，如图 9-43 所示。

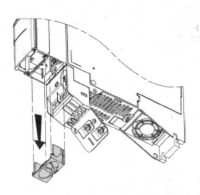
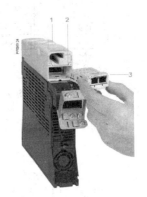

图 9-42　取下 ATV32 的通信卡外壳　　　　图 9-43　安装 ATV32 的通信卡

2. 通信卡地址的配置

在 ATV32 变频器的【COnF】→【FULL】→【CON-】→【Cbd-】中的通信地址【AdrC】设置成 2～126 之间的地址。

改动通信卡地址后，要将 ATV32 重新上电，使新设置的 Profibus 从站地址生效。

地址 0 和 1 通常为 Profibus-DP 主机保留，不能用于 Profibus 通信卡。

建议不要使用地址 126，因为它与 SSA 服务（设置从机地址）以及一些网络配置软件（如 Sycon）不兼容。

3. Profibus 波特率不需人工设置

无需设置 ATV32 变频器的 Profibus 通信波特率，通信卡与主站通信建立后，自动设定成与主站相同的波特率。

4. Profibus 总线安装要点

每个网段（segment）上最多可接 32 个站（包括主站、从站、Repeater、OLM 等），因此一个 Profibus 系统中需要连接的站多于 32 站时，必须将它分成若干个网段。

对于 RS-485 接口而言，中继器是一个附加的负载，因此在一个网内，每使用一个 RS-485 中继器，可运行的最大总线站数就必须减少 1。这样，如果此总线段包括一个中继器，则在此总线段上可运行的站数为 31。由于中继器不占用逻辑的总线地址，因此在整个总线配置中的中继器数对最大总线站数无影响。

（1）第一个和最后一个网段最大有 31 个元件。

（2）两个中继器间最大有 30 个站。

（3）每一个网段首末端必须有终端电阻。

如果总线上的 DP 从站多于 32 个站，每个网段彼此由中继器（也称线路放大器）相连接，中继器起放大传输信号的电平作用。由于在中继器线路上已实现了信号再生，因此，可以串接的中继器个数与所采用的中继器型号和制造厂家有关，如图 9-44 所示。

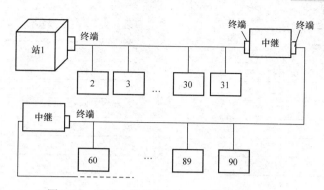

图 9-44 通过中继扩展 Profibus 从站的示意图

注：中继器没有站地址，但被计算在每段的最多站数中。

5.490NAD91103－05 Profibus 总线接头的安装

490NAD91103－05 总线接头的安装如图 9-45 所示。总线接头安装步骤如下。

➡ **第一步** 根据需要切割合适长度的电缆。

➡ **第二步** 严格按照图 9-46 的尺寸准备电缆头。

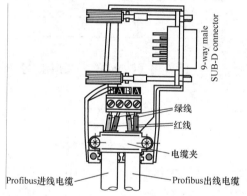

图 9-45 490NAD91103－05 的示意图

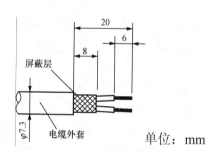

图 9-46 490NAD91103－05 的电缆头的制作完成图

➡ **第三步** 打开接头的端盖，将绿线连到 A 端子上，红线连到 B 端子上，并用螺丝刀拧紧。然后将③电缆夹的螺丝拧紧。

➡ **第四步** 将端盖盖好，拧紧。

（五）变频器 IO 模式的参数设置

1. 变频器的组合模式决定通信方式

ATV32 变频器可以通过以下的通信方式控制：

IO 模式，这种设置下的控制方式与 IO 端子一样简单、直接和灵活。

DriveCOM 流程，依据 CIA DSP 402 状态表来控制。

2. 变频器的 IO 模式

变频器的 IO 模式通过【COnF】→【FULL】→【CtL-】→【CHCF】设置成【IO】模式。

在【COnF】→【FULL】→【CtL-】→【I_O-】→中[2/3 线制](tCC)使用出厂设置设成[2线控制](2C)。控制字各位的定义见表 9-8，在[3 线控制](3C)下控制字各位的定义见表 9-9。

表 9-8	控制字各位的定义
位	Profibus 卡
位 0	正转
位 1	C301
位 2	C302
位 3	C303
位 4	C304
位 5	C305
位 6	C306
位 7	C307
位 8	C308
位 9	C309
位 10	C310
位 11	C311
位 12	C312
位 13	C313
位 14	C314
位 15	C315

表 9-9	在[3 线控制](3C)下控制字各位的定义
位	Profibus 卡
位 0	停止
位 1	正转
位 2	C302
位 3	C303
位 4	C304
位 5	C305
位 6	C306
位 7	C307
位 8	C308
位 9	C309
位 10	C310
位 11	C311
位 12	C312
位 13	C313
位 14	C314
位 15	C315

如要使用控制字的第二位作为电动机反转的起动信号，只需将【COnF】→【FULL】→【I_O-】中[反转] (rSS)设成[C301](C301)即可。

在两线制的设置的情况下：控制字第二位为 1 时，反转；控制字第二位为 0 时，停止。

（六）在 STEP 7 中导入 GSD 文件

1. Profibus 设备的 GSD 文件

为了将不同厂家生产的 Profibus 产品集成在一起，生产厂家必须以 GSD 文件（电子设备数据库文件）方式提供这些产品的功能参数（如 I/O 点数、诊断信息、波特率、时间监视等）。标准的 GSD 数据将通信扩大到操作员控制级。使用根据 GSD 文件所作的组态工具可将不同厂商生产的设备集成在同一总线系统中。

GSD 文件可分为以下三个部分：

（1）总规范：包括了生产厂商和设备名称、硬件和软件版本、波特率、监视时间间隔、总线插头指定信号。

（2）与 DP 有关的规范：包括适用于主站的各项参数，如允许从站个数。

（3）与 DP 从站有关的规范：包括了与从站有关的一切规范，如输入/输出通道数、类型、诊断数据等。

> **注意**
>
> 目前最新的 ATV71/ATV61 的 GSD 文件用于 DPV1 的 Tele0956D.GSD 和 2005 年创建的 Tele0956D.GSD。

在 STEP 7 软件的硬件配置画面（Hardware Config），选择【Options】→【Install GSD File...】，如图 9-47 所示。

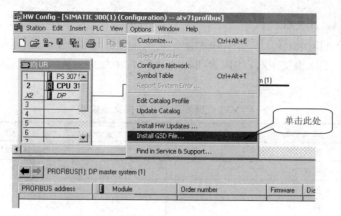

图 9-47 安装 GSD 文件

在弹出的菜单中，单击【Browse...】找到有 Profibus 卡的 GSD 文件夹，如图 9-48 所示。

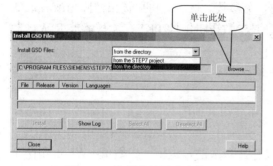

图 9-48 选择从目录中安装

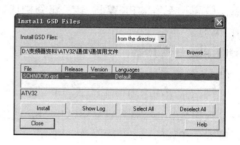

图 9-49 找到含有 GSD 文件的文件夹的完成图

选择图 9-49 所示的"SCHN0C95.gsd"，单击【install】按钮，然后在弹出的的确认对话框选中【Yes】按钮，如图 9-50 所示。

弹出对话框提示安装成功完成。单击【close】关闭对话框，安装完成后，在 STEP 7 的 HW Config 窗口右侧的可选设备中，会增加一项 ATV32，如图 9-51 中框选所示。

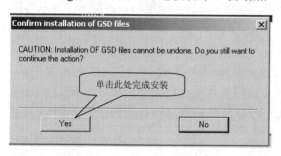

图 9-50 确认安装 GSD 文件

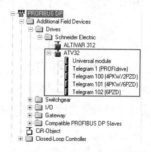

图 9-51 安装 GSD 文件后的硬件目录显示

2.ATV32 变频器共支持 4 种报文及 PROFIdrive

PROFIdrive 是变频器制造厂商为优化周期通信而开发的用户数据框架，目的是提供变频器 Profibus 接口的制造厂商标准，使集成、调试时间最小化。

PROFIdrive Profile 2.0 定义了周期通信的用户数据 PPO。主站使用 PPO 周期地读取从站参数，PPO 分为两部分：PKW 区和 PZD 区。分成两个区的结果是在处理时间上有所区分，通常对 PKW 处理要比 PZD 慢。

在 PROFIdrive Profile 3.0 版本中除了预先定义的 PPO 类型外，还可以自由地配置周期数据，例如，101 和 102 报文 PZD 的内容可以由用户自由配置。ATV32 变频器支持的 4 种报文及说明见表 9-10。

表 9-10   ATV32 变频器支持 4 种报文及说明

报文名称	说　　明
报文 1	符合 PROFIDRIVE
报文 100	4PKW+2PZD
报文 101	4PKW+6PZD
报文 102	6PZD

（1）PKW 区

通过 PKW 区可以任意非周期读写变频器的一个参数。例如，可以读出故障值或者最低频率、最高频率等。PKW 区由三部分构成，分别是参数逻辑地址 PKE、读写请求 R/W、参数值 PWE。

1）PLC→变频器

PKE: 参数逻辑地址。

读写请求 R/W：0—无请求；1—读；2—写。不要用其他的数值，尤其 16#52 和 16#57，这两个数值保留给兼容 ATV58/ATV58F 使用。

参数值 PWE：对于读操作，不用；对于写操作，参数的设定值。参数值 PWE 占用两个字。

2）变频器→PLC

PKE: 参数逻辑地址。

读写请求 R/W：0—无请求；1—读；2—写；7—有错。

参数值 PWE：对于读操作，如果正确，返回参数值。对于写操作，如果正确，返回参数的设定值；如果有错，读写请求 R/W 返回值为 7。返回 0，表示地址错。返回 1，表示写操作被拒绝。

（2）PZD

PZD 区传输的是主站发送控制字、频率设定值到从站和从站返回状态字、实际值到主站。PZD 区传输的参数不同于 PKW 区，即 PKW 区传输的参数要在报文中定义，而 PZD 区传输的过程变量在 PPO 类型或者变频器中已经定义。PZD 区传输的过程数据的数量由 PPO 类型或者变频器决定。

（七）组合模式为 IO 模式的软件编程实例

软件：STEP 7 V5.4，通信卡用 SCHN0C95.gsd。

硬件：ATV32HU075N4，VW3A3607－Profibus 通信卡，6ES7 315-2AG10-0AB0。

程序的例子实现的是使用 Profibus 通信起停 ATV32 变频器，并控制电动机速度。ATV32 变频器使用 101 号报文。

变频器的 IO 模式在【COonF】→【FULL】→【CtL-】→【CHCF】设置成【IO】。

命令通道【COonF】→【FULL】→【CtL-】→【Cd1】→【nEt】设置为通信卡。

给定通道【COonF】→【FULL】→【CtL-】→【Fr1】→【nEt】设置为通信卡。

将【COonF】→【FULL】→【CtL-】→【I_O-】(I-O-)→中[2/3 线制](tCC)保持为出厂设置[2 线控制](2C)两线制。

将【COnF】→【FULL】→【I_O-】中[反转] (rSS)设成[C301](C301)。

则控制字的位 0 为变频器的正转信号，即控制字=1，正转；控制字=2，反转；控制字=0，停止。速度给定值的单位是 r/min，转速与频率的对应关系是：1500r 对应 50Hz。

两线制的例程如下。

硬件配置：PZD→PIW264-275 PQW264-275，组态完成图如图 9-52 所示。

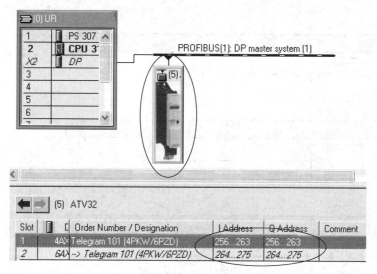

图 9-52　组态完成图

如需添加要读取或写入的变量请参考图 9-53 所示。

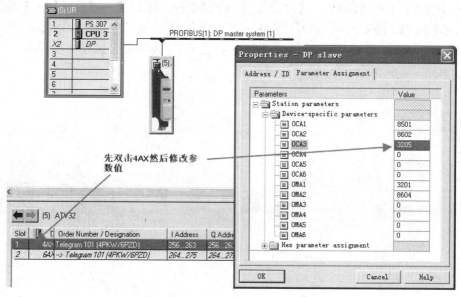

图 9-53　添加需读取的变量方法图

程序编写如下：

Network 1:Title:

正转

```
    M10.0        M10.1                          M1.0
  ──┤ ├────────┤/├──────────────────────────( )──┤
```

Network 2:Title:

反转

```
    M10.1        M10.0                          M1.1
  ──┤ ├────────┤/├──────────────────────────( )──┤
```

Network 3:Title:

写控制字

```
              ┌─────────────┐
              │    MOVE      │
              │ EN      ENO  │
              │             │
      MW0 ────┤ IN     OUT  ├─── PQW264
              └─────────────┘
```

Network 4:Title:

写速度

```
              ┌─────────────┐
              │    MOVE      │
              │ EN      ENO  │
              │             │
      MW2 ────┤ IN     OUT  ├─── PQW266
              └─────────────┘
```

Network 5:Title:

实际速度──〉PIW266

```
              ┌─────────────┐
              │    MOVE      │
              │ EN      ENO  │
              │             │
    PIW266 ───┤ IN     OUT  ├─── MW6
              └─────────────┘
```

组合模式为隔离或组合通道时，当命令通道为 Profibus 卡，变频器命令通道【COonF】→
【FULL】→【CtL-】→【Cd1】→【nEt】且【COonF】→【FULL】→【CtL-】→【CHCF】→
【SEP】或【SIM】，需要在 PLC 中编写 Drivecom 流程相关的程序，关于 Drivecom 流程详细
的编程细节用户可参考 ATV32 Profibus 手册的附录部分，本书限于篇幅就不再详述了。

工程应用的典型案例

本章为读者制作一些相对通用的案例，通过这些案例为读者展示 PLC、变频器、触摸屏在控制电动机完成工艺的过程中的作用，帮助读者将 PLC、触摸屏、电动机、变频器和测量元件这些设备在项目中串联起来，读者在以后的工作中可以参考和引用与案例中相似部分的电气设计和程序。

第一节　ATV32 变频器与触摸屏的 Modbus 串行通信

ATV32 变频器和 Magelis XBTGT 系列触摸屏在工程领域的应用十分广泛，掌握它们之间的数据传输方法也变得尤为重要，本书在第九章中已经详细介绍过 Modbus 网络通信的原理和方法，所以本案例在这里将主要说明 ATV32 变频器与 Magelis XBTGT 系列触摸屏的 Modbus 串行通信的具体操作方法。

一、软硬件配置和通信电缆的接线

1．主要硬件

ATV32 变频器、XBTGT5230 触摸屏、网线、水晶头。

2．主要软件

变频器设置软件 SoMove Lite 1.3.2，触摸屏组态软件 Vijeo-Designer V4.4 或以上版本，本文使用的是 V6.0 版本。

3．Modbus 通信线缆

ATV32 变频器的管脚定义，如图 10-1 所示。

XBTGT2000～7000 系列型号适用的编程电缆 XBTZG935，XBTGT 管脚如图 10-2 所示。

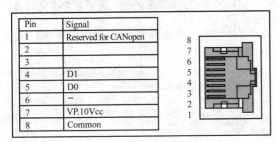

Pin	Signal
1	Reserved for CANopen
2	
3	
4	D1
5	D0
6	—
7	VP.10Vcc
8	Common

图 10-1　ATV32 变频器的管脚定义

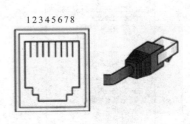

图 10-2　XBTGT 管脚图示

Modbus 通信接线图，如图 10-3 所示。

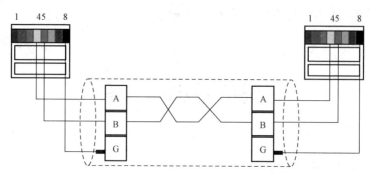

图 10-3　Modbus 通信接线图

二、参数设置

1．ATV32 变频器的参数设置

ATV32 变频器的参数设置如表 10-1 所示。

表 **10-1**　　　　　　　　　　　变频器的参数设置表

序　号	参数路径	参数类型	值
1	COnF→FULL→CTL→FR1	控制方式	ndb
2	COnF→FULL→CTL→CHCF		IO
3	COnF→FULL→CTL→Cd1		ndb
4	COnF→FULL→IO→rrS	输入输出	C201
5	COnF→FULL→Flt→rst→rsF	故障复位	C203
6	COnF→FULL→CON-→ADD	通信参数	3
7	COnF→FULL→CON→tbr		19200
8	COnF→FULL→CON→tfo		8E1

2．触摸屏的参数设置

第一步　　首先在 Vijeo-Designer 软件的 IO 管理器中建立一个 Modbus RTU 驱动，Vijeo-Designer 的 IO 管理器如图 10-4 所示。

第二步　　在图 10-5 所示的【新建驱动程序】对话框中选择驱动程序，如 FIPIO\ FIPWAY、Modbus、M+、以太网等网络驱动程序，本例选择 Modbus（RTU）驱动程序。

图 10-4　Vijeo-Designer 的 IO 管理器

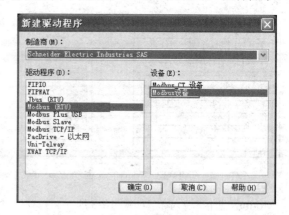

图 10-5　新建驱动程序

然后对 IO 管理器中的 Modbus RTU01 进行设置,驱动程序配置如图 10-6 中的框选所示,点击【确定】按钮进行确认。

第三步　双击 ModbusEquipment01,如图 10-7 所示。

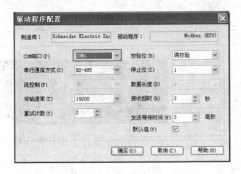

图 10-6　Modbus 驱动设置窗口

图 10-7　双击 ModbusEquipment01

第四步　在随后弹出的【设备设置】对话框中对 ModbusEquipment01 进行设置,从站地址设为 3,并在 IEC61131 语法处进行勾选,如图 10-8 中的框选所示。

在随后的对话框提示触摸屏中的变量地址转为 IEC 61131 格式,单击【Yes】按钮即可,如图 10-9 所示。

第五步　在数据记录下的变量处右击选择新建变量,然后选择变量的类型,如图 10-10 所示。

图 10-8　设置 ModbusRTU01

图 10-9　确认修改为 IEC 61131 格式

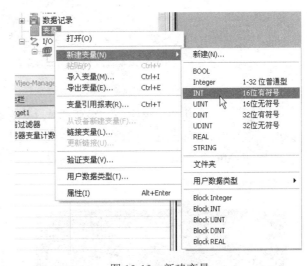

图 10-10　新建变量

变量表中建立的四个整型变量的地址分别设置为%MW8501、%MW8502、%MW3201、%MW3202,它们分别对应变频器的"控制字"、"频率给定"、"状态字"、"输出频率",创建后的变量完成列表如图 10-11 所示。

第六步　在画面中放置【数值显示】,如图 10-12 所示。

在屏幕上拖曳可改变数值显示的区域的大小,如图 10-13 所示。

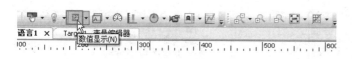

	名称	数据类型	数据源	扫描组	设备地址	报警组
1	INT01	INT	外部	ModbusEquipme...	%MW8501	禁用
2	INT02	INT	外部	ModbusEquipme...	%MW8502	禁用
3	INT03	INT	外部	ModbusEquipme...	%MW3201	禁用
4	INT04	INT	外部	ModbusEquipme...	%MW3202	禁用

图 10-11　创建变量完成列表

图 10-12　选择数值显示　　　　　　　　图 10-13　在屏幕上进行拖曳操作

选择控件对应的变量的操作是依次选择🔍→变量列表→INT01，如图 10-14 中框选所示。

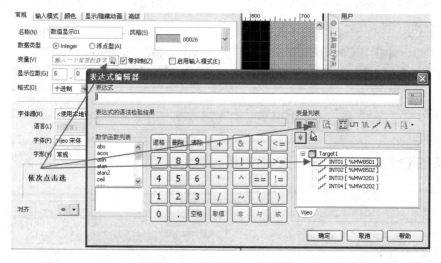

图 10-14　选择控件对应的变量

画面的组态分几个步骤完成，需要放置 4 个数值显示框和 4 个按钮，如图 10-15 所示。按钮的颜色和形状可根据工艺画面的需要进行自由选择。

✣ **第七步**　%MW8502 数值显示的设置，只需要修改变量即可，如图 10-16 所示。%MW3202 的设置类似。

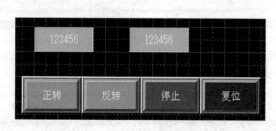

图 10-15　画面组态　　　　　　　　　　图 10-16　数值显示设置窗口

✣ **第八步**　正转按钮的设置，写脚本 INT01.write(1)，把 0001 赋值给正转按钮。停止按钮的设置，写脚本 INT01.write(0)，把 0000 赋值给停止按钮。

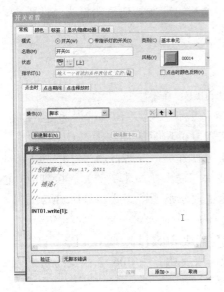

图 10-17 开关设置窗口

复位按钮的设置，写脚本 Integer01.write(4)，把 0004 赋值给复位按钮。

图 10-17 所示的是正转示例，反转为 INT01.write (2)、停止为 INT01.write (0)、复位为 INT01.write (8)，只需要修改它们的值并进行变频器参数设置的配合即可，请读者同时参照前面参数设置的部分。

3．使用技巧

如果通信过程中发现通信参数异常显示，可以将变量地址偏移再进行测试。

ATV32 系列变频器和触摸屏的 Modbus 通信是一种相对简单的通信方式，读者可以通过本例介绍的方法灵活地应用到工程当中去，通过利用变频器的通信功能，在触摸屏上直观反映出变频器的各项参数。

第二节　SoMove Lite 在传送带项目上的应用

物料输送在物流仓储企业和食品灌装行业都有广泛的应用，本例将通过 SoMove Lite 1.3.2 的程序编制，实现了 PRE 和 AUX 两个任务 IO 变量的传递，并说明了乘法运算、置复位，数据选择块，以及 IO 逻辑联锁的使用方法，并说明了变频器相关参数的设置，使读者进一步熟悉和认识 ATV32 变频器的 FBD 编程方法。物流输送示意图如图 10-18 所示。

图 10-18 物料输送

一、功能实现

本例要实现的是一个物流输送带按照电位计设置的速度运送纸箱，当触碰到传输带升速传感器信号（接到变频器 LI3 输入端子）的上升沿时，速度变为模拟量设置的 120% 运行，当触碰到匀速 1 传感器信号（接到变频器 LI5 端子）的上升沿时，速度变为 AI1 设置的速度值进行运行。

当触碰到传输带降速传感器信号（接到变频器 LI4 输入端子）的上升沿时，速度按照模拟量设置的 70% 运行，当纸箱碰到匀速 2 传感器信号（接到变频器 LI6 端子）时，变频器的速度变为 AI1 的速度运行。

二、软件配置和应用要求分析

1．编程环境

SoMove Lite 1.3.2。

2．应用要求分析

本程序主要通过 IO 点切换变频器的给定速度，即：DI3 接通后，变频器速度给定为

AI1×1.2，碰到 DI5，变频器给定速度变回 AI1；DI4 接通后，变频器速度给定为 AI1×0.7，碰到 DI6，变频器给定速度变回 AI1。

三、SoMove Lite 的程序实现

为更好的理解下面的文字描述，请对照图 10-19 中的 FBD 编程。

（1）首先在 AUX 任务中编程，当 LI3 接通时将 SR 置复位功能块 B00 进行置位，LI4、LI5 和 LI6 有一个接通，则复位置复位功能块 B00，SR 置复位功能块 B00 接到 OLA1。

（2）同样，当 LI4 接通时将 SR 置复位功能块 B01 进行置位，此时，LI3、LI5 和 LI6 中只要有一个接通，则复位 SR 功能块 B01，然后此功能块的输出（加速生效）连接到或功能块 B02 的一个输入端，而 SR 置复位功能块 B00（减速生效）则连接到或功能块 B02 的另一个输入端子，或功能块 B02 的输出连接到与功能块 B03 的一个输入端子。

（3）LI5 或 LI6 任一个输入接通后，将置位置复位功能块 B05，LI3 或 LI4 任一个输入接通后，将复位置复位功能块 B05，将 B05 输出结果取反（取反功能块 B06），取反的结果连接到与功能块 B03 的一个输入。

AND 功能块 B03 输出连接到 Out001，当此功能块为 1 时，使用程序计算的速度，否则使用电位计 AI1 的速度。AUX 程序编程如图 10-19 所示。

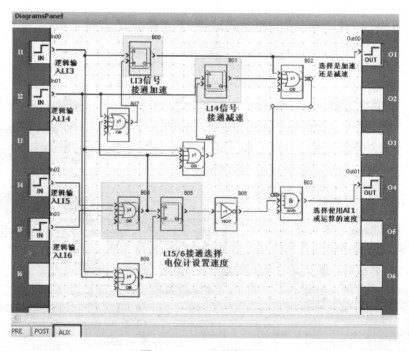

图 10-19　FBD 程序编程

AUX 任务使用虚拟逻辑的输入配置如下，虚拟输入 1 对应变频器逻辑输入 DI3，虚拟输入 2 对应变频器逻辑输入 DI4，虚拟输入 3 对应变频器逻辑输入 DI5，虚拟输入 4 对应变频器逻辑输入 DI6，共使用了 4 个逻辑量输入。AUX 任务虚拟逻辑输入配置如图 10-20 所示。

AUX 任务使用虚拟逻辑输出配置如下，使用了两个虚拟输出 OL01、OL02，虚拟逻辑的输出配置如图 10-21 所示。

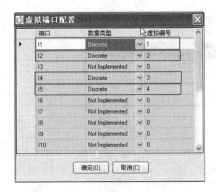

图 10-20　AUX 任务虚拟逻辑输入配置

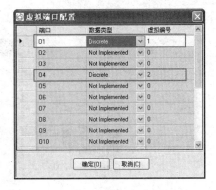

图 10-21　虚拟逻辑输出配置

（4）PRE 任务编程如图 10-22 所示，电位计的模拟量值* 0.2 + 电位计中模拟量转换的速度给定值作为升速的速度，电位计减去速度电位计的模拟量转换的速度给定值* 0.3 作为降速的速度，从 AUX 任务输出的 OL01 用来切换何时使用升速速度和降速速度。

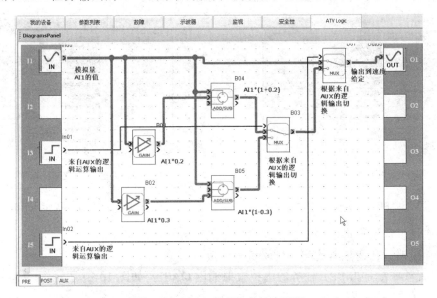

图 10-22　PRE 任务中的速度设置

升速度的计算：变化量 y= 20* AI1 / 100+0，如图 10-23 所示。

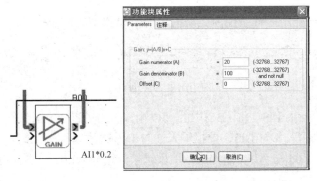

图 10-23　加速公式计算

降速度值的计算：变化量 y=30*AI1/100+0，如图 10-24 所示。

图 10-24　减速公式计算

在【虚拟端口配置】对话框中，设置虚拟输入端口的参数，虚拟输入 1 设置的是模拟输入（Analog），另外一个是虚拟输入 5 和虚拟输入 6。如图 10-25 中的框选所示。

在【虚拟端口配置】对话框中，设置虚拟输出端口的参数，如图 10-26 中的框选所示。

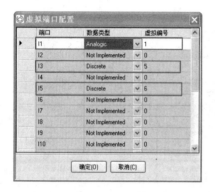

图 10-25　PRE 任务模拟量输入图

图 10-26　PRE 任务模拟量输出图

（5）通过参数设置将程序中的虚拟模拟量的输入、输出和虚拟的数字量输入、输出与变频器的实际模拟量和变频器的实际逻辑量相连接。

1）设置频率给定为 PRE 任务的虚拟模拟输出 OA01，如图 10-27 所示。

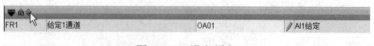

图 10-27　设定频率

2）设置 FB 块编程的运行条件为电动机起动，如图 10-28 所示。

图 10-28　FB 块编程

3）将 IL01 设置外围 LI3，将 FBD 中的虚拟输入 1 与外部 IO-DI3 联系起来；同样将虚拟输入 2 与 DI4、虚拟输入 3 与 DI5、虚拟输入 4 与 DI6 联系起来。

将 PRE 任务的 IL05 与 AUX 的 OL01 联系起来，这样 OL01 的逻辑运算结果就可在 PRE 任务中使用了。

同样将 PRE 任务的 IL06 与 AUX 任务的 OL02 联系起来。图 10-29 中所示的是 SoMove 参数设置一览表。

▼ 功能块输入分配	
IL01	LI3
IL02	LI4
IL03	LI5
IL04	LI6
IL05	OL01
IL06	OL02
IL07	未分配
IL08	未分配
IL09	未分配
IL10	未分配
IA01	AI1给定
IA02	未设置

图 10-29　SoMove 参数设置一览表

4）将 IA01 设置为 AI1，即电位计，用于速度给定的计算。

通过本例 SoMove Lite 的编程过程可以看出，使用 ATV32 变频器在不增加用户成本的前提下，在简单的应用场合中，使用变频器的编程功能代替简单 PLC 的功能，为客户提供了更高性价比的方案。

第三节　变频器与 PLC 的 CANopen 通信

CANopen 和 Modbus 通信一样都是 ATV32 变频器集成的功能，本案例在使读者了解变频器的 CANopen 接口的针脚定义的同时，通过使用 Somachine 平台的 M238 PLC 与 ATV32 的 Canopen 通信的实例，演示了 Somachine 非常简单容易的通信方法。

M238 是施耐德 OEM 小型 PLC 系统，内置了标准串行口用于 RS-232/RS-485 串行连接或/和带 5V 电源的 RS-485 串行连接。

M238 内置串行口支持的四种协议如下：

（1）SoMachine Network 用于 SoMachine 透明网络传输，例如 XBTGT。

（2）Modbus 用于标准 Modbus 设备间通信。

（3）ASCII 用于与第三方设备的 ASCII 传输，例如打印机、Modem。

（4）IOScanning。

施耐德电气开发的 SoMachine 是一个模块化且可重复使用的软件包，通过简化控制器的设计和调试流程，可节省 50%的机器设计和应用时间。SoMachine 软件包可在同一环境下实现对逻辑、驱动、运动和人机界面控制器的设计、测试及维护。

一、ATV32 变频器的 CANopen 应用

ATV32 变频器的 CANopen 通信是基于 CAN 2.0A 和 CANopen 通信规约（DS301 V4.02）的。

1．变频器的 CanOpen 的接线

CANopen 接口是集成在 ATV32 变频器本体上的，Modbus 和 Canopen 共用口的 RJ45 中

CANopen 通信有关的针脚定义如图 10-30 中所示。

小型 PLC M238 的 CANopen 网络的头或尾必须在 2 脚和 5 脚跨接终端电阻 R，R 为 120Ω，如图 10-31 所示。

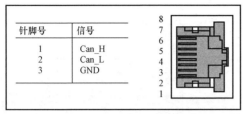

图 10-30　变频器本体集成 CANopen 接口示意图

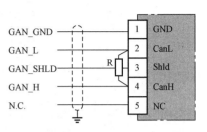

图 10-31　M238 CANopen 端子接线图

ATV32 CANopen 管脚和 M238 CANopen 端子接线如表 10-2 所示。

表 10-2　　　　　　　　　　　　　　**ATV32 与 M238 CANopen 通信接线表**

ATV32 CANopen 管脚	M238 CANopen 端子
1 Can_H	4 Can_H
2 Can_L	2 Can_L
3 Can_GND	1 Can_GND

2．ATV32 变频器的 EDS 文件及导入方法：

EDS（Electronic Data Sheet）文件提供了设备的通信功能、通信对象与设备相关的对象以及对象的缺省值，是一个电子数据文档。

ATV32 的 EDS 文件包含对设备的通信描述，包括通信速度、传输类型、I/O 数量、I/O 种类（离散量或模拟量）等，此描述文件由施耐德提供并需要导入配置工具当中。

ATV32 的 EDS 文件名为 TEATV32xyE.eds，其中 x 为主要版本号，y 为次要版本号。

SoMachine 是一个功能强大、界面友好的组态软件，它可用于 M238 PLC 的组态和编程。导入 EDS 文件的方法分三步。

第一步　首先打开 SoMachine 软件，使用工具菜单的【设备库】命令完成导入的操作，如图 10-32 所示。

图 10-32　SoMachine 软件操作窗口

第二步　在【设备库】对话框中，选择【现场总线】下的【CANopen】文件夹，如图 10-33 所示，在 Copy EDS 窗口中找到包含 EDS 文件的文件夹，选择 SEATV32_010102E，然后单击【安装】按钮进行，操作如图 10-33 框选所示。

第三步　在弹出的【安装设备描述】对话框中，找到 ATV32 的 EDS 文件，如图 10-34 所示。

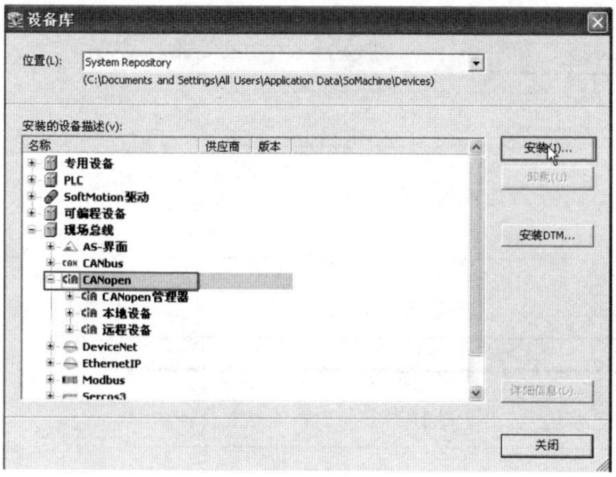

图 10-33　Copy EDS 窗口

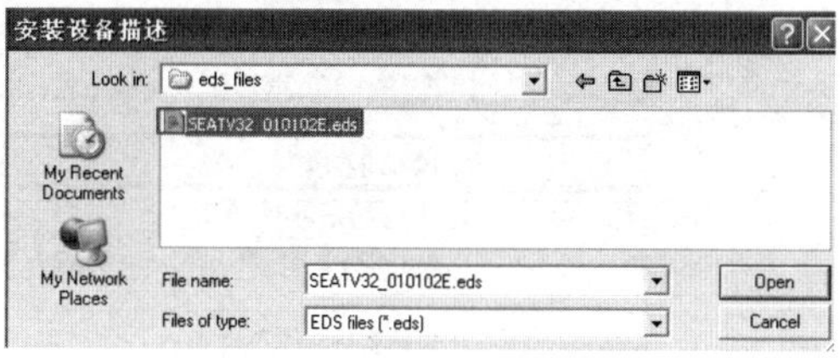

图 10-34　导入确认对话框

3．ATV32 变频器从站地址和波特率的设定

ATV32 变频器从站地址和波特率在【CON】→【CANopen】子菜单里设置，从站地址设置为 2，注意每个地址只能使用一次。

CANopen 波特率设置为 500Kb/s。

通信参数设置完成后，将变频器断电后重新上电使通信设置生效。

将 Ctl-菜单中的给定 1 通道 Fr1 设置为 CAN。给定 1 通道的设置如图 10-35 所示。

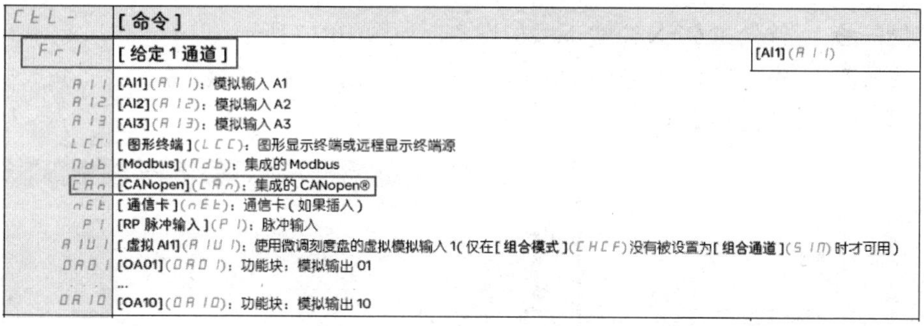

CtL-	[命令]
Fr1	[给定 1 通道]　[AI1] (AI1)
AI1	[AI1] (AI1)：模拟输入 A1
AI2	[AI2] (AI2)：模拟输入 A2
AI3	[AI3] (AI3)：模拟输入 A3
LCC	[图形终端] (LCC)：图形显示终端或远程显示终端源
Mdb	[Modbus] (Mdb)：集成的 Modbus
CAn	[CANopen] (CAn)：集成的 CANopen®
nEt	[通信卡] (nEt)：通信卡（如果插入）
PI	[RP 脉冲输入] (PI)：脉冲输入
AIU1	[虚拟 AI1] (AIU1)：使用微调刻度盘的虚拟模拟输入 1（仅在[组合模式](CHCF)没有被设置为[组合通道](SIM)时才可用）
OA01	[OA01] (OA01)：功能块：模拟输出 01
	...
OA10	[OA10] (OA10)：功能块：模拟输出 10

图 10-35　给定 1 通道的设置

4．ATV32 变频器的 PDO 设置

PDO（Process Data Object）是用来实现变频器和 PLC 之间进行周期性交换数据的参数。

ATV32 变频器可使用的 PDO 共有三种：

（1）PDO1 保留用于变频器的控制，出厂设置 PDO1 有效，其中，RPD01 出厂设置是使用控制字和速度给定的两个字控制变频器的。TPD01 缺省设置是使用状态字和实际速度这两个字监控变频器。

（2）PDO2 出厂设置为无效，可用于附加的控制和监视，PDO2 可在组态软件中，例如 Syscon 中，配置成 1～4 个字。

（3）PDO3 中的变量由【通讯】菜单中【通信扫描器输入】和【通信扫描器输出】设置需要通信的变量地址。

通信扫描器的出厂设置如图 10-36 所示。

ICS-	**[通信扫描器输入]**		
	[通信扫描输入地址1] (nMA1)至[通信扫描输入地址4](nMA4)可被用于通信扫描器的快速任务（见Modbus & CANopen®通信手册）。		
nMA1	**[通信扫描输入地址1]** 第1个输入字的地址。		3,201
nMA2	**[通信扫描输入地址2]** 第2个输入字的地址。		8,604
nMA3	**[通信扫描输入地址3]** 第3个输入字的地址。		0
nMA4	**[通信扫描输入地址4]** 第4个输入字的地址。		0
COM-	**[通信]（续）**		
OCS-	**[通信扫描器输出]**		
	[通信扫描输出地址1] (nCA1)至[通信扫描输出地址4](nCA4)可被用于通信扫描器的快速任务（见Modbus & CANopen®通信手册）。		
nCA1	**[通信扫描输出地址1]** 第1个输出字的地址。		8,501
nCA2	**[通信扫描输出地址2]** 第2个输出字的地址。		8,602
nCA3	**[通信扫描输出地址3]** 第3个输出字的地址。		0
nCA4	**[通信扫描输出地址4]** 第4个输出字的地址。		0

图 10-36　通信扫描器的出厂设置

二、M238 PLC 在 SoMachine 软件平台中的编程步骤

第一步　首先在 CAN 总线下添加设备，如图 10-37 所示。

第二步　先选择 CANopen_Optimized，再单击【添加设备】，添加设备完成后，再单击【关闭】按钮关闭此对话框，如图 10-38 所示。

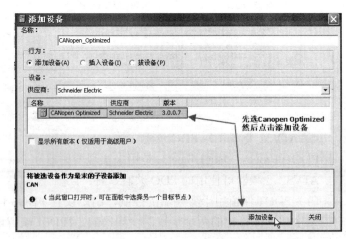

图 10-37　在 CAN 总线添加设备　　图 10-38　在总线添加 CANopen_Optimized 优化设备

第三步　添加 CANopen 从站，添加的方法如图 10-39 中框选所示。

第四步　在图 10-40 所示的添加设备对话框中，在【行为】下点选【添加设备（A）】选项，在【设备】名称下选择 ATV32，然后单击【添加设备】按钮后关闭对话框。

第五步　设置 CANopen 通信的从站地址，在【CANopen 远程设备】的【常规】下

的节点 ID 中设置从站地址，如图 10-41 中框选所示。

图 10-39 添加 CANopen 从站设备

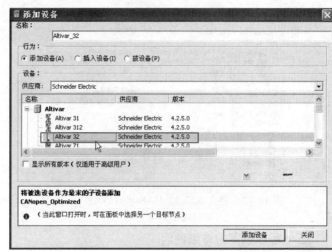

图 10-40 选择 ATV32 作为 CANopen 从站

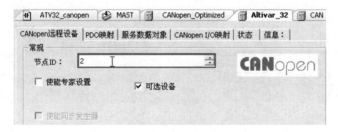

图 10-41 设置 ATV32 的从站地址为 2

◆ **第六步** 设置 CANopen 总线的波特率为 500000b/s，操作方法如图 10-42 中框选所示。

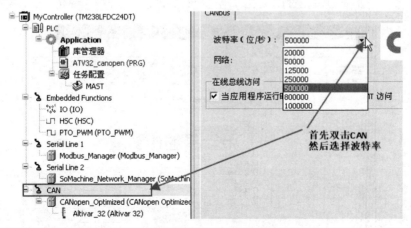

图 10-42 设置 CANopen 总线波特率

◆ **第七步** 在 ATV32 CANopen 组合模式的【PLC】下的 Application 上右击，在弹出的菜单中选择创建的 ATV32_CANopen POU（程序段），如图 10-43 所示：

◆ **第八步** 设置此 POU 为程序，编程语言为 CFC，如图 10-44 中框选所示。

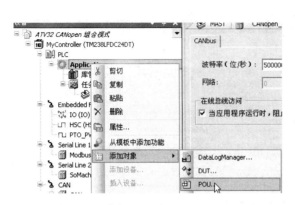

图 10-43　建立 ATV32_CANopen POU　　　　图 10-44　ATV32_CANopen POU 的设置

三、程序编写的详细说明

（1）首添加常开点，然后将【运算块】拖入编程区后，再单击功能块的【？？？】，如图 10-45 所示。

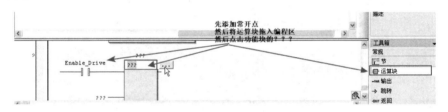

图 10-45　编程的基本操作说明

（2）如图 10-46 中框选所示，选择【GET_STATE】，用于查询 ATV32 变频器从站的当前的 NMT 状态，当处于 OPERATIONAL 时给变频器使能，为下一步 MC_Power_ATV 做准备。

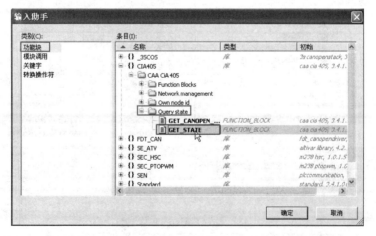

图 10-46　使用输入助手调用 GET_STATE

这部分编程如图 10-47 所示。

（3）调用 ATV 单轴功能块，完成程序编程，变频器单轴功能块调用位置如图 10-48 所示。

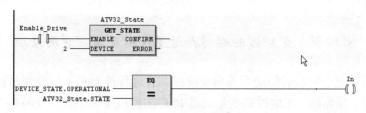

图 10-47 实际编程说明 1

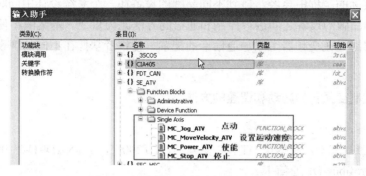

图 10-48 变频器单轴功能块调用位置

（4）实际编程如图 10-49 所示，MC_Power_ATV 为使能，MC_Reset_ATV 用于复位变频器的故障。

实际编程说明 3 如图 10-50 所示，MoveVelocity 用于设置速度，当在 Execute 上升沿时，设置的速度有效，MC_Stop 用于停止变频器。

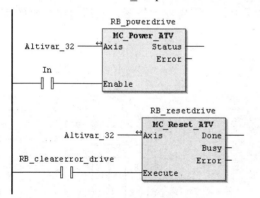

图 10-49 实际编程说明 2

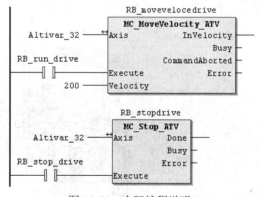

图 10-50 实际编程说明 3

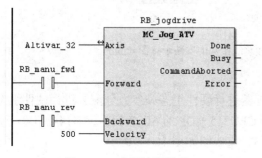

图 10-51 实际编程说明 4

实际编程说明 4 如图 10-51 所示，MC_Jog 用于变频器的正向点动和反向点动。

读者通过本案例中所演示的使用 SoMachine 平台进行编程的方法，使小型 M238 PLC 与 ATV32 变频器实现了 CANopen 通信，不仅工作可靠，而且达到了数据交换流畅、设备可以长期运行的效果。

第四节　变频器的起动和速度控制及工程量的处理

在常规控制下的变频器的起动方式和速度控制有远程控制和本地控制两种。远程控制是通过通信来控制变频器的；本地控制则是通过 PLC 的模拟量输出作为变频器的速度给定，而运行命令则是通过逻辑量输出给定的。

另外，在实际的工程中会经常碰到不同品牌的设备在一个系统设计中同时存在的情况，所以，掌握不同品牌的设备之间进行控制和通信的方法尤为重要。本案例将使用西门子 PLC 和施耐德变频器通过在变频器上添加通信卡的配置，使作者掌握在不同品牌设备之间实现信息交互的方法。

一、远程控制变频器的起动和调速的方法

1. 电气设备选配

西门子 S7-300 PLC，施耐德 ATV32 变频器，ET200M，490NAD91103-05 Profibus 总线接头，ATV32 Profibus-DP 通信卡。

2. 功能实现

使用西门子 S7-300 PLC 通过 Profibus 现场总线控制 ATV32 变频器的起停及速度控制。

3. 硬件连接和组态

490NAD91103-05 Profibus 总线接头的结构如图 10-52 所示。安装总线接头的步骤如下：① 根据需要切割合适长度的电缆；② 严格按照图 10-52 的尺寸准备电缆头；③ 打开接头的端盖，将绿线连接到 A 端子上，红线连接到 B 端子上，并用螺丝刀拧紧，然后将电缆夹的螺丝拧紧；④ 将端盖盖好，拧紧。

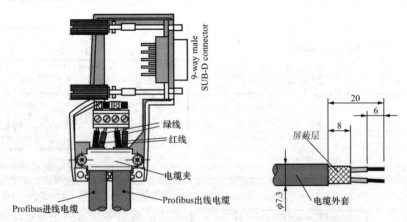

图 10-52　总线接头的结构示意图和总线接头的安装示意图（mm）

4. STEP 7 中硬件的组态

参照第二章第二节里【使用 SIMATIC 管理器进行硬件组态和参数分配】进行硬件组态和参数分配，电源模块为 PS307 2A，处理器为 CPU315－DP 的 6ES7 315-2AH14-0AB0，变频器 ATV32，ET200M 远程通信接口模块 IM153，完成图如图 10-53 所示。

CPU 和电源模块的组态如图 10-54 所示。

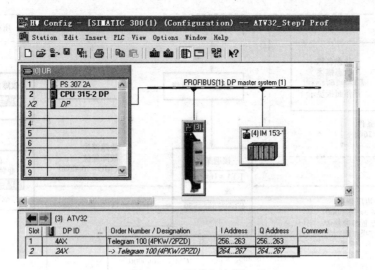

图 10-53 硬件组态图

(0) UR

Slot	Module	Order number	Firmware	MPI ad...	I address	Q address
1	PS 307 2A	6ES7 307-1BA00-0AA0				
2	**CPU 315-2 DP**	**6ES7 315-2AH14-0AB0**	**V3.0**	**2**		
X2	DP				2047*	

图 10-54 CPU 在组态中的属性

ET200M 远程通信接口模块 IM153 的组态如图 10-55 所示。

(4) IM 153-1

Slot	Module	Order Number	I Address	Q Address	Comment
1					
2	*IM 153-1*	*6ES7 153-1AA01-0XB0*	*2044**		
3					
4	DI16/DO16x24V/0.5A	6ES7 323-1BL00-0AA0	0...1	0...1	
5	AO2x12Bit	6ES7 332-5HB00-0AB0		268...271	
6	AI2x12Bit	6ES7 331-7KB01-0AB0	268...271		

图 10-55 ET200 组态后的属性

ATV32 变频器在 STEP 7 中的组态如图 10-56 所示。

(3) ATV32

Slot	DP ID	Order Number / Designation	I Address	Q Address	Comment
1	4AX	Telegram 100 (4PKW/2PZD)	256...263	256...263	
2	*2AX*	*--> Telegram 100 (4PKW/2PZD)*	*264...267*	*264...267*	

图 10-56 ATV32 组态后的属性

5．远程控制 ATV32 变频器实现起动和速度控制的方法

当使用 PLC 控制 ATV32 变频器时，需要走一个 CIA402 模式才能起动 ATV32 变频器，这个 CIA402 模式实际上就是 DRIVECOM 流程，如图 10-57 所示。

首先，ATV32 变频器的控制回路和动力回路是可以同时通电的，也可以分开单独通电；当变频器的控制回路通电后，变频器会自动进行初始化，进入状态图，变频器屏幕显示的是 NST，此时变频器处于状态 2，即通电被禁止的状态。

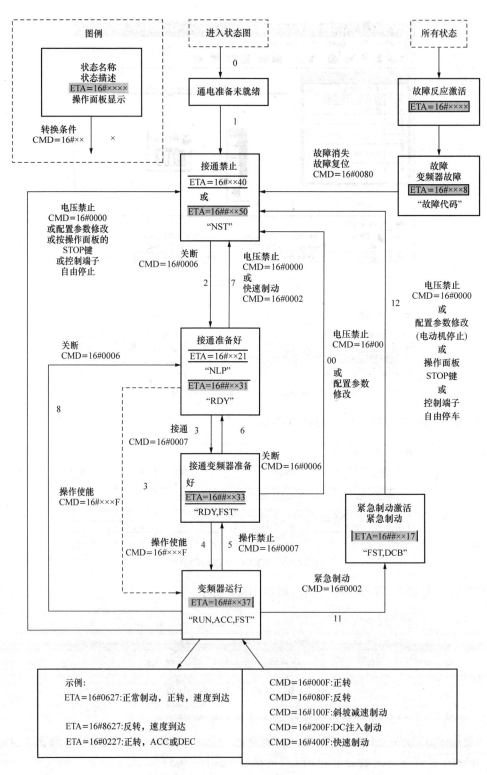

图 10-57　DRIVECOM（CIA402）标准状态图

第一步 在 DRIVECOM 标准状态图中所示的变频器 ATV32 的动力回路在通电后，变频器的状态字 ETA 最后两位的值为 16 进制的 50，否则是 16 进制的 40。

第二步 由 PLC 给变频器发送命令字 CMD=16#0006，若变频器无故障，则变频器进入通电准备好的状态。这时，如果 ATV32 的动力回路已经通电，则变频器的状态字 ETA 最后两位的值为 16 进制的 31，否则是 16 进制的 21。

第三步 如图 10-57 所示，由 PLC 给变频器发命令字 CMD=16#0007，则变频器完成起动准备。此时，变频器的动力回路必须通电，通电后状态字为 ETA=16#**33。

第四步 由 DRIVECOM 标准状态图可知，如果要起动变频器运行，需要由 PLC 给变频器发送命令字 CMD＝16#000F，变频器才能进入正转状态。此时如果要停车，读者必须由 PLC 给变频器发命令字 CMD＝16#0007，则变频器在收到这个命令字后将返回上面一个状态。

6．编辑 STEP 7 程序实现远程控制 ATV32 变频器的起停和速度控制

本案例在 STEP 7 程序中的硬件组态采用 telegram 100，详细介绍如下。

在 STEP 7 中创建功能块 FB1 来实现变频器的远程起停和速度控制的功能，完成 DRIVECOM 流程。

在 FB1 中使用图 10-58 中的 PQW264（第一个输出 PZD）作为 PLC 的命令控制 ATV32 变频器的起停，使用 PQW266 作为 PLC 对变频器的速度给定；通过 ATV32 组态图里的 PIW264（第一个输入 PZD 字）读取变频器的状态字，如在 DRIVECOM 流程图的第三步时，读取的状态字 ETA=16#**33 时，进行 DRIVECOM 的第四步。图 10-58 所示的是 ATV32 组态后的属性。

(3) ATV32

Slot	DP ID	Order Number / Designation	I Address	Q Address	Comment
1	4AX	Telegram 100 (4PKW/2PZD)	256...263	256...263	
2	2AX	--> Telegram 100 (4PKW/2PZD)	264...267	264...267	

图 10-58 ATV32 组态后的属性

在程序中，为了获得变频器的当前状态，首先要读取 ATV32 中的状态字，即读取变频器的低字节进行判断，如图 10-59 的 Network1 所示。

```
FB1 : Title:

此功能块适用于组合模式为组合通道符合CIA402施耐德变频器，通信给定速度、起动停止变频器
ATV32发送到S7
PIW1（状态字）—>S7
PIW2（频率反馈）->S7
                PQW1控制字 S7->ATV32
                PQW2 速度给定单位rpm S7—>ATV32

Network 1: Title:

状态字与FF保留低字节，进行判断

      L     #Status_word_ATV
      L     B#16#FF
      AW
      T     #lowbyte
```

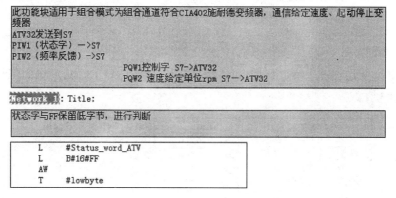

图 10-59 程序 1

在 Network 1 中，将读取的状态字按 DRIVECOM 流程的要求先进行逻辑与 FF 取出低字节，然后放到临时变量# lowbyte 中备用。

Status_word_ATV 是在块中声明的输入功能块的输入管脚（在调用时将与 ATV32 变频器的状态字相连接）。块的输入管脚的声明方法是：单击在功能块的输入 IN，如图 10-60 所示，在右侧输入 Status_word_ATV，然后在 Data Type 下拉列表中选择数据类型为 word 后，即完成了 Status_word_ATV 输入管脚的创建。

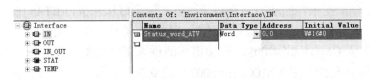

图 10-60　ATV32 功能块的输入管脚创建 1

仿照上面的设置过程，添加图 10-61 中所示的输入管脚。

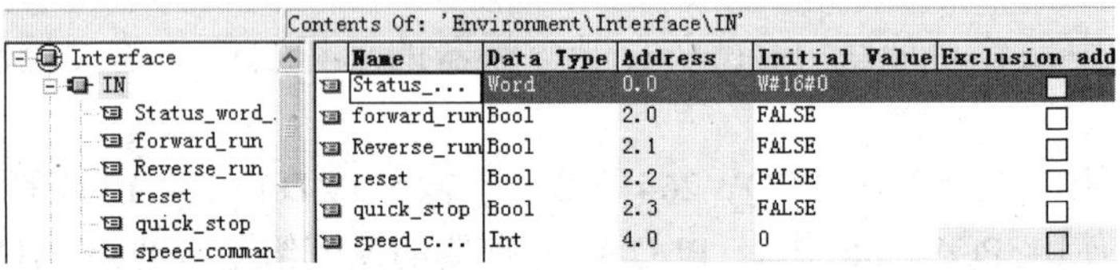

Contents Of: 'Environment\Interface\IN'				
Name	Data Type	Address	Initial Value	Exclusion add
Status_...	Word	0.0	W#16#0	☐
forward_run	Bool	2.0	FALSE	☐
Reverse_run	Bool	2.1	FALSE	☐
reset	Bool	2.2	FALSE	☐
quick_stop	Bool	2.3	FALSE	☐
speed_c...	Int	4.0	0	☐

图 10-61　ATV32 功能块的输入管脚创建 2

仿照上面的设置过程，添加图 10-62 中所示的输出管脚。

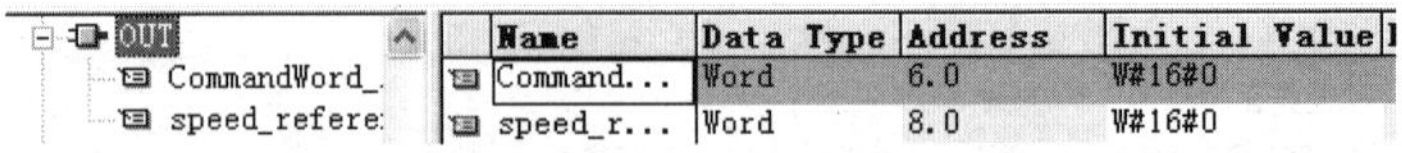

Name	Data Type	Address	Initial Value
Command...	Word	6.0	W#16#0
speed_r...	Word	8.0	W#16#0

图 10-62　ATV32 功能块的输出管脚创建

同样的，在 STAT 下添加功能块的状态管脚，如图 10-63 所示。

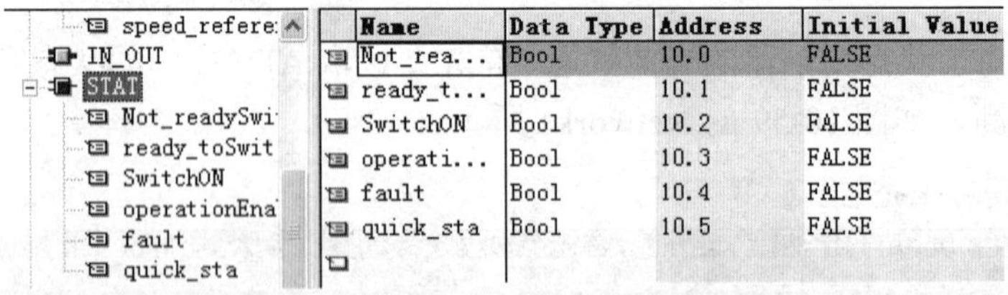

Name	Data Type	Address	Initial Value
Not_rea...	Bool	10.0	FALSE
ready_t...	Bool	10.1	FALSE
SwitchON	Bool	10.2	FALSE
operati...	Bool	10.3	FALSE
fault	Bool	10.4	FALSE
quick_sta	Bool	10.5	FALSE

图 10-63　ATV32 功能块的 STAT 管脚创建

在 TEMP 下创建临时变量，包括 lowbyte 和 flt_temp。ATV32 功能块的临时变量的管脚创建如图 10-64 所示。

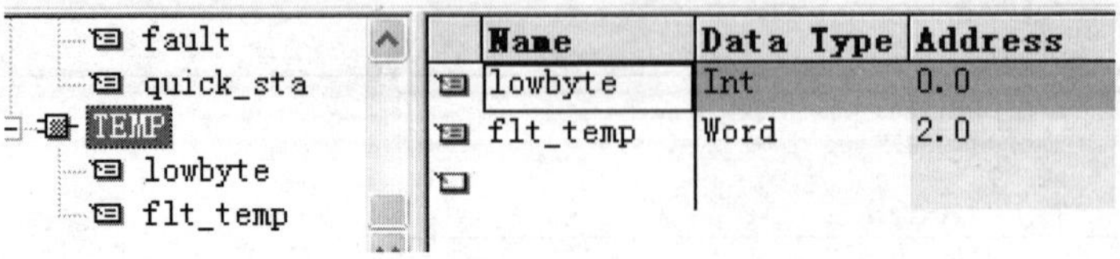

Name	Data Type	Address
lowbyte	Int	0.0
flt_temp	Word	2.0

图 10-64　ATV32 功能块的临时变量的管脚创建

如图 10-65 所示的速度给定程序，Network2 是将 HMI 触摸屏的自动机器速度的设置给到变频器的频率给定。

变频器转速给定（单位：r/min）＝实际机器速度（单位：m/min）/速度转换系数（speed_factor）。

实数转换成双整型的方法是使用转换命令 RND，可以将实数四舍五入转换成双整型，而双整型不再需要转换成整型，即可送入自动速度变频器给定的。此时，已经为变频器起动做好了准备。

DSP402 程序 1 如图 10-66 所示，Network 3 是按照 DRIVECOM 流程图判断状态字的低字节是否等于 16#40（即十进制的 64）或是否等于 16#50（即十进制的 80），如果状态字的低字节等于 64 或 80，则当前的变频器状态为接通禁止状态（不能合闸），这时写发送控制字 6 到输出 OUT 中，使变频器的状态变为接通准备好。

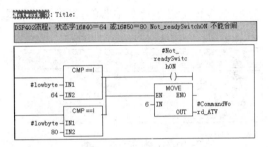

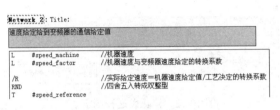

图 10-65 速度给定程序　　　　图 10-66 DSP402 程序 1

DSP402 程序 2 如图 10-67 所示，Network4 是按照 DRIVECOM 流程图判断状态字的低字节是否等于 16#21（即十进制的 33）或状态字的低字节是否等于 16#31（即十进制的 49），如果上述条件成立，变频器状态为接通准备好，这时写发送控制字 7 到 OUT 中，使变频器的状态变为接通变频器准备好（Switch On）。

DSP402 程序 3 如图 10-68 所示，Network5 是按照 DRIVECOM 流程图判断状态字的低字节是否等于 16#33（即十进制的 51），则变频器状态为接通变频器准备好（Switch On）。

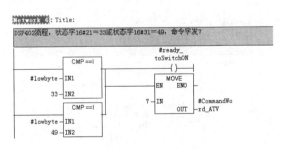

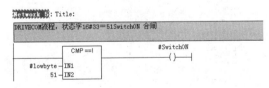

图 10-67 DSP402 程序 2　　　　图 10-68 DSP402 程序 3

正转起动程序如图 10-69 所示，当变频器的状态是接通变频器准备好（switch on）后，同时正转信号#forward_run 的状态为 1，且反转信号#Reverse_run 为 0，急停信号#quick_stop 没有操作时，发送 F（即十进制的 15）到变频器的控制字来起动变频器（即 DRIVECOM 流程的第四步操作）。

反转起动程序如图 10-70 所示，当变频器的状态是接通变频器准备好（Switch On），同时反转信号#Reverse_run 为 1，且#forward_run 的状态为 0，急停信号#quick_stop 没有操作时，发送 80F（即十进制的 2063）到变频器的控制字使变频器运行于反转状态。

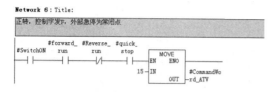

图 10-69 正转起动

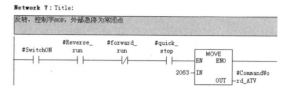

图 10-70 反转起动

使能状态判断程序如图 10-71 所示，Network8 是按照 DRIVECOM 流程图判断状态字的低字节是否等于 16#37（即十进制的 55），则变频器进入运行状态（operation enable 使能）。

停止发送控制字 7 程序如图 10-72 所示，如果要停止变频器的运行，通过 STEP 7 软件的命令 MOVE 发送 7 到变频器的控制字，即退出变频器运行状态返回到变频器接通准备好。

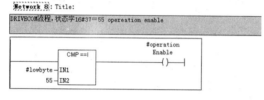

图 10-71 使能状态判断

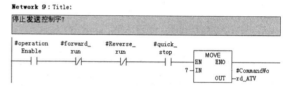

图 10-72 停止发送控制字 7

变频器故障判断程序如 10-73 所示，Network10 首先取状态字的低四位，即将状态字和 F 相与后判断是否等于 8，如等于 8 则判断变频器为故障状态。

变频器故障复位程序如图 10-74 所示，当变频器处于故障状态，# reset 复位为 1 时，发送 16#80（即十进制的 128）到变频器的控制字，对变频器的故障进行复位。# reset 复位为 0 时，发送 0 到变频器的控制字，这是为了制造上升沿，以方便复位故障。

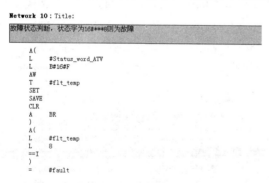

图 10-73 变频器故障判断

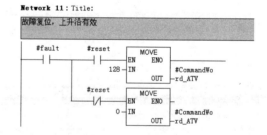

图 10-74 变频器故障复位

变频器的快停状态判断程序如图 10-75 所示，当状态字的低字节等于 23 时为急停状态。

变频器的快停操作程序如图 10-76 所示，当急停信号使能时，发送 2 到变频器的控制字。

FB1 功能块在 OB1 中被调用，如图 10-77 所示，在 OB1 中调用 FB1 块的同时，可以为 FB1 创建背景数据块 DB1。

本例中在 STEP 7 里创建的功能块 FB1 能够实现远程起停变频器和进行速度控制的功能，完成 DRIVECOM 流程，在读者自己的项目中可以根据电动机的数量，多次重复调用这个 FB1 功能块。

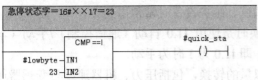

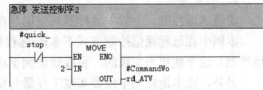

图 10-75 变频器快停状态判断　　　　　　　　图 10-76 变频器快停操作

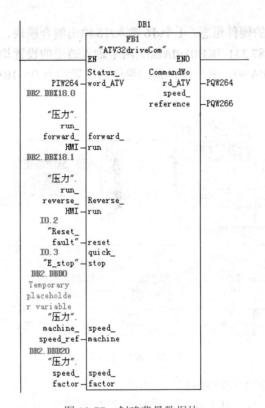

图 10-77　创建背景数据块

注：PIW264：硬件组态的状态字。

　　DB2.DBX18.0：正转。

　　DB2.DBX18.1：反转。

　　DB2.DBW12：自动模式下的速度给定值由上位触摸屏设置。

　　I0.2：故障复位，连接在 Profibus 的远程子站的输入模块上。

　　I0.3：急停，连接在 Profibus 的远程子站的输入模块上。

　　CommandWord_ATV：变频器的控制字。

　　Speed_machine：机器速度给定由 HMI 触摸屏给出。

　　Speed_factor：机器速度系数由 HMI 触摸屏给出。

二、本地控制变频器的起动和调速的方法

1．电气设备选配

西门子 S7-300 PLC，施耐德 ATV32 变频器。远程模块 ET200-IM153 的硬件配置，包括一个 16DI/16DO、一个 2 通道模拟输出模块和一个 2 通道模拟输入模块。

2．功能实现

实现本地控制，一般本地控制的应用是在调试、维护设备时常常用到。

本例中在远程通信控制方式下本地/远程切换时是使用 I1.0 自动（通信控制）/手动（本地控制）这个拨钮来实现的，将拨钮拨到手动，即 I1.0 为 1 时为手动。

另外，在本地控制中还要实现工程量与模拟量的转换，包括压力、机器速度与变频器速度给定的折算等，这些功能的编写都在 FC1 功能下完成的，下面详细说明 FC1 功能的程序编制过程。

首先介绍 IM153-1 的硬件组态：1 个 16 输入/16 输出混合模块，6ES7323-1BL00-0AA0，1 个两通道模拟输入 6ES7 331-7KB01-0AB0，两个输入通道的设置均为 0～10V，两通道模拟输出 6ES7 332-5HB01-0AB0，两个模拟输出通道的设置均为 0～10V。硬件组态完成图如图 10-78 所示。

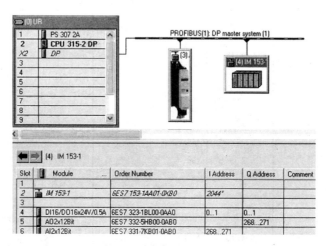

图 10-78　硬件组态完成图

（1）输入输出基本的 IO 联锁编程

如图 10-79 所示，当拨钮拨到手动，即 I1.0 接通时，远程 IO 模块的数字量输出到 ATV32 变频器的逻辑输入 LI3 端子上，此时处于本地控制状态。变频器的逻辑输入 LI3 端子用于 Profibus 和本地的切换，需在 ATV32 命令菜单 Ctl 设置给定 1 通道切换 rfc 为 I3。本地控制下，将使用远程模拟量第一个输出通道的电压来设置变频器的转速。

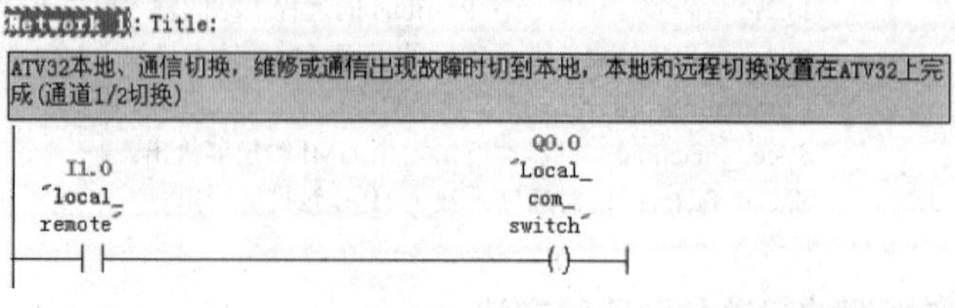

图 10-79　本地远程 IO 联锁

压力安全泄放阀的操作如图 10-80 所示，当压力超过 75bar 时，打开卸放阀 Q0.2，保证压力不会过高。

本地正转程序如图 10-81 所示，本地的正转的起动是通过接在数字量混合模块的 I0.4 点的。

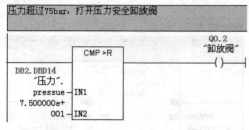

图 10-80　压力安全泄放阀的操作　　　　图 10-81 本地正转的编程

正转起动条件：自动/手动切换处于本地控制状态，正转开关打到开的位置，反转起动没有接通，急停的动断信号正常这些条件满足后，输出起动信号 Q0.4，Q0.4 连接到 ATV32 变频器 LI1 输入端子。

本地反转程序如图 10-82 所示，反转的工作过程与正转类似。本地反转的起动接在数字量混合模块的 I0.5 点。

反转起动条件：自动/手动切换处于本地控制状态，反转开关打到开的位置，正转起动没有接通，急停的动断信号正常等条件满足后，输出起动信号 Q0.5，Q0.5 连接到 ATV32 变频器 LI2 输入端子。

如图 10-83 所示，逻辑输入端子 I0.2 连接的是复位按钮，发生故障后，读者可以按此按钮对变频器故障进行复位，故障复位输出端子 Q0.6 连接到 ATV32 变频器的 LI4 输入端子，LI4 输入端子用于变频器产生故障，用来需要断电才能复位的故障，为实现此功能，需要在故障处理 Flt 菜单中将 LI4 的功能设置为故障复位。

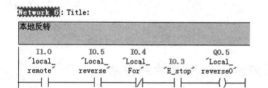

图 10-82　本地反转

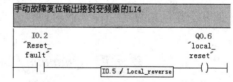

图 10-83　　本地运行指示灯的输出

（2）工程量的转换处理

在实际的项目应用中，常常要处理外部仪器仪表发出的各种各样的信号，如温度、压力、厚度、张力等。连接到 PLC 模块上的这些信号都是已经转换成标准信号的信号。下面编者要用 Network2、Network3 和 Network8 给读者演示一下程序中工程量的转换处理过程。

Network 2 使用 STEP 7 系统中提供的 FC106 功能块，如图 10-84 所示，将最大 86m/s 的工程量转换为 0～10V 的模拟量输出，M0.0 的值为 0。

Network 3 现场压力传感器的 0～10V 模拟量输出接入模拟量输入的第一通道，最大模拟输出的 10V 对应额定压力为 80bar，程序的转换使用 STEP 7 软件提供的 FC105，M0.1 的值恒为 0，如图 10-85 所示。

Network 8 实现了将变频器返回的速度值转换成实际的机器速度，完成实际机器速度＝变频器转速（单位转每分）×速度转换系数（speed_factor），如图 10-86 所示，注意使用 STL 语言将整型转换为实数的过程是非常简洁的。

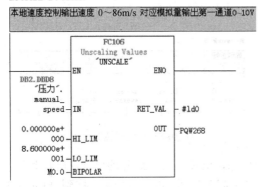

图 10-84　工程量转换为模拟量输出

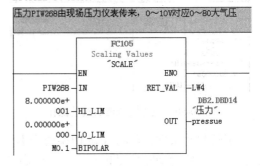

图 10-85　模拟量输入转换为工程量

Network 8: Title:

将实际的速度反馈转换为工程量

```
L    PIW  266              /速度反馈出厂设置1500rpm对应50Hz输出频率
ITD                        /转双字
DTR                        /转实数
L    "压力".speed_factor                                           DB2.DBD20
*R                         /转速×工艺决定的转换系数（例如减速机的减速比为1：1.5）
T    "压力".machine_speed_actual /送到实际的机器速度                  DB2.DBD24
```

图 10-86　由变频器速度转换为机器速度

本例通过软硬件设置与程序编制，实现了本地控制和远程通信控制。

另外，在本地控制的程序编制过程中，实现了工程量与模拟量的转换，读者可以在以后的工程当中仿照案例中的方法和步骤来实现压力、温度、厚度、距离、位置、机器速度与变频器速度给定的折算等工程量的转换。

第五节　Quantum PLC 在海水淡化项目中的应用

海水由于其含盐量非常高而不能被直接使用，目前主要采用两种方法淡化海水，即蒸馏法和反渗透膜法。蒸馏法主要被用于特大型海水淡化处理上及热能丰富的地方。反渗透膜法适用面非常广，且脱盐率很高，因此被广泛使用。

反渗透膜法海水淡化方法，其实现方法是：首先将海水提取上来，进行初步处理，降低海水浊度，防止细菌、藻类等微生物的生长，然后用特种高压泵增压，使海水进入反渗透膜。

该方法使用的薄膜叫"半透膜"。半透膜的性能是只让淡水通过，不让盐分通过。如果不施加压力，用这种膜隔开咸水和淡水，淡水就自动地往咸水那边渗透。如果通过高压泵对海水施加压力，海水中的淡水就透过半透膜到淡水侧，因此叫做反渗透或逆渗透。

海水淡化的反渗透淡化工艺，经过加药剂、预过滤、压力过滤、保安过滤、反渗透设备等几个程序，海水即可转变为可以使用或直接饮用的淡化水。由于反渗透淡化为成熟的工艺，本例不以工艺为重点，将主要说明 Quantum PLC 远程 IO 系统扩展 IO 架构的使用方法，包括数字输入输出模块和模拟输入输出的编程方法，并使读者掌握自己定制 DFB 功能块的方法以及定时器事件的编程方法。

一、RIO 远程扩展方式

远程 IO 扩展方式是一个高速（1.544Mb/s）网络，硬件使用同轴电缆、TAP 头，即所谓的 S098 网络技术。

如果系统采用热备系统，则只能使用 RIO 远程 IO 扩展方式，而不能使用 DIO（通过 Modbus Plus）扩展方式。RIO 远程扩展方式如图 10-87 所示。

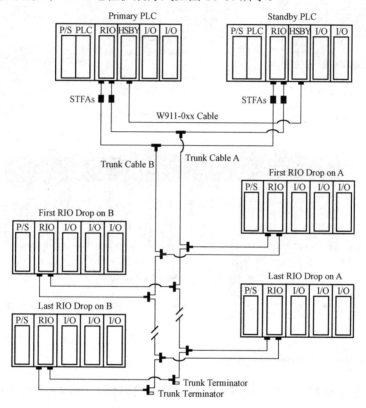

图 10-87　RIO 远程扩展方式

1．本地机架配置

电源模块 CPS11420、CPU 模块 CPU 63260、远程 IO 头模块 CRP93X00、以太网模块 NOE32、以太网模块 NOE732。CPU 63260 热备模块如图 10-88 所示。

双击配置中的 CPU 63260，在出现的热备属性页中热备控制器 A 为在线，控制器 B 为离线，逻辑不匹配为离线，即主机和备机程序不同时，CPU 离线不能保持热备，切换时 CPU 本体上的 Modbus 地址交换，在热备切换时从机的 Modbus 地址变为主机的 Modbus 地址。

2．远程站的配置说明

由于热备系统只支持远程站，所以 IO 扩展方式采用远程 IO 的方式。这里仅介绍 2# 和 6# 远程站的配置，并以这两个配置作为实例，来说明模拟输入模块 ACI、模拟输出模块 ACO、热电阻模块的典型编程方法。

2# 远程站的配置由 2 个 11A 冗余电源 CPS 12420、1 个双通道远程模块 CRA 93200、4 个 32 点直流输入模块 DDI 35300、3 个 32 点直流输出模块 DDI 35300、3 个 16 通道模拟输入通道 ACI04000 和一个 8 通道模拟量输出模块组成。如图 10-90 所示。

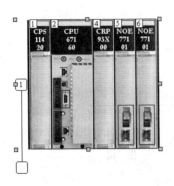

图 10-88 CPU 63260 热备模块

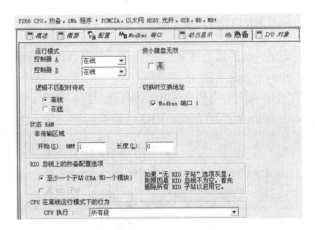

图 10-89 Quantum PLC 的热备配置模块

图 10-90 远程站的硬件配置

下面以 11 槽 16 通道模拟输入模块和 14 槽模拟输出模块为例，说明模拟量输入模块和模拟量输出模块的编程方法。

二、模拟量输入、输出模块的编程

这里以 2# 远程站上的 ACI 04000、ACO 13000、6#远程站的 ARI030 为例说明模拟输入的编程方法。

2# 远程站的 11 槽 16 通道模拟输入的编程方法，首先调用 DROP 功能块，然后再调用 ACI040 功能块，再使用 I_SCALE 将模拟输入转换为工程量。

在项目浏览器窗口中双击【导出的功能块类型】，然后在弹出的画面右侧填入 AUTO_MANUL_VALVE_CONTROL，如图 10-91 中框选所示。

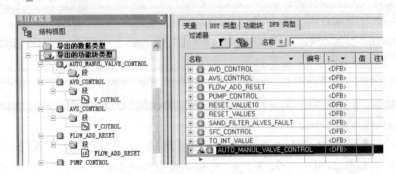

图 10-91 输入 DFB 块的名字

然后按图 10-92 所示创建 DFB 块的输入和输出，同时选择合适的变量类型。

在【项目浏览器】创建 DFB 的程序体，即段。在名称中输入 VALVE_CONTROL，语言选择 FBD，如图 10-93 所示。

下面说明在段中程序的编程方法，首先单击图 10-94 所示的 FFB 输入助手。

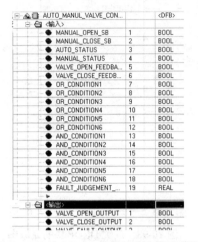

图 10-92　输入 DFB 块的输入和输出管脚

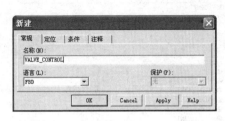

图 10-93　选择 DFB 块的段和名称

图 10-94　使用函数输入助手

单击右函数输入助手页面的右上角的按钮 ...，如图 10-95 的图中框选所示，熟练后可直接输入 DROP。

然后在【I/Omanagement】里的【Quantum I/O config】下选择 DROP 功能块，如图 10-96 中框选所示。

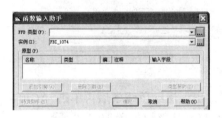

图 10-95　函数输入助手操作 1

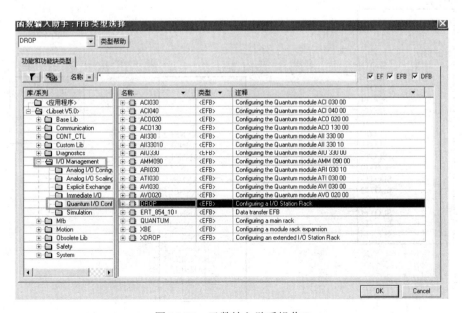

图 10-96　函数输入助手操作 2

单击【OK】按钮进行确认后，出现图 10-97 所示的页面，此时，单击【确定】按钮即可。放好 DROP 块如图 10-98 所示。

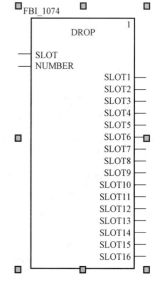

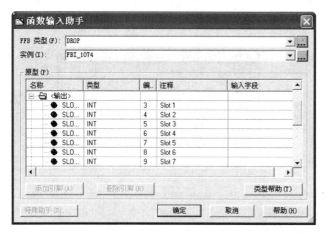

图 10-97　函数输入助手操作 3　　　　　　　　图 10-98　放置 DROP 块的完成图

使用同样的方法放入 ACI040 模块和 I_SCALE 模块，工具栏菜单如图 10-99 所示：

图 10-99　主菜单

单击 后再使用鼠标左键单击 SLOT11（槽 11），出现深红色线条后再单击 ACI040 的 SLOT 管脚，完成链接。连接 DROP、ACI040 和 I_SCALE 功能块如图 10-100 所示。

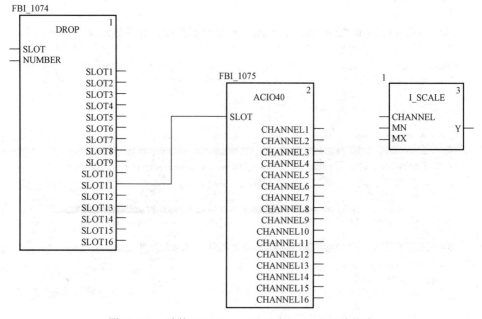

图 10-100　连接 DROP、ACI040 和 I_SCALE 功能块

链接完成后，再双击 DROP 功能块的 SLOT 管脚，填入 4，因为与此远程机架的链接的远程模块在本地机架的远程槽位为 4。

因为是 2 号远程站，所以 number 填写 2。

I_SCALE 模拟输入的满量程 10V 为电动机额定电流的两倍 10A，所以在 I_SCALE 功能块管脚 MX 填入 10.0，MN 管脚为最小值对应为 0V，对应电动机电流 0A，填入 0.0。填写 DROP 功能块的管脚程序如图 10-101 所示。

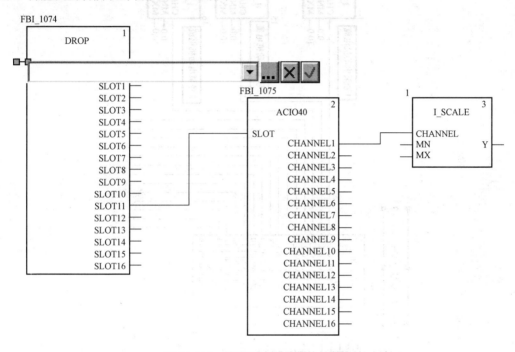

图 10-101　填写 DROP 功能块的管脚

DROP 功能块和 ACI040 使用 FBD 编程方法完成图如图 10-102 所示。

本地远程接口模块为 4 槽，远程站号 2，2 号远程站的 14 槽 8 通道模拟输出编程时，调用 DROP 功能块，然后再调用 ACO130 功能块，ACO130 功能块的 SLOT 管脚链接至 DROP 功能块的 SLOT14，使用 O_SCALE 将工程量转换为模拟输出。

6#远程站的配置，如图 10-103 所示。

本地远程接口模块为 4 槽，6 号远程站的 12 槽 8 通道热电阻模块编程方法，调用 DROP 功能块，然后再调用 ARI030 功能块，再使用 I_SCALE 将模拟输入转换为绕组温度。热电阻为 3 线制，配置和接线方法采用 4 线制接法。如图 10-104 所示。

4 线制接法如图 10-105 所示。

三、在程序中创建 DFB 功能块

下面说明如何在工程中创建用户自己的 DFB 块，Quantum PLC 在 Unity Pro 编程环境中提供了大量的 FFB 供读者使用，但是，在某些工艺场合中，FFB 并不能完全满足需要，这时，需要读者自己根据工艺的要求编写 DFB 块。

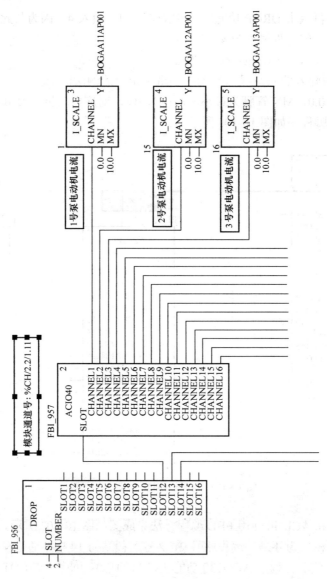

图 10-102　编程完成图

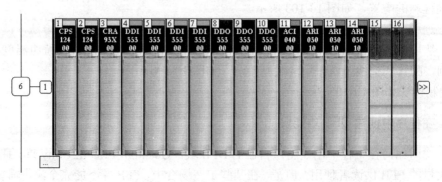

图 10-103　6# 站的硬件配置图

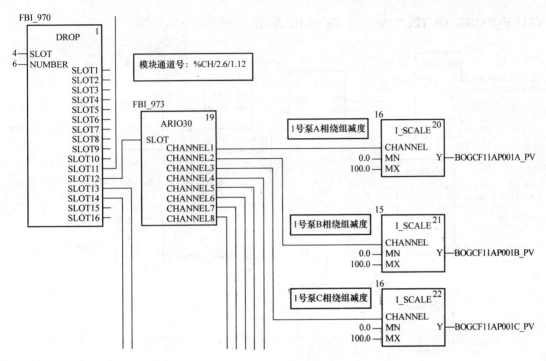

图 10-104　热电阻模块的编程实例

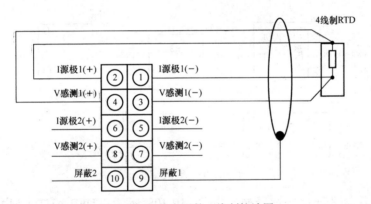

图 10-105　热电阻的 4 线制接法图

下面介绍在某一个水处理项目中，根据实际工艺的要求制作 DFB 的例子。

此 DFB 块实现如下功能：

当处于自动模式时（由 AUTO_STATUS 为真和 MANUAL_STATUS 为假联合判断），OR_CONDITON1~6 至少有一个条件为真且 AND_CONDITO1~6 必须全部为真，且阀没有开到位时，打开阀门（VALVE_OPEN_ OUTPUT 为 1），否则当阀动作反馈-关阀到位信号没来的前提下，执行关阀动作（VALVE_CLOSE OUTPUT 为 1）。

当处于手动模式时，手动开阀命令来且阀没有开到位，执行开阀动作（VALVE_OPEN_ OUTPUT 为 1）；手动关阀命令来且阀没有关到位，执行关阀动作（VALVE_CLOSE OUTPUT 为 1），如图 10-106 所示。

如果此阀既没有关到位也没有开到位的时间超过故障判断时间，则阀故障输出，即

VALVE_FAULT_OUTPUT 为 1，如图 10-107 所示。

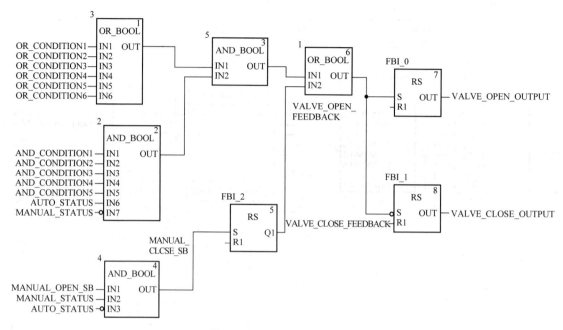

图 10-106　阀打开关闭输出

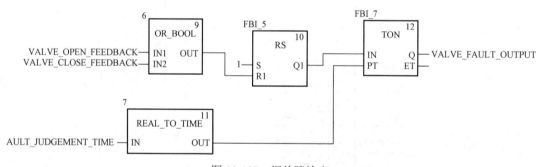

图 10-107　阀故障输出

　　编程结束后，进行程序编译 ▦ ，如图 10-108 所示，DFB-AUTO_MANUL_VALVE_CONTROL 左侧黄色图标就会消失，表示程序中的 DFB 可以正常使用了。

　　DFB 用户功能块在程序中的调用方法与调用 FFB 功能块方法相同，单击 FFB 输入助手 ▦ ，在弹出的画面填入 AUTO_MANUL_VALVE_CONTROL，然后单击【确定】按钮。如图 10-109 所示。

　　调用 DFB 块的完成图如图 10-110 所示。

　　本例中以太网的配置方法请参照第二篇第三章的 Quantum PLC 第二节以太网配置部分。读者可以在今后的工程当中，按照上述的方法来配置 Quantum PLC 的项目，来制作适合自己的 DFB。

四、在程序中使用定时器事件

　　Quantum PLC 在程序段中调用 ITCNTRL 功能块触发定时器事件。执行内容见程序→事件→定时器事件 0、2 和 3。在程序段中编写 ITCNTRL 功能块如图 10-111 所示。

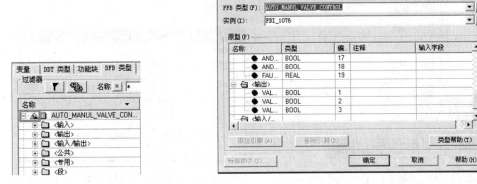

图 10-108 编译功能块 　　　　　　　图 10-109 DFB 块的调用

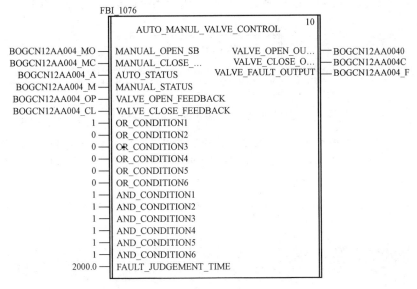

图 10-110 阀手自动控制调用实例

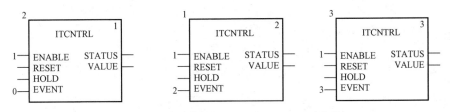

图 10-111 在程序段中编写 ITCNTRL 功能块

　　下面以定时器事件 0 触发时间为例说明如何设置定时时间的触发时间,在【项目浏览器】中选择【定时器事件】→【Timer 0】右击,在弹出的快捷菜单中选择【属性】,如图 10-112 中框选所示。

　　定时器属性设置:定时器时间每 1s 触发执行一次,延时时间为时基乘以预设值,1×1=1s,属性设置中的延时是每 1s 时间到了以后,是否还在此 1s 上加一个时间偏置,用于避免与别的定时器事件冲突，此处设置为 0，如图 10-113 所示。

图 10-112　打开定时器事件 Timer 0 属性

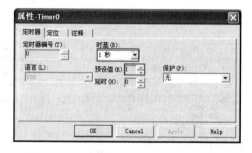

图 10-113　设置定时器事件 Timer 0 属性

定时器事件零执行的动作：将流量累加后，初始化流量输出。如图 10-114 所示。

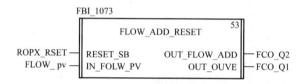

图 10-114　设置定时器事件执行的程序

本案例演示了 Quantum PLC 的最常使用的一些编程技巧，读者可以在自己创建的项目中引用这些技巧。另外，Quantum 自动化平台的处理能力十分强大，可以用于大型控制系统，并且其智能化、通信便捷、多集成功能、高可靠性和使用灵活这些特点，还可以实现多种行业和各种系统的复杂控制，限于篇幅笔者不再一一说明，希望这个案例能起到抛砖引玉的作用。

附 录

附录 A 国际通用标准信号

信号是信息的载体，它表现了物理量的变化。国际通用标准信号是连接仪表、变送设备、控制设备、计算机采样设备的一种标准信号。

这些标准信号包括：电流信号：4～20mA、0～10mA；电压信号：0～5V、0～10V 等。

一、变送器

在实际的工程应用中，需要测量各类电量与非电物理量，例如电流、电压、功率、频率、位置、压力、温度、重量、转速、角度和开度等，都需要转换成可接收的直流模拟量电信号才能传输到几百米外的控制室或显示设备上。这种将被测物理量转换成可传输直流电信号的设备称为变送器。根据测量的物理量的不同，变送器有温度变送器、压力变送器、差压变送器等。

变送器的传统输出直流电信号有 0～5V、0～10V、1～5V、0～20mA、4～20mA 等。

变送器一般分为两线制、三线制和四线制。

当电流型变送器将物理量转换成 4～20mA 电流输出时，要有外电源为其供电。最典型的是变送器需要两根电源线，加上两根电流输出线，总共要接四根线，称为四线制变送器。设计时电流输出可以与电源公用一根线，即节省了一根线，这种变送器称为三线制变送器。而采用 4～20mA 电流本身为变送器供电时，变送器在电路中相当于一个特殊的负载，变送器的耗电电流在 4～20mA 之间根据传感器输出而发生变化，这种变送器只需外接 2 根线，因而被称为两线制变送器。

二、标准信号变送器和 PLC/DCS 连接的应用方法

标准信号 4～20mA 变送器的接线图如图 A-1 所示。

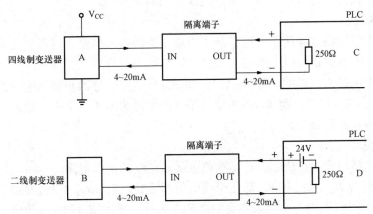

图 A-1 标准信号 4～20mA 变送器的接线图

A—输出 4～20mA 标准电流信号的仪表（仪表有外接电源）；B—二线制变送器，它需要隔离端子供电；
C—接口方式为电阻负载，其典型值为 250Ω；D—24V 电源和取样电阻构成的二线制回路供电接线方式

模拟传感器检测信号输入 PLC 和输出的 PLC 模拟控制信号要进行电气屏蔽和隔离。电缆一定要采用屏蔽电缆，并且传感器侧、PLC 侧实现远端一点接地。

【例 A-1】 热电阻的二线制、三线制、四线制的接法

热电阻测量基于惠斯通电桥（图 A-2），被测电阻 R_x 和电桥的三个桥臂 R_1，R_2，R_3，在 A、C 端加直流电压，B、D 端接测量电流表，通过调整 R_1，使电流表的读数为零，此时电桥平衡，BD 之间没有电流通过，当电流表读数为零时，$I_1=I_2$、$I_3=I_4$；$U_{AB}=U_{AD}$；$U_{BC}=U_{CD}$，$I_1 \cdot Rx=I_3 \cdot R_1$，$I_2 \cdot R_0=I_4 \cdot R_2$，上两式相除，又因为 $I_1=I_2$，$I_3=I_4$；得：$R_x/R_0=R_1/R_2$；

那么桥路平衡条件：$R_x=(R_1/R_2) \cdot R_0$，若 $R_1=R_2$，则 $R_x=R_0$。

由于热电阻本身的阻值较小，随温度变化而引起的电阻变化值更小，例如，铂电阻在零度时的阻值为 $R0=100\,\Omega$，因此，在传感器与测量仪器之间的引线过长会引起较大的测量误差。在实际应用时，通常采用所谓的二线、三线或四线制的方式。

（1）二线制

二线制的电路如图 A-3 所示。这是热电阻最简单的接入电路，也是最容易产生较大误差的电路。

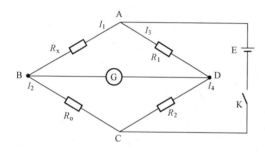
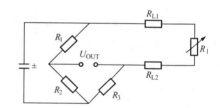

图 A-2　惠斯通电桥　　　　　　　图 A-3　热电阻的接入方式——二线制

图中，R_1、R_2 是固定电阻；R_3 是为保持电桥平衡的电位器。二线制的接入电路由于没有考虑引线电阻（R_{L1} 和 R_{L2}）和接触电阻（图中没有画出），有可能产生较大的误差。实际测量的数值等于热电阻的阻值加上引线电阻和接触电阻，因此二线制只能用在线路较短的场合。如果要进行精密温度测量，不要采用两线制的测量方法。

（2）三线制

三线制的电路如图 A-4 所示。这是热电阻最实用的接入电路，可得到较高的测量精度。

图中，R_1、R_2 是固定电阻；R_3 是为保持电桥平衡的电位器。三线制的接入电路要考虑引线电阻和接触电阻带来的影响，即 R_{L1}、R_{L2} 和 R_{L3} 分别是传感器和驱动电源的引线电阻，理想情况下，R_{L1} 和 R_{L3} 相等，而 R_{L2} 因为电流平衡时电流为零所以不引入误差。三线制以这种接线方式可取得较高的精度。

（3）四线制

四线制的电路如图 A-5 所示。这是热电阻最高精度的接入电路。

图 A-5 中 R_{L1}、R_{L2}、R_{L3} 和 R_{L4} 都是引线电阻和接触电阻。R_{L1} 和 R_{L4} 在恒流源回路，不会引入误差。R_{L2} 和 R_{L3} 则因为电压表本身的高输入阻抗，使得 R_{L2} 和 R_{L3} 的电阻所造成的压降非常小，其造成的测量误差可忽略。因此，其测量的精度最高，这种电路需要 4 根线，因而成本略有上升。

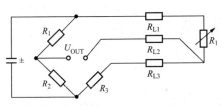

图 A-4　热电阻的接入方式——三线制

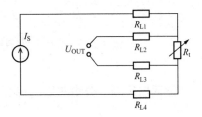

图 A-5　热电阻的接入方式——四线制

三、国际通用标准电流信号与电压信号的转换

国际标准电流信号 4～20mA 是变送器的输出信号，相当于一个受输入信号控制的电流源，如在实际应用中需要的是电压信号而不是电流信号，则转化一下即可。电流信号 4～20mA 转换为电压信号的方法是加 250Ω 精密电阻，即可转为 1～5V 电压。

另外，变送器输出的 4～20mA 电流对应的电压与所连接的负载电阻息息相关。如果所带的负载是 250Ω，则转换的电压是 1～5V，如果负载是 500Ω，转换的电压则是 2～10V。

四、远距离传输模拟信号

在工业应用中，测量点一般在现场，而显示设备或者控制设备一般都在控制室或控制柜上，两者之间距离可能数十至数百米。这就需要远距离的传输模拟信号，在传输中因为有线路损耗的影响存在压降，所以在远距离传输模拟信号时一般不采用电压传输的方式。当只能采用电压方式传输时，就必须以高传输阻抗的方式来降低压降，但这种方式也会使系统的抗干扰能力大大降低。解决方法是把敏感器件的信号转换成电流信号来进行传输，可以消除传输线带来的压降误差，由于使用的传输双绞线的特性阻抗约为 50Ω，相隔 1cm 宽的 0.2mm^2 的导线特性阻抗 300 欧姆左右，所以负载电阻选择 50～300Ω 比较适宜，为了 A/D 转换方便，负载电阻上的信号最大量程值一般为 5～10V 比较合适。

在实际工程应用中，我们往往应用的是标准信号所对应的工程量，这就需要进行标准信号与工程量的转换。

输入时，如果工程量是温度传感器，则按照传感器定义的对应范围转换即可。例如：4～20mA 对应的温度范围是 0～200℃。当温度传感器反馈到 PLC 的标准信号是 4mA 时，所对应的是 0℃，而 20mA 时对应的就是 200℃，同理，12mA 对应的就是 100℃。

相反，在输出时，如果标准信号 4～20mA 对应的工程量是变频电动机的转速时，而此时变频电动机的额定转速是 1480r/min，那么对应的变频器的频率就是 50Hz，那么控制转速大小的 PLC 就输出 20mA，此时，变频电动机将按额定转速运行。如按照工艺的要求需降速在额定转速一半运行时，PLC 就编程设置输出 12mA，此时，变频电动机将会按照 740r/min 的工艺要求的转速运行了。

也就是说，我们可以按照设备提供的标准信号与工程量的对应关系换算出工程量，用于实际的工程设计和应用当中，灵活而且方便。

附录 B 编 码 器

一、编码器原理、分类与输出形式

编码器（encoder）是将信号或数据进行编制、转换为可用于通信、传输和存储的信号形式的一种设备。简单地说，编码器的原理就是把角位移或直线位移转换成电信号。

一般情况下，编码器分为增量式和绝对式两种。

增量式编码器是将位移转换成周期性的电信号，再把这个电信号转变成计数脉冲，用脉冲的个数表示位移的大小。

绝对式编码器的每一个位置对应一个确定的数字码，因此它的示值只与测量的起始和终止位置有关，而与测量的中间过程无关。

常用编码器输出形式有集电极开路型、推挽输出型和线驱动输出型。

1. 集电极开路型

通常编码器不提供 R_1 这个电阻，需要外电路来实现上拉电平或下拉电平。

NPN 型如图 B-1 所示。PNP 型如图 B-2 所示。

图 B-1 NPN 型　　　　　　　　　　图 B-2 PNP 型

2. 推挽输出型

推挽输出型如图 B-3 所示。当输出信号为高电平时，T1 导通。输出低电平时，T2 导通，在推挽电路中因为输出电流有流入和流出两个方向，所以，当电缆延长时，波形失真相对较小，电缆可以延长到 100m 左右，电源为直流 5～30V，推挽电流最大 30mA。

3. 线驱动输出型

线驱动输出型如图 B-4 所示。线驱动输出是按照 RS-422A 标准数据传输电路而设计的，可以使用双绞电缆进行长距离传输，最长可达到 1200m。

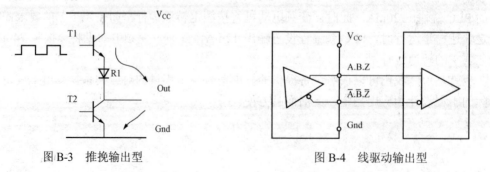

图 B-3 推挽输出型　　　　　　　　图 B-4 线驱动输出型

二、编码器应用

1．8421 码和 5421 码的定义和使用

8421 是最常用的二进制码，即用 4 位二进制数表示 1 位十进制数。8421 码从左到右每个"1"代表的十进制数分别是"8"、"4"、"2"、"1"，8421 码由此得名而来。8421 码也叫 BCD 码。即："1000"为十进制"8"；"0100"为十进制"4"；"0010"为十进制"2"；"0001"为十进制"1"。

5421 码与此相同，每位一代表的是十进制的"5"、"4"、"2"、"1"，即：

"1000"为十进制"5"；"0100"为十进制"4"；

"0010"为十进制"2"；"0001"为十进制"1"。

2．8421 码和 5421 码与十进制数的转换方法

8421 码就是将十进制的数以 8421 的形式展开成二进制，大家知道十进制是由 0～9 十个数组成，这十个数每个数都有自己的 8421 码，表 B-1 是 8421 码与十进制数的对应关系。

表 B-1 8421 码与十进制数的对应关系

十进制	0	1	2	3	4	5	6	7	8	9
8421 码	0000	0001	0010	0011	0100	0101	0110	0111	1000	1001
5421 码	0000	0001	0010	0011	0100	1000	1001	1010	1011	1100

5421 码一大特点可以直接按权求出对应的十进制数。例如，1011 转十进制，可以按"1x5+0x4+1x2+1x1"=8 而求出。

8421 码就必须乘方才行。例如，十进制的 321 转成 8421 码就是 3 2 1 = 0011 0010 0001 换算过程如下：

0011=8x0+4x0+1x2+1x1=3；

0010=8x0+4x0+2x1+1x0=2；

0001=8x0+4x0+2x0+1x1=1。

3．8421 码在 PLC 程序中转换十进制数值的方法

在实际的工程应用中，有很多电气装置的输出接口是使用 8421 码进行数据传输的。例如，位置传感器如果输出的是 8421 码，那么连接到 PLC 的输入模块（即数字 I/O）时，就需要在 PLC 的程序上进行数据的转换和处理，通过上面的介绍，大家都知道 8421 码是由 4 个二进制数组成，每个二进制的数只能代表 0～9，根据这个机理，图 B-5 给出了输出接口是 8421 码的电气装置与 PLC 的硬件连接。

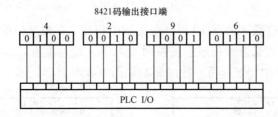

图 B-5 输出为 8421 码的电气装置与 PLC 的硬件连接图

4.8421 码的软件编程举例

第一步 首先处理和转换个位数据，PLC 将判断输入端子%I1、%I2、%I3 和%I4 的状态，其中，%I1 对应最低位 BIT0，%I2 对应 BIT1，%I3 对应 BIT2，%I4 对应 BIT3，使用位字转换功能块，将此四位的状态中间变量字 geiwei_a 中，然后判断是否小于 10，如小于 10，说明外部仪表给的数值有效，然后使用 WORD_TO_INT 功能块将个位转为 INT 型，为下一步 INT 整数计算做准备。程序编制如图 B-6 所示。

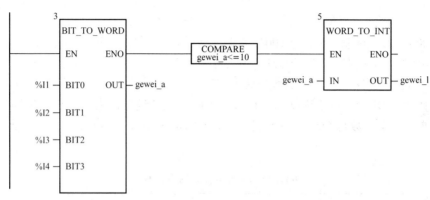

图 B-6　8421 程序 1

第二步 首先处理和转换个位数据，PLC 将判断输入端子%I5、%I6、%I7 和%I8 的状态，其中，%I5 对应最低位 BIT0，%I6 对应 BIT1，%I7 对应 BIT2，%I8 对应 BIT3，使用位字转换功能块，将此四位的状态中间变量字 shiwei_a 中，然后判断是否小于 10，如小于 10，说明外部仪表给的数值有效，然后使用 WORD_TO_INT 功能块将十位转为 INT 型，将十位转为 INT 型，为下一步计算总和做准备。程序编制如图 B-7 所示。

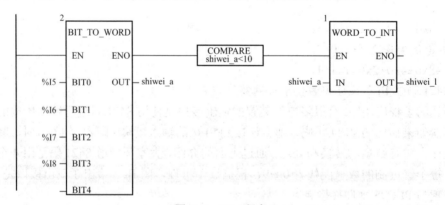

图 B-7　8421 程序 2

第三步 将十位数字值乘 10 再与个位数值相加，完成 8 位的 8421 码的转换。读者可仿照这种编程方式，如果有 4 位数字转换例如 4296，进行编程，只需在百位乘以 100，千位乘以 1000，然后在累加起来即可。程序编制如图 B-8 所示。

图 B-8　8421 程序 3

三、位置传感器

位置传感器是能感受被测物的位置并转换成可用输出信号的传感器。位置传感器分为，直线位移传感器和角位移传感器两种。

格雷码属于一种可靠性编码，是一种错误最小化的编码方式，因此格雷码在通信和测量技术中得到广泛应用。

格雷码（Gray code），又叫循环二进制码或反射二进制码，在数字系统中只能识别 0 和 1，各种数据要转换为二进制代码才能进行处理，格雷码是一种无权码，采用绝对编码方式，典型格雷码是一种具有反射特性和循环特性的单步自补码，它的循环、单步特性消除了随机取数时出现重大误差的可能，它的反射、自补特性使得求反非常方便。格雷码属于可靠性编码，是一种错误最小化的编码方式，因为自然二进制码可以直接由数/模转换器转换成模拟信号，但某些情况，例如从十进制的 3 转换成 4 时，二进制码的每一位都要变，使数字电路产生很大的尖峰电流脉冲。而格雷码则没有这一缺点，它是一种数字排序系统，其中的所有相邻整数在它们的数字表示中只有一个数字不同。它在任意两个相邻的数之间转换时，只有一个数位发生变化。它大大地减少了由一个状态到下一个状态时逻辑的混淆。另外，由于最大数与最小数之间也仅一个数不同，故通常又叫格雷反射码或循环码。

1．格雷码与十进制数的转换方法

每个自然数都有自己的格雷码，表 B-2 是格雷码码与十进制数和二进制数的对应关系。

表 B-2   **格雷码码与十进制数和二进制数的对应关系表**

十进制	0	1	2	3	4	5	6	7	8	9
二进制码	0000	0001	0010	0011	0100	0101	0110	0111	1000	1001
格雷码	0000	0001	0011	0010	0110	0111	0101	0100	1100	1101

2．格雷码转换二进制数值的方法

二进制码→格雷码（编码）：从最右边一位起，依次将每一位与左边一位异或（XOR），作为对应格雷码该位的值，最左边一位不变（相当于左边是 0）。

格雷码→二进制码（解码）：从左边第二位起，将每位与左边一位解码后的值异或，作为该位解码后的值，最左边一位依然不变。

但格雷码不是权重码，每一位码没有确定的大小，不能直接进行比较大小和算术运算，也不能直接转换成液位信号，要经过一次码变换，变成自然二进制码，再由上位机读取。解码的方法是用"0"和采集来的 4 位格雷码的最高位（第 4 位）异或，结果保留到 4 位，再将异或的值和下一位（第 3 位）相异或，结果保留到 3 位，再将相异或的值和下一位（第 2 位）异或，结果保留到 2 位，依次异或，直到最低位，依次异或转换后的值（二进制数），就是格雷码转换后自然码的值。

异或：异或则是按位"异或"，相同为"0"，相异为"1"。例：

10011000 异或 01100001 结果：11111001

举例：

如果采集器采到了格雷码：1100，就要将它变为自然二进制：

0 与第四位 1 进行异或结果为 1；

上面结果 1 与第三位 0 异或结果为 0；

上面结果 0 与第二位 0 异或结果为 0；

上面结果 0 与第一位 0 异或结果为 0。

因此，最终结果为：二进制码 1000 即十进制 8。

二进制表示数值的第 n 位 = 二进制表示数值的第（n+1）位 + 格雷码第 n 位。因为二进制表示数值和格雷码皆有相同位数，所以二进制表示数值可从最高位的左边位元取 0，以进行计算。注：遇到 1+1 时结果视为 0

【例 B-1】格雷码 0111 为 4 位数，所以其所转为之二进位码也必为 4 位数，因此可取二进制表示数值的第五位为 0，即 0 b3 b2 b1 b0。

0+0=0，所以 b3=0

0+1=1，所以 b2=1

1+1 取 0，所以 b1=0

0+1 取 1，所以 b0=1

因此所转换为之二进位码为 0101。

格雷码转二进制的转换，Unity Pro 软件有专门的转换模块，即使用专用功能块 GRAY_TO_INT 实现格雷码转换二进制数值，下面的程序声明了 gray_int 和 Result_int 两个单整型变量。程序如图 B-9 所示。

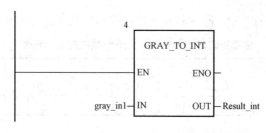

图 B-9　格雷码程序

附录 C　热　电　偶

　　热电偶是工业上最常用的温度检测元件之一，广泛应用于电力、石油、环保、化工、建材、科研等行业的温度测量。热电偶通常由两种不同的金属丝组成，配有保护套管，使用起来十分方便。

一、热电偶的测温原理与分类

　　传感器是能将自然界中的非电量信号转换成便于测量的电信号的一种装置。热电偶就是一种温度传感器，是一种感温元件，它能将温度信号转换成热电势信号。

　　常用的热电偶的测温范围是 $-50\sim+1600℃$，某些特殊热电偶最低可测到 $-269℃$（如金铁镍铬），最高可达 $+2800℃$（如钨-铼）。

1. 热电偶测温基本原理

　　热电偶测温的基本原理是热电效应，在由两种不同材料的导体 A 和 B 所组成的闭合回路中，如图 C-1 所示，当 A 和 B 的两个接点处于不同温度 T 和 T_0 时，在回路中就会产生热电势，这就是所谓的塞贝克（seeback）效应，热电偶就是利用这一效应来工作的。另外，工作端 T 是温度较高的一端，自由端 T_0 是温度较低的一端，通常处于某个恒定的温度下，在热电偶回路中接入第三种金属材料时，只要该材料两个接点的温度相同，热电偶所产生的热电势将保持不变，即不受第三种金属接入回路中的影响。因此，在热电偶测温时，可接入测量仪表，测得热电势后，即可知道被测介质的温度。

2. 热电偶的种类

　　常用热电偶可分为标准热电偶与非标准热电偶两大类。标准热电偶是指国家标准规定了其热电势与温度的关系、允许误差，并有统一的标准分度表的热电偶，标准热电偶有配套的显示仪表。标准热电偶类型见表 C-1。而非标准化热电偶在使用范围或数量级上均不及标准化热电偶，一般也没有统一的分度表，主要用于某些特殊场合的测量。

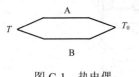

图 C-1　热电偶

　　标准热电偶全部按 IEC 国际标准生产，分度号有 S、B、E、K、R、J、T 七种。

表 C-1　　　　　　　　　　　　　　　　标准热电偶列表

类　型	材质构成	测量温度范围（℃）
T	Cu-CuNi (IEC 584)	$-270\sim400$
K	NiCr-Ni (IEC 584)	$-270\sim1372$
B	PtRh-PtRh (IEC 584)	$200\sim1820$
N	NiCrSi-NiSi (IEC 584)	$-270\sim1300$
E	NiCr-CuNi (IEC 584)	$-200\sim900$
R	PtRh-Pt (Pt 13%) (IEC 584)	$-50\sim1769$
S	PtRh-Pt (Pt 10%) (IEC 584)	$-50\sim1769$
J	Fe-CuNi (IEC 584)	$-210\sim1200$
C	W-Re(IEC 584)	$0\sim2320$

类　型	材质构成	测量温度范围（℃）
L	Fe-CuNi (DIN 43714)	0～760
U	Cu-CuNi (DIN 43714)	−200～600
TXK / TXK (L)	NiCr-CuCr (P8.585-2001)	−200～−150

3．热电偶冷端的温度补偿

由于热电偶的材料一般都比较贵重（特别是采用贵金属时），而测温点到仪表的距离都很远，为了节省热电偶材料，降低成本，通常采用补偿导线把热电偶的冷端（自由端）延伸到温度比较稳定的控制室内，连接到仪表端子上。值得注意的是，热电偶补偿导线只起延伸热电极的作用，使热电偶的冷端移动到控制室的仪表端子上，它本身并不能消除冷端温度变化对测温的影响，不起补偿作用。

在使用热电偶补偿导线时必须注意型号相配，极性不能接错，补偿导线与热电偶连接端的温度不能超过 100℃。

当出现 Quantum 热电偶模块测试温度与实际温度偏差较大的现象时，优先建议用户查询图 C-2 所示标记区域的设置。

该处设置默认为"On Board"，如果用户实际设置就是该设置，那么存在误差是必然的，其误差在数值上的大小取决于实际冷端温度与 Quantum 热电偶模块所处环境温度之间的差值，该差值越大，热电偶模块显示温度与实际温度偏差就会越大。

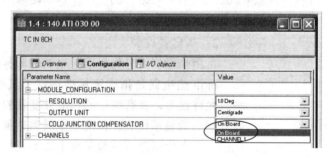

图 C-2　Quantum 模块参数配置

解决方法：在该情形下，可以采用外部冷端补偿的方式，在实际冷端安装一个测温元件，并将其连接到 Quantum 热电偶模块的通道 1，同时图 C-2 标记区域的设置改为"CHANNEL 1"。

注意

当 Quantum 热电偶模块采用内部冷端补偿方式后，不能在此使用状态下评价模块显示精度这项参数。

当 Quantum 热电偶模块采用内部冷端补偿方式时，请务必关闭模块连接器的门。

二、热电偶的应用

1．热电偶的选型方法

选择工程中使用的热电偶时要根据测量的环境、精度和密封及防爆的要求，来选择量程和精确等级，并确定热电偶的外形尺寸、连接的形式、技术参数和电缆长度。

热电偶分度表是根据热电势与温度的函数关系而制成的，分度表是在自由端温度 T_0=0℃ 的条件下得到的，不同的热电偶具有不同的分度表。

2．在项目硬件设计中的使用方法

在实际项目的设计中，如果工艺要求检验温度，可以按照前面介绍的那样选择热电偶，本例中选择的是 K 型热电偶 TE，TE 达到参数是 K-type，L=450×300，1/2"NPT，1200℃内芯，单支。Quantum 热电偶模块参数配置如图 C-3 所示。

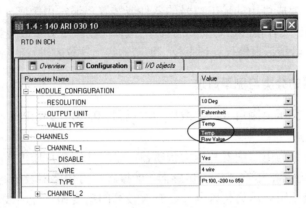

图 C-3 Quantum 热电偶模块参数配置

（1）当"VALUE TYPE"项选择为"Temp"时，相关变量中将依据分辨率项设置直接显示温度值，如：当分辨率项设置为"0.1Deg"，同时实际温度为 30℃时，相关变量中将显示 300。

（2）当"VALUE TYPE"项选择为"Raw Value"时，相关变量中将显示对应热电阻材质的测温范围到 32767 的折算值。例如：对于 Pt100 材质的热电阻测温范围为-200～850℃，当实际温度为 170℃时，相关变量中将显示 6553。计算公式为：(170/850)×32767 = 6553。

附录 D 压力变送器

压力变送器主要由测压元件传感器（也称作压力传感器）、测量电路和过程连接件三部分组成。

压力传感器是工程中常用的一种传感器，通常使用的压力传感器主要是利用压电效应制造而成的，这样的传感器也称为压电传感器。压力传感器能感受规定的被测量流体压强值，并按照一定的规律转换成可用的输出信号的器件或装置，通常由敏感元件和转换元件组成。

压力变送器将测压元件传感器感受到的气体、液体等物理压力参数转变成标准的电信号（如4～20mA等），提供给指示报警仪、记录仪、调节器等二次仪表进行测量、指示和过程调节。

一、压力变送器的分类与测量原理

压力变送器根据测压范围可分成一般压力变送器（0.001～35MPa）和微差压变送器（0～1.5kPa），负压变送器三种。

压力传感器主要分为电阻应变片压力传感器、半导体应变片压力传感器、压阻式压力传感器、电感式压力传感器、电容式压力传感器、谐振式压力传感器及电容式加速度传感器等。其中应用最广泛的是压阻式压力传感器，它具有较高的精度和较好的线性特性。

这里以压阻式压力传感器为例介绍一下压力传感器的测量原理，其中，电阻应变片是一种将被测件上的应变变化转换成为一种电信号的敏感器件，它是压阻式应变传感器的主要组成部分。通常是将应变片通过特殊的黏合剂紧密的黏合在产生力学应变基体上，当基体受力发生应力变化时，电阻应变片也一起产生形变，使应变片的阻值发生改变，从而使加在电阻上的电压发生变化。这种应变片在受力时产生的阻值变化通常较小，一般这种应变片都组成应变电桥，并通过后续的仪表放大器进行放大，再传输给处理电路进行 A/D 转换后显示出来或对执行机构进行操作。

金属电阻应变片的工作原理是：吸附在基体材料上的应变电阻随机械形变而产生阻值变化，该现象俗称为电阻应变效应。金属导体的电阻值可用下式表示

$$\rho = RS/L \qquad\qquad (D-1)$$

式中　　ρ ——金属导体的电阻率，$\Omega \cdot cm^2/m$；

　　　　S ——导体的截面积，cm^2；

　　　　L ——导体的长度，m。

以金属丝应变电阻为例，当金属丝受外力作用时，其长度和截面积都会发生变化，从式（D-1）很容易看出，其电阻值即会发生改变，假如金属丝受外力作用而伸长时，其长度增加而截面积减少，电阻值便会增大。当金属丝受外力作用而压缩时，长度减小而截面增加，电阻值则会减小。只要测出电阻的变化（通常是测量电阻两端的电压），即可获得金属丝的应变情况。

二、压力变送器的应用

1．压力变送器的选型方法

选择压力变送器时，需要考虑压力量程范围、智能型还是模拟型、是否要带表头显示（指针、数码管、液晶）、精度等级和测量的介质。

压力变送器的参数定义如下：

测量范围：在允许误差限内被测量值的范围称为测量范围。

上限值：测量范围的最高值称为测量范围的上限值。

下限值：测量范围的最低值称为测量范围的下限值。

量程：测量范围的上限值和下限值的代数差就是量程。

精度：被测量的测量结果与真值间的一致程度。

重复性：相同测量条件下，对同一被测量进行连续多次测量所得结果之间的一致性。

蠕变：当被测量及其所有环境条件保持恒定时，在规定时间内输出量的变化。

迟滞：在规定的范围内，当被测量值增加或减少时，输出中出现的最大差值。

激励：为使传感器正常工作而施加的外部能量，一般是电压或电流。施加的电压或电流不同，传感器的输出值等参数也不同，所以有的参数，如零点输出、上限值输出、漂移等参数要在规定的激励条件下测量。

零点漂移：零点漂移是指在规定的时间间隔及标准条件下，零点输出值的变化。由于周围环境温度变化引起的零点漂移称为热零点漂移。

过载：通常是指能够加在传感器或变送器上不致引起性能永久性变化的被测量的最大值。

稳定性：传感器或变送器在规定的条件下储存、试验或使用，经历规定的时间后，仍能保持原来特性参数的能力。

可靠性：指传感器或变送器在规定的条件下和规定的时间内完成所需功能的能力。

工作温度：指变送器能够达到各项技术指标和功能的环境温度范围。

储存温度：指变送器在不加电工作状态下长期储存不损坏的温度范围。

2．压力变送器在硬件设计中的使用

在实际项目的设计中，如果工艺要求检测压力，可以按照前面介绍的那样选择压力变送器，本例中选择的是压力变送器 PT，PT 的工作参数为测量范围 0～1000mmAq，输出 4～20mA，现场接线端子板（Modicon #140 XTS 002 00），1 脚和 3 脚短接，3 脚接电源正，2 脚接电源负，图 D-1 所示的是 140 ACI 030 模块的接线图。

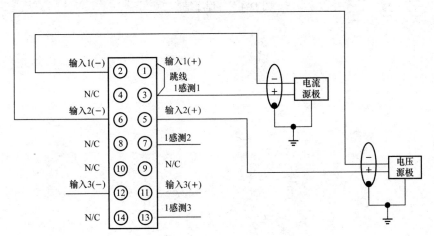

图 D-1　140 ACI 030 模块的接线图

3．压力变送器信号的软件编程举例

使用编程助手，在助手中选择 ACI030 功能块后，再使用编程助手添加 I_Scale 功能块。库的功能块选择如图 D-2 所示。

4～20mA 对应压力 0～200bar，将转换后的结果送到 Pressure 变量当中，编程结果如图 D-3 和 D-4 所示。

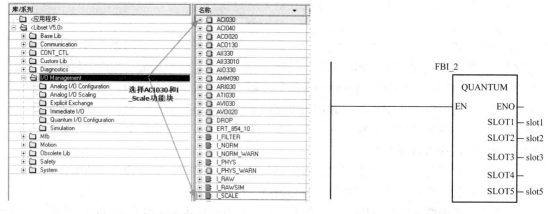

图 D-2　库的功能块选择　　　　　　图 D-3　程序编制 1

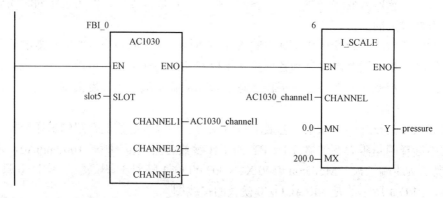

图 D-4　　程序编制 2

附录E 差压开关

传感器或变送器两端都感受到被测压力时，两端压力之差称为差压。差压开关就是由差压的变化而产生的物理开关量。

一、差压开关的测量原理

差压开关由2个膜盒腔组成，两个腔体分别由两片密封膜片和一片感差压膜片密封。高压和低压分别进入差压开关的高压腔和低压腔，感受到的差压使感压膜片形变，通过栏杆弹簧等机械结构，最终起动最上端的微动开关，使电信号输出。

由于感压元件的组成和原理不同，差压开关的性能也不相同，分为膜片和波纹管式。实际构造中敏感元件的结构、腔室的形式、位移转换的方式和标准信号的输出格式都有很多种。差压开关工作示意图如图E-1所示。

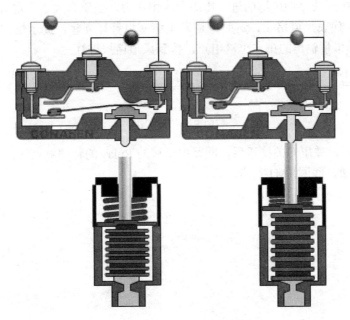

图 E-1 差压开关工作示意图

二、差压开关的应用

1．差压开关的选型方法

膜片式差压开关具有高静压、低差压的特点，而波纹管式差压开关因为本身耐压低，但却有高精度低死区的卓越优点，并且由于其具有压力变化小、行程大的特点，也可以在差压开关本体加一个显示表的功能，提升其性能。另外，电子式差压开关有 LCD 液晶显示、量程及设定点全程可调的特殊功能。因此根据实际工程的需要，来选择膜片式或波纹管式差压开关。

2．差压开关在硬件设计中的使用

差压开关可以串接在不同的电压回路中，本例是串接在交流电压回路中，差压开关 PDS

的状态决定了中间继电器的线圈是否得电,中间继电器的3个辅助触点分别串接在PLC回路、报警灯回路和互锁回路,如图E-2所示。

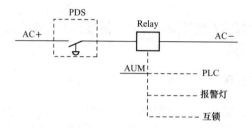

图 E-2　电气接线图

图 E-2 中差压开关 PDS 和中间继电器 Relay 串接在交流回来中,中间继电器的三个辅助触点分别连接到三个回路当中,即 PLC 回路、报警灯回路 Alarm Lamp 和锁存回路 InterLock。

3．差压开关信号的软件编程举例

本例使用差压开关测量风道的进入压力和流出压力,当压力大于一定值时(正常情况下风压损失很小),代表风道堵了,这时风道发生堵塞报警灯亮起,提示维护人员进行维修。图中,%M1 是模拟量输出的第一个输出点,接到风道堵报警灯上。

图 E-3　程序图

如图 E-3 所示,差压开关接通后,回路中串接的 Relay 的辅助触点连接到 PLC 当中,即程序中的%16 接通,线圈%M1 得电闭合。

附录 F　液位测量装置

液位的测量装置包括液位信号器和连续液位测量两种。液位信号器是对几个固定位置的液位进行测量，用于液位的上、下限报警等。连续液位测量是对液位连续地进行测量，它广泛应用于石油、化工、食品加工等诸多领域。

液位变送器工作原理就是阿基米德原理，即浮力原理。简单地说，就是液位的变化造成浮筒受力变化，影响到吊着浮筒的十字簧片，十字簧片的形变影响惠斯顿电桥，检测这个电桥的电流变化就可以对应得到液位数据了。

一、液位测量装置的测量原理与分类

1．液位测量装置的分类和特点

常用于测量液位的液位计有连通器式、吹泡式、差压式、电容式等，测量物位的有超声波物位计和放射性物位计等。其特点如下：

（1）连通器式就是应用最普通的玻璃液位计，它的特点是结构简单、价廉、直观，适于现场使用，但易破损，内表面沾污而造成读数困难，不便于远传和调节。

（2）浮力式液位计包括恒浮力式和变浮力式两类。

恒浮力式液位计是依靠浮标或浮子浮在液体中随液面变化而升降，它的特点是结构简单、价格较低，适于各种贮罐的测量。

变浮力式亦称沉筒式液位计，当液面不同时，沉筒浸泡于液体内的体积不同，因而所受浮力不同而产生位移，通过机械传动转换为角位移来测量液位。

（3）吹泡式液位计是应用静压原理测量敞口容器液位。

压缩空气经过过滤减压阀后，再经定值器输出一定的压力，经节流元件后分两路，一路进到安装在容器内的导管，由容器底部吹出；另一路进入压力计进行指示。

当液位最低时，气泡吹出没有阻力，背压为零，压力计指零；当液位增高时，气泡吹出要克服液柱的静压力，背压增加，压力指示增大。因此，背压即压力计指示的压力大小，就反映了液面的高低。吹泡式液位计结构简单、价廉，适用于测量具有腐蚀性、黏度大和含有悬浮颗粒的敞口容器的液位，但精度较低。

（4）差压式液位计有气相和液相两个取压口。气相取压点处压力为设备内气相压力；液相取压点处压力除受气相压力作用外，还受液柱静压力的作用。液相和气相压力之差，就是液柱所产生的静压力。

（5）电容式液位计是采用测量电容的变化来测量液面的高低的。它是一根金属棒插入盛液容器内，金属棒作为电容的一个极，容器壁作为电容的另一极。两电极间的介质即为液体及其上面的气体。由于液体的介电常数 ε_1 和液面上的介电常数 ε_2 不同，比如：$\varepsilon_1 > \varepsilon_2$，则当液位升高时，两电极间总的介电常数值随之加大，因而电容量增大。反之当液位下降，ε 值减小，电容量也减小。

所以可通过两电极间的电容量的变化来测量液位的高低。电容液位计的灵敏度主要取决于两种介电常数的差值，而且只有 ε_1 和 ε_2 的恒定才能保证液位测量准确，因被测介质具有导电性，所以金属棒电极都有绝缘层覆盖。电容液位计体积小，容易实现远传和调节，适用于具有腐蚀性和高压的介质的液位测量。

（6）超声波物位计是利用超声波在气体、液体或固体中的衰减、穿透能力和超声阻抗不同的性质来测量两种介质的界面。此类仪表精度高、反应快，但成本高、维护维修困难，一般用于测量精度要求较高的场合。

（7）放射性物位计是利用物位的高低对放射性同位素的射线吸收程度不同来测量物位高低的。它的测量范围宽，可用于低温、高温、高压容器中的高黏度、高腐蚀、易燃易爆介质物位的测量，但这类仪表成本高，使用维护不方便，射线对人体危害性也比较大。

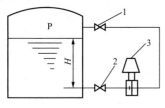

图 F-1　差压法工作示意图

2．液位测量装置的测量原理

液位测量装置有 20 多种不同的结构，这里介绍工程实践中常用的差压法的原理。图 F-1 所示为液位测量差压法工作示意图。

图 F-1 中，1、2 是阀门，3 是差压变送器。对于开口容器或常压容器，阀门 1 及气相引压管道可以省掉。

压力差与液位的关系为

$$\Delta P = P_2 - P_1 = P_g H \tag{F-1}$$

式中　ΔP——压差变送器正、负压室压力差；

P_2、P_1——引压管压力；

H——液位。

差压变送器将压力差变换为 4～20mA 的电流流信号。

现场调试：如果压力处于测量范围下限时，对应的输出信号大于或小于 4mA，则都需要采用调整迁移弹簧等零点迁移技术，使之等于 4mA。

二、液位测量装置的应用

1．液位测量装置的选型方法

根据被测容器的大小和应用场合，并结合不同的测量装置的特点，来选择液位的测量装置。在实际工程应用中，连通器式液位测量装置使用得比较多。

2．液位测量装置在硬件设计中的使用

在实际项目的设计中，如果系统中有检测（油或水）液位的工艺要求，可以按照前面的介绍选择液位测量装置。本例中选择的是捆绑式液位计，LB-1700，量程 0～1.7m/4～20mA，电源：24V DC；防护等级：IP65；带排污阀，两线制，精度：0.5 级，输出信号：4～20mA 信号，施耐德 Quantum PLC 选择的 AMM090 第一个通道设置为 4～20mA。配置如图 F-2 所示。

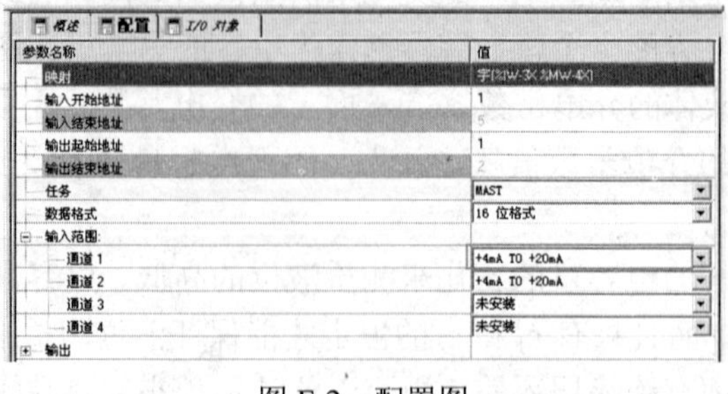

参数名称	值
映射	字(如MW-X 和MW-X)
输入开始地址	1
输入结束地址	5
输出起始地址	1
输出结束地址	
任务	MAST
数据格式	16 位格式
输入范围：	
通道 1	+4mA TO +20mA
通道 2	+4mA TO +20mA
通道 3	未安装
通道 4	未安装
输出	

图 F-2　配置图

3．液位测量装置信号的软件编程举例

液位电气信号的电压是 DC 0～10V，将这个信号连接到模拟量模块第六通道，地址是 %IW，液位工程量转换结果放入 MD22 中，液位大于 80m 时输出液位过高，小于 25m 时为液位过低。程序编制如图 F-3 所示。

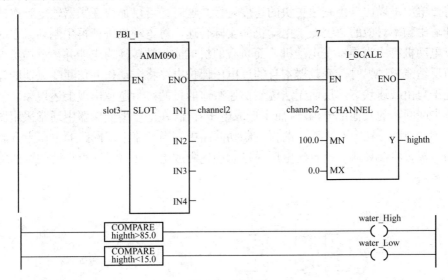

图 F-3　程序图

附录 G　制 动 电 阻

在采用了变频器的交流调速控制系统中，电动机的减速是通过降低变频器输出频率实现的。当需要电动机以比自由减速更快的速度进行减速时，可以加快变频器输出频率的降低速率，使其输出频率对应的速度低于电动机的实际转速，对电动机进行再生制动。在这种情况下，异步电动机将成为异步发电动机，而负载的机械能将被转换为电能并被反馈给变频器。但是，当反馈能量过大时，变频器本身的过电压保护电路将会动作并切断变频器的输出，使电动机处于自由减速状态，反而无法达到快速减速的目的。为避免出现上述现象，使上述能量在直流中间回路的其他部分消耗，而不造成电压升高，在电压型变频器中通常采用图 G-1 所示的再生制动电路。在图 G-1 所示的再生制动回路中，当直流中间回路的电压上升到一定值时，制动三极管将会导通，使直流电压通过制动电阻放电，并将反馈给直流回路的能量以热能的形式消耗掉。

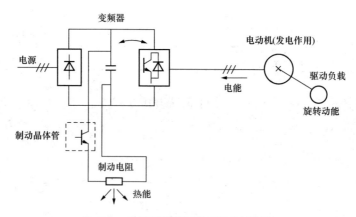

图 G-1　电压型变频器的再生制动回路

制动电阻的选择方法如下：

1．计算制动力矩

首先按下式计算制动转矩 T_B：

$$T_B = \frac{(J_M + J_L)(n_1 - n_2)}{9.55 t_s} - T_L \qquad (\text{G-1})$$

式中　J_M——电动机转动惯量；

　　　J_L——负载转动惯量（折算至电动机轴的）；

　　　n_1——减速开始速度，r/min；

　　　n_2——减速完成速度，r/min；

　　　t_s——减速时间；

　　　T_L——负载转矩。

2．计算制动电阻的阻值

在进行再生制动时，即使不加放电的制动电阻，电动机内部也会有 20% 的铜损被转换为制动转矩。考虑到这个因素，可以先初步计算制动电阻的预选值。

$$R_{OB} = \frac{U_C^2}{0.1047(T_B - 0.2T_M)n_1}$$ （G-2）

式中　U_C——直流电流电压，V，$U_C = 380$V（200V 级），$U_C = 760$V（400V 级）；

　　　T_B——制动转矩；

　　　T_M——电动机额定转矩；

　　　n_1——减速开始速度，r/min。

　　放电电路由制动电阻和三极管组成，而电路电流的最大允许值则取决于三极管本身的允许电流 I_C，即制动电阻所能选择的最小值 R_{min} 为

$$R_{min} = \frac{U_C}{I_C}$$ （G-3）

注：（$T_B < 0.2 T_M$），则没有必要加制动电阻。

　　因此，制动电阻的阻值应由条件 $R_B < R_{min} < R_{OB}$ 来决定，不同厂家的产品在配置说明书中会给出制动电阻最小值 R_{min} 的参考值，可供用户在选择制动电阻时参考。

　　3．计算制动电阻的平均消耗功率 P_{ro}（kW）

　　如前所述，电动机额定转矩的 20%，制动转矩由电动机内部损失产生，电动机制动时制动电阻上消耗的平均功率为

$$P_{ro} = 0.147(T_B - 0.2T_M)\frac{n_1}{n_2} \times 10^{-3}$$ （G-4）

　　4．计算制动电阻的额定功率 P_o（kW）

　　制动电阻的选择将根据电动机是否处于反复加减速模式而异。减速模式曲线如图 G-2 所示。

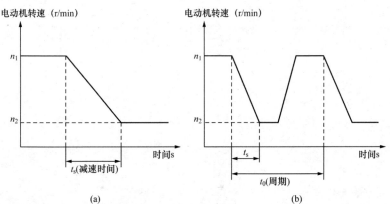

图 G-2　减速曲线

（a）非重复减速；（b）重复减速

　　在选择制动电阻时应根据电动机的减速模式首先求出功率增加率 m，如图 G-3 所示，并利用前面求得的制动电阻的平均消耗功率 P_{ro} 选择出制动电阻的额定功率 P_o。

$$p_o > \frac{p_{ro}}{m}$$ （G-5）

> **注意**
>
> 　　选择制动电阻时应根据上面求得的实际的阻值和额定功率，结合市场上可以买到的电阻进行选择即可。

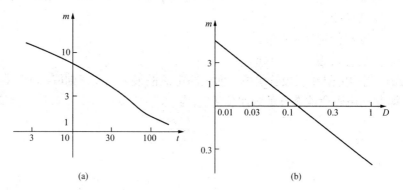

图 G-3　制动电阻使用的一种电阻的功率增加率特性图

（a）非重复减速；（b）重复减速

附录 H　电气回路的主要元件的作用和选配

一、断路器

在系统发生故障时，串接在电路中的断路器，能与保护装置和自动装置相配合，迅速切断故障电流，防止事故扩大，从而保证系统能够安全运行。

低压断路器的选配原则是根据项目的具体使用条件选择使用类别、工作电压、额定电流、脱扣器整定电流和分励、欠压脱扣器的电压电流等参数；不同品牌的断路器的保护特性曲线有所差异，所以要仔细查看说明书介绍选用断路器的保护特性，并且需要对短路特性和灵敏系数进行校验。

断路器的选配细则如下。

（1）断路器的额定电压必须大于或等于线路的工作电压。

高于断路器额定电压的电压有可能会使产品绝缘性能下降，存在事故隐患。

（2）断路器的额定短路通断能力要大于等于线路中可能出现的最大短路电流。

线路中、相线与相线或相线与中性线之间的短路电流是很大的，越是接近电源分配端的电流就越大，因为整个短路回路的阻抗小。因此要求断路器必须有一定的短路分断能力，当短路分断能力大于或等于线路中可能出现的最大短路电流时，在瞬时脱扣器的作用下，断路器能瞬时熄弧断开。

（3）断路器的额定电流大于等于线路的负载电流。

负载的额定电流必须等于或小于开关的额定电流，一般情况下小于开关的额定电流，考虑到留有一定的裕度，一般选择开关的额定电流比实际负载电流大 20% 左右，不要选得太大，必须考虑过载保护及短路保护都能动作，选取过大的额定电流，过载保护失去作用，由于线路的粗细及长短关系，负载端的短路电流达不到瞬时脱扣器的整定动作值，从而使短路保护失效。

（4）漏电断路器的额定漏电动作电流必须大于等于两倍的线路上已经存在的泄漏电流。

在配电线路中，由于线路的绝缘电阻随着时间的增长会下降，以及对地布线分布电容的存在，线路或多或少对地存在一定的泄漏电流，有的还比较大，因此在选取漏电断路器的额定漏电动作电流必须大于实际泄漏电流的 2 倍才能保证开关不会误动作。

（5）断路器的瞬时脱扣器的选配必须考虑负载的额定电流及可能输出的最大短路电流。

断路器末端单相对地短路时，能使选用 B、C、D 型瞬时脱扣器的开关动作，对于不同类型的负载（用电设备）选用不同的瞬时脱扣器和相应的电流等级的产品。根据不同的负载设备选用不同类型的瞬时脱扣器和额定电流，B、C、D 型瞬时脱扣器的使用对象前面有说明。选取额定电流及相应的瞬时脱扣器时必须考虑负载的额定电流及可能输出的最大短路电流。当最大短路电流大于或等于 B、C、D 型瞬时脱扣器的整定动作值时，短路保护才能起作用。

（6）有进出线规定的产品必须严格按要求接线，进出线不可反接。

漏电断路器必须按要求接线，否则会引起开关漏电保护功能的损坏，因漏电保护线路板的工作电源从开关的出线端引出，如采取反接线，则线路板的工作电源长期存在，一旦漏电保护动作，内部电磁脱扣线圈会因长期通电而损坏。

在变频器的主回路中使用的断路器的选配原则是：选用无熔丝的低压断路器，用来接通和断开电源，并防止发生过载和短路时的大电流烧毁设备。

由于低压断路器具有过电流保护功能，为了避免不必要的误动作，断路器的额定电流按下式选择：

$$I_{QN} \geq (1.3 \sim 1.4)I_N \qquad\qquad (\text{H-1})$$

式中　I_{QN}——低压断路器的额定电流；

　　　I_N——变频器的额定电流。

二、接触器

接触器有线圈、主触点和辅助触点三个主要部分，在电路中用来接通和分断负载。接触器与热过载继电器组合，能够起到保护运行中的电气设备的作用。接触器与继电控制回路组合，能够远程控制或联锁一些相关的电气设备。

接触器的选型主要考虑接触器的种类、负载类型、主回路参数、控制回路参数、辅助触点、电气寿命、机械寿命和工作制等因素。

1．接触器的选配细则

主回路参数主要是额定工作电压、额定电流、极数、通断能力、绝缘电压和耐受过载能力等。接触器可以运行在不同的负载类型下，但是对应的型号不同，不能完全依靠主极电压和功率选型。

其中，配电类负载（阻性负载）按照 AC-1 选型；普通电动机负载按照 AC-3 选型；绕线电动机按照 AC-2 选型；对于频繁起停负载应按照 AC-4 负载选型，因为此类负载在频繁通断时会发生触头熔焊现象，例如频繁正反转、行车、频繁点动的工作情况。

另外，在变频器回路中选配接触器时，因为在使用变频器对异步电动机进行起动、停止等控制时，是通过变频器的控制端使用指令进行的，而不是通过电磁接触器进行的，所以在正常运行时并不需要电磁接触器。但是，为了在变频器出现故障时能够将变频器从电源切断，则需要选配电磁接触器。

此外，在使用制动电阻的场合，也需要配备电磁接触器。在制动电路晶体管出现故障时，由于在制动电阻中将连续流过大电流，所以如不尽快切断电路，具有短时间额定值特性的制动电阻将会被烧毁。在这种情况下，可以利用装在制动电阻上的过载继电器的信号将电磁接触器释放，从而达到保护制动电阻的目的。

2．控制回路及辅助触点

接触器的线圈电压按照控制回路的电压确定。直流控制回路和交流控制回路一定要明确。不同的接触器所允许安装辅助触点的位置和个数都不相同，使用时要根据不同品牌的接触器的使用说明书进行确定。

三、热继电器

热继电器主要用于保护电动机的过载，因此选用时必须了解电动机的情况，如工作环境、启动电流、负载性质、工作制、允许过载能力等。

选配热继电器时，原则上应使热继电器的保护特性尽可能接近甚至重合电动机的过载特性，或者在电动机的过载特性之下，同时在电动机短时过载和启动的瞬间，选配的热继电器不动作。

当热继电器用于保护长期工作制或间断长期工作制的电动机时，一般按电动机的额定电流来选用。

当热继电器用于保护反复短时工作制的电动机时，热继电器仅有一定范围的适应性。如果短时间内操作次数很多，就要选用带速饱和电流互感器的热继电器。

对于正反转和通断频繁的特殊工作制电动机，不宜采用热继电器作为过载保护装置。

1．变频器回路配备热继电器的应用

目前的新型变频器部都具有电子热保护功能，并不需要专门设置外部过载继电器为电动机提供保护。但是，在下述情况下则应该设置过载继电器，以达到为电动机提供保护的目的。

（1）电动机容量在正常适用范围以外时。由于变频器的电子热保护功能的设计和参数设定都是以正常适用范围内的电动机为对象的，当对象电动机的容量在正常适用范围以外（例如，电动机的容量小于正常适用的电动机的容量）时，无法利用根据标准设定所得到的电子热保护功能对电动机进行保护。因此，在这种情况下，为了给电动机提供可靠的保护，应该另外设置过载继电器。但是，如果变频器的电子热保护设定值可以在所需范围内进行调节，则可以省略过载继电器。

（2）用一台变频器驱动多台电动机时。虽然通过电子热保护可以对负载电动机进行热保护，但是为了给电动机提供可靠保护，应为每台电动机设置过载继电器。

此外，在上述情况下应同时使用变频器的"限制频率下限"的功能，以防止电动机以低于允许运行范围的频率运行。

值得注意的是，普通电动机能够在电网电源驱动下进行长时间的连续运行，因为普通电动机是以在电网电源下运行为前提而设计的。如果在实际应用中，将普通电动机由电网电源下运行改为由变频器驱动并进行连续运转时，由于变频器输出中高次谐波的影响，即使电动机以低于额定转速的速度运行，而且电流在额定电流以下，即使为普通电动机添加冷却风扇进行冷却也难以满足需要。尤其是当负载为恒转矩负载时，即使电动机的转速在额定转速以下，电动机的电流也基本上等于额定电流，所以与电网电源驱动相比，电动机的温升会变大，甚至会出现烧毁电动机的可能。所以当电动机连续工作在低速区域时，不能以电动机额定电流为基准来选定过载继电器为电动机提供保护。

2．热继电器的选型细则

热继电器或过载脱扣器的整定电流，应接近但不小于电动机的额定电流，过载保护的动作时限应躲过电动机的正常启动或自启动时间，热继电器的额定电流等于（0.95～1.05）倍的电动机额定电流。必要时，可在启动过程的一定时限内短接或切除过载保护器件。

四、中间继电器

在工业控制线路和家用电器控制线路中常常配备中间继电器，中间继电器的原理和交流接触器一样，都是由固定铁芯、动铁芯、弹簧、动触点、静触点、线圈、接线端子和外壳组成。线圈通电时，动铁芯在电磁力作用下动作吸合，带动动触点动作，使断触点分开，动合触点闭合；线圈断电时，动铁芯在弹簧的作用下带动动触点复位。

1．中间继电器在线路中的作用

（1）增加触点数量

中间继电器最常见的作用就是增加控制触点数量，例如在控制系统中当需要使用一个接触器的触点去控制多个接触器或其他元件时，在线路中增加一个多触点的中间继电器就可以实现了。

（2）代替小型接触器

中间继电器的触点具有一定的带负荷能力，当负载容量比较小时，可以用来替代小型接触器起到控制的目的，还可以节省空间，使电器的控制部分做得比较精致。例如一些小家电的控制。

（3）增加触点容量

中间继电器的触点容量并不大，但也具有一定的带负载能力，同时其驱动所需要的电流又很小，因此可以用中间继电器来扩大触点容量。例如一般不能直接用感应开关、三极管的输出去控制负载比较大的电器元件，所以这种情况可以在控制线路中使用中间继电器，通过中间继电器来控制其他负载，就可以达到扩大控制容量的目的了。

（4）转换触点类型和电压

在工业控制线路中，常常会出现这样的情况，控制要求需要使用接触器的动断触点才能达到控制的目的，但是接触器本身所带的动断触点已经用完，无法完成控制任务。这时可以将一个中间继电器与原来的接触器线圈并联，用中间继电器的动断触点去控制相应的元件，转换一下触点类型，就能达到所需要的控制目的了。

相同的原理也可以转换工程中需要的电压。

（5）用作开关

在一些控制线路中，一些电器元件的通断常常使用中间继电器的触点的得电失电进行控制，例如计算机显示器中的自动消磁电路，就是由三极管控制中间继电器的通断，从而达到控制消磁线圈通断的作用。

2．中间继电器的选型原则

（1）安装环境

主要指海拔高度、环境温度、湿度和电磁干扰等要素。考虑控制系统的普遍适用性，兼顾必须长年累月可靠运行的特殊性，装置关键部位必须选用具有高绝缘、强抗电性能的全密封型（金属罩密封或塑封型，金属罩密封产品优于塑封产品）中间继电器产品。因为只有全密封继电器才具有优良的长期耐受恶劣环境性能、良好的电接触、稳定、可靠性和切换负载能力（不受外部气候环境影响）。

（2）安装位置

安装中间继电器的位置主要指振动、冲击、碰撞等应力作用这些要素。对控制系统主要考虑到抗地震应力作用、抗机械应力作用能力，这些安装位置适宜选用采用平衡衔铁机构的小型中间继电器。

（3）激励线圈输入参量要素

主要是指过激励、欠激励、低压激励与高压输出隔离、温度变化影响、远距离有线激励、电磁干扰激励等因素，这些都是确保电力系统自动化装置可靠运行必须认真考虑的要素。按小型中间继电器所规定的激励量激励是确保它可靠、稳定工作的必要条件。

（4）触点的带载能力

中间继电器触点的带载能力主要是指触点负载的性质，例如灯负载、容性负载、电动机负载、电感器、接触器、继电器线圈负载和阻性负载等；触点负载的量值，包括开路电压量值和闭路电流量值，例如低电平负载、干电路负载、小电流负载、大电流负载等，选型时也要考虑这些因素。

五、熔断器

当电流超过规定值时，以本身产生的热量使熔体熔断，断开电路的一种电器，叫做熔断器。

1．熔断器的作用

当电路发生故障或异常时，电路中的电流会不断升高，并且升高的电流有可能损坏电路中其他的元器件，也有可能烧毁电路，甚至造成火灾。若在电路设计阶段正确地配备并安装了熔断器，那么熔断器就会在电流异常升高到熔体的设定值后，超过耐受时间即刻发生熔断，从而切断电流起到保护电路安全运行的作用。

2．熔体额定电流的选择原则

（1）对于变压器、电炉和照明等负载，熔体的额定电流应略大于或等于负载电流。

（2）对于输配电线路，熔体的额定电流应略大于或等于线路的安全电流；一般要求前一级熔体比后一级熔体的额定电流大 2～3 倍，以防止发生越级动作后扩大了故障的停电范围。

（3）在电动机回路中用作短路保护时，应考虑电动机的起动条件，按电动机起动时间的长短来选择熔体的额定电流。

另外，对于多台电动机供电的主干母线处的熔断器的额定电流可按下式计算：

$$I_n=(2.0\sim2.5)I_{memax}+\sum I_{me} \tag{H-2}$$

式中　I_n——熔断器的额定电流；

$\quad\quad I_{me}$——电动机的额定电流；

$\quad I_{memax}$——多台电动机中容量最大的一台电动机的额定电流；

$\quad\sum I_{me}$——其余电动机的额定电流之和。

熔断器在电动机末端回路进行保护时，选用 aM 型熔断器，熔断体的额定电流 I_n 要稍大于电动机的额定电流。

参 考 文 献

[1] 胡寿松. 自动控制原理. 第三版. 北京：国防工业出版社，1994.

[2] 王兆宇. 施耐德电气变频器原理与应用. 北京：机械工业出版社，2009.

[3] 吕汀. 变频技术原理与应用. 第2版. 北京：机械工业出版社，2011.

[4] 赵明. 工厂电气控制设备. 北京：机械工业出版社，2011.

[5] 李发海，王岩. 电机与拖动基础. 第3版. 北京：清华大学出版社，2006.

[6] 陈伯时，陈敏逊. 交流调速系统. 北京：机械工业出版社，2005.

[7] 陈伯时. 自动控制系统. 北京：机械工业出版社，2005.

[8] 薛迎成. PLC与触摸屏控制技术. 北京：中国电力出版社，2008.